普通高等学校"十四五"规划电子信息类系列精品教材

单片机技术与应用

◎ 主　编　王庐山　刘竹林
◎ 副主编　陈　林　刘甘霖　袁　欣

U0642142

华中科技大学出版社
http://press.hust.edu.cn
中国·武汉

内 容 简 介

这是一本通俗易懂的C语言版单片机基础教材,更是作者多年从事51单片机开发经验的总结。本书从搭建51单片机开发环境开始,手把手教你学习51单片机,在项目中学习单片机系统软硬件设计技术。应用程序均采用模块化编程,借鉴嵌入式的程序架构,把驱动程序和应用程序分开编写,更加接近真实工作,为后期学习ARM嵌入式技术打下坚实的基础。

根据学生的认知规律,从易到难安排教学内容。本书主要内容包括:搭建开发环境、单片机并行I/O口应用、显示接口技术应用、定时器与中断技术应用、键盘接口技术应用、串行口通信技术应用、模数/数模转换技术应用、单片机综合应用与拓展创新。

本书的任务虽然针对Proteus专用的仿真和实物硬件开发平台,但又不拘泥于固定平台,更强调可移植性和通用性。任务包含了丰富的编程思想、算法与数据结构,请读者认真去体会,消化吸收,应用到实际工程。助力你早日成为一名合格的单片机开发工程师。

本书为应用型本科和高职高专院校电子信息类、通信类、自动化类、机电类等专业的单片机技术课程的教材,也可作为开放大学、成人教育、自学考试、中职学校和培训班的教材,以及电子工程技术人员的参考工具书。

图书在版编目(CIP)数据

单片机技术与应用/王庐山,刘竹林主编. —武汉:华中科技大学出版社,2024.1
ISBN 978-7-5772-0149-8

Ⅰ.①单… Ⅱ.①王… ②刘… Ⅲ.①单片微型计算机-教材 Ⅳ.①TP368.1

中国国家版本馆CIP数据核字(2024)第014289号

单片机技术与应用 王庐山 刘竹林 主编
Danpianji Jishu yu Yingyong

策划编辑:杜 雄 汪 粲
责任编辑:余 涛
封面设计:刘 卉
责任监印:周治超
出版发行:华中科技大学出版社(中国·武汉)   电话:(027)81321913
         武汉市东湖新技术开发区华工科技园   邮编:430223
录 排:武汉市洪山区佳年华文印部
印 刷:武汉科源印刷设计有限公司
开 本:787mm×1092mm 1/16
印 张:19.75
字 数:468千字
版 次:2024年1月第1版第1次印刷
定 价:58.00元

前言

本书融入了作者多年从事嵌入式项目开发的实践经验,同时作者多次指导学生参加全国职业院校技能大赛"电子产品设计与制作"赛项并获得过二等奖,指导学生参加湖北省职业院校技能大赛,多次获一等奖;也把这几年教学改革的经验应用到单片机教学中。充分考虑到学生的认知规律,由浅入深,从易到难安排任务,后一个任务总是在前一个任务的基础上进行,学生完成任务过程就像游戏闯关一样,专业技能和职业素养不断提高。

本书从内容与方法、知识与技能、能力与素养、教与学、做与练等方面,多角度、全方位地体现了高职教育的教学特色,主要的特点包括以下几个方面:

1. 匠心育人

根据专业特色和课程特点,挖掘课程思政元素,通过课程思政典型案例,在提高学生专业能力的同时,更注重职业素养的培养。

课程采用"一主四维"的思政教学模式,以弘扬爱国主义,激发民族自豪感为主线;从四个维度培养学生职业素养;培养学生团结协作的团队精神,严谨治学、统筹归纳的科学精神,精益求精的工匠精神和追求卓越的创新精神。

2. 以工作任务引导教与学

全书采用项目化方式,以工作任务为导向,由任务入手引入相关知识和理论,任务实施中完成硬件设计与软件设计、仿真调试、实物联调,任务实施中用到相关知识,再回过头来学习,体现做中学、学中做,教学做一体化的教学思路,非常适合作为高等院校的教材。

3. 适合不同层次的学生学习

为了满足不同层次学生的要求,几乎每个任务都有基础任务、进阶任务、思维拓展和科创实践。基础任务要求全体学生都要完成,培养学生基本能力;进阶任务在基本任务上进行扩展和提升,培养学生的高级思维能力;思维拓展和科创实践任务给有余力的学生学习,培养学生的创新能力。

4. 书中的任务均采用模块化编程方法

从项目 3 开始,所有的任务程序代码都采用模块化编程,目的是尽早规范编程。每一个项目都对应一个单片机的功能单元或外部接口,把硬件的驱动和应用程序分开编程,这是嵌入式程序开发中常用的方法,这样做不仅可以提高程序设计的效率,也方便大家以后学习ARM 嵌入式技术。学完 51 单片机后,再去学习 STM32,就会很快适应,快速掌握 STM32 的开发。

5. 任务基于仿真与实物平台

本书采用 C 语言开发,任务都是基于仿真平台进行硬件设计、程序设计和仿真调试,同时又提供实物开发板电路、参考程序代码和实物联调,重点放在通过仿真软件 Proteus 虚拟联调。

如何利用本书学习 51 单片机呢?

可以这样讲,本书包含了丰富的硬件模块,如果能够把本书的知识和技能都学会,那就是一名合格的工程师,可以直接参与项目开发,而不需要再经历实习期了。

利用本书学习 51 单片机,重点在于实践。眼过千遍,不如手过一遍。首先要认真看书,按顺序学习。大家在学习的时候,一定要慢慢消化,不要着急。一心想学快,往往得不偿失。

在实施任务时,注重实践。在实践中,遇到生疏的知识点,再回过来学习,这样目标性更强,效果会更好。必要的理论学习是应该的,也是必须的。没有扎实的理论基础,技术就是无本之源,注定走不远。

从项目 3 开始,一定要注重驱动的应用。即使不能独立地把硬件的驱动程序写出来,也并不可怕,但首先必须会用! 会用才是最重要的。要把硬件的驱动变为自己的工具,项目开发时,直接使用。有兴趣的同学还可以修改驱动程序,拓展驱动功能,方便自己使用。

科学技术飞速发展,要站在巨人的肩膀上学习,拿来主义,应用第一。只要理解驱动程序,并能改造后用在项目中,那就是技术。人的精力是有限的,每种硬件的驱动程序都要自己去写,恐怕是不现实的,另外硬件在出厂时,一般工程师都把驱动做好了。

许多同学都喜欢看视频教程而不愿意看书,其实静下心来看书,更不容易浮躁。每学习一个项目,应先看书,然后再看视频教程。接下来按照任务要求进行仿真电路设计、编程实践和仿真调试。开始编程时,要按照本书一步一步的来,最后合上书本做一遍,不会的地方再回过头来看书和视频教程,直到能独立完成任务。

学习的过程是艰苦的,但也是成为高手必须经历的!

本书由湖北工业职业技术学院王庐山、刘竹林任主编。具体分工为:王庐山负责本书配套开发板的设计与制作、全部仿真电路设计和程序的编制与调试,对本书的编写思路与大纲进行总体策划,指导全书的编写,并编写项目 5 至项目 8,以及拓展项目;刘竹林编写了项目 1 和项目 2;陈林编写了项目 3;刘甘霖编写了项目 4。

本书配套有 PDF 电子教材、电子课件、教案,还有视频教程、习题库等,更多资料可登录课程线上学习平台查阅(https://www.xueyinonline.com/detail/235225748)。

限于作者水平有限,书中难免有不当之处,恳请广大读者提出宝贵意见。

编者

2024 年 1 月

目 录

项目 1　搭建开发环境

　　工欲善其事,必先利其器。学习单片机,一定要具备单片机实践的硬件和软件环境。首先学习 Proteus 仿真软件的安装与使用方法,并用其搭建单片机最小系统仿真电路;了解单片机实物开发板的功能;再学习 Keil_C51 软件的安装与使用,USB 驱动的安装、单片机目标文件烧写工具 STC-ISP 软件的安装与使用。随着学习的深入,还会用到许多工具软件,如字模提取软件、串口调试助手等,这些软件用到的时候再安装。接下来带领大家一步步搭建单片机开发环境。

任务 1-1　搭建硬件环境

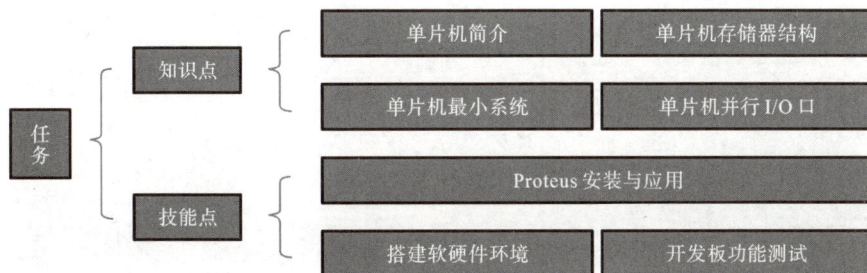

```
                        ┌─────────────┐    ┌──────────────┐
              ┌─ 知识点 ─┤   单片机简介  │    │ 单片机存储器结构 │
              │         ├─────────────┤    ├──────────────┤
     任务 ─────┤         │  单片机最小系统 │    │  单片机并行I/O口 │
              │         └─────────────┘    └──────────────┘
              │         ┌──────────────────────────────────┐
              └─ 技能点 ─┤          Proteus 安装与应用           │
                        ├──────────────────┬──────────────┤
                        │  搭建软硬件环境     │  开发板功能测试   │
                        └──────────────────┴──────────────┘
```

任务目标	知识目标	了解单片机的内部结构; 掌握存储器结构; 掌握单片机的最小系统; 了解单片机 I/O 口内部结构; 掌握单片机 I/O 口的使用方法; 了解单片机开发板功能

任务目标	能力目标	能够通过查阅单片机器件手册,得到具体型号的单片机芯片程序存储器、数据存储器的大小及引脚功能等; 能搭建单片机的最小系统
	素质目标	通过国产单片机科技公司宏晶科技的发展历程,培养学生爱国情怀; 通过查阅器件手册,培养学生能根据技术要求查阅资料,对资料进行分类存档,掌握科学的学习方法,提高自主学习能力

任 务 实 施

任务描述

通过搭建单片机最小系统仿真电路,了解什么是单片机? 单片机能做什么? 掌握单片机的内部结构和存储器结构,培养学生能够通过查阅单片机器件手册,获得具体型号的单片机芯片程序存储器和数据存储器的大小,锻炼学生的动手实践能力。

单片机开发板是课程实践的实物平台,Proteus 仿真软件是课程实践的仿真平台,课程教学内容和实验任务都在这两种平台上完成。通过学习单片机实物开发板电路原理图和功能,让学生了解单片机的开发,不仅要在仿真平台上进行测试,还要在实物开发板上进行调试,锻炼学生联调能力。

1. 单片机最小系统电路设计

单片机的最小系统包含单片机和时钟电路、复位电路、电源电路,如图 1-1 所示。本电路采用 Proteus 仿真软件绘制,元件清单如表 1-1 所示。

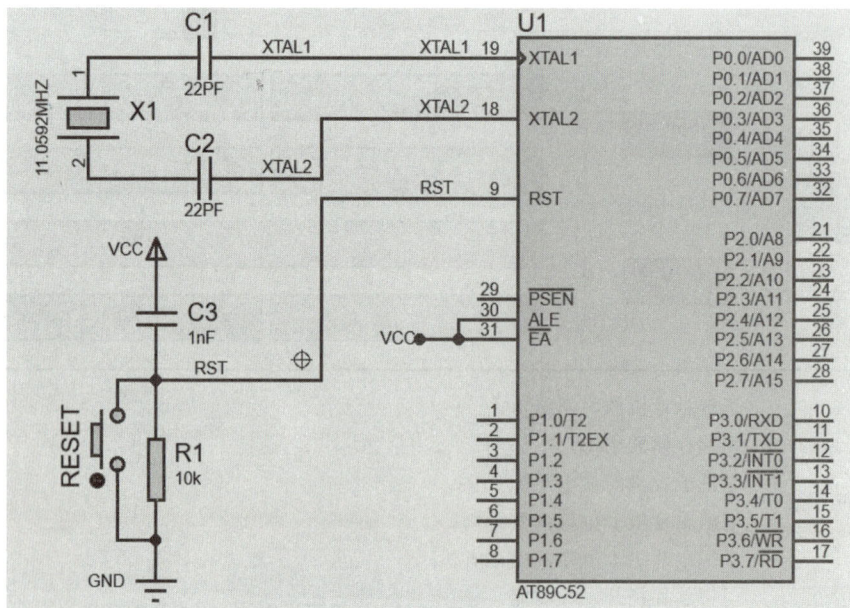

图 1-1　单片机最小系统仿真电路图

表 1-1　仿真电路元件

序号	元件名称	参数	数量	Proteus 中的名称
1	单片机	DIP40 封装	1	AT89C52
2	晶振	11.0592 MHz	1	CRYSTAL
3	电容	22 pF	2	CAP
4	电容	0.1 μF	1	CAP
5	电阻	10 kΩ	1	RES
6	按键	按键	1	BUTTON

电路解读

晶振 X1、谐振电容 C1 和 C2(符号与电路图对应,后同)与单片机内部电路构成时钟电路,此电路向单片机提供稳定的 11.0592 MHz 的时钟信号,单片机按时钟节拍稳定运行。

电容 C3、电阻 R1 和按键 RESET 一起构成上电复位和手动复位电路。上电时,RST 引脚产生一个从高到低跳变的脉冲信号,单片机复位。这个复位信号是单片机开发板上电时产生的,所以叫上电复位。同样,当按下复位按键时,也会产生一个从高到低跳变的脉冲信号,单片机复位,这个复位是由按键引起的,所以叫手动复位。

2. 绘制单片机最小系统仿真电路

第 1 步:打开软件。

双击桌面上的 Proteus 8 Profession 快捷方式图标(见图 1-2)或者选择"开始→程序→Proteus 8 Professional",出现如图 1-3 所示的启动界面,表明正在进入 Proteus 集成环境。

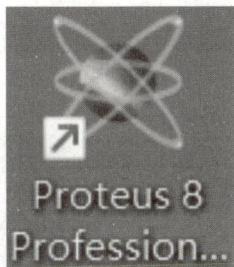

图 1-2　Proteus 8 Profession 快捷方式图标

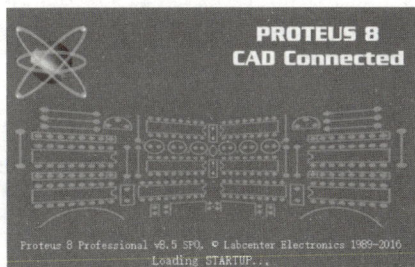

图 1-3　Proteus 8 Profession 启动界面

启动完成后就会进入 Proteus 8 Professional 集成环境。

第 2 步:建立新项目。

选择"文件→新建工程",弹出选择工程路径界面,如图 1-4 所示;单击"下一步"按钮,在弹出的工程模板选择界面(见图 1-5),选择 DEFAULT,单击"下一步"按钮,在后面弹出的页面中选择不创建 PCB 版图设计、没有固件项目,最后单击"完成"按钮,就进入原理图设计界面。

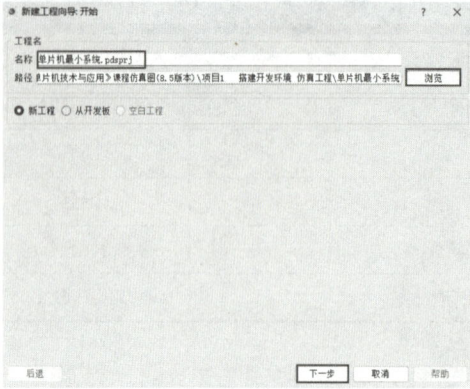

图 1-4　选择工程路径

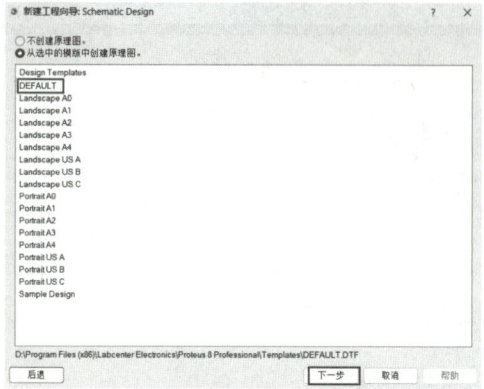

图 1-5　选择原理图模板

第 3 步:添加元器件。

将所需元器件加入对象选择器窗口。单击"对象选择器"按钮,弹出"选择元器件"界面,在"关键字"栏输入 AT89C52,系统会在对象库中搜索,并将搜索结果显示在"结果"栏(见图 1-6),在"结果"栏的列表项中双击"AT89C52",则可将"AT89C52"添加至对象选择器窗口。采用相同的方法依次添加 BUTTON(按键)、CAP(电容)、CAP-ELEC(电解电容)、CRYSTAL(晶振)、RES(电阻)。最后单击"确定"按钮,此时,绘图工具栏中的"元器件"按钮处于选中状态,即进入元器件模式。

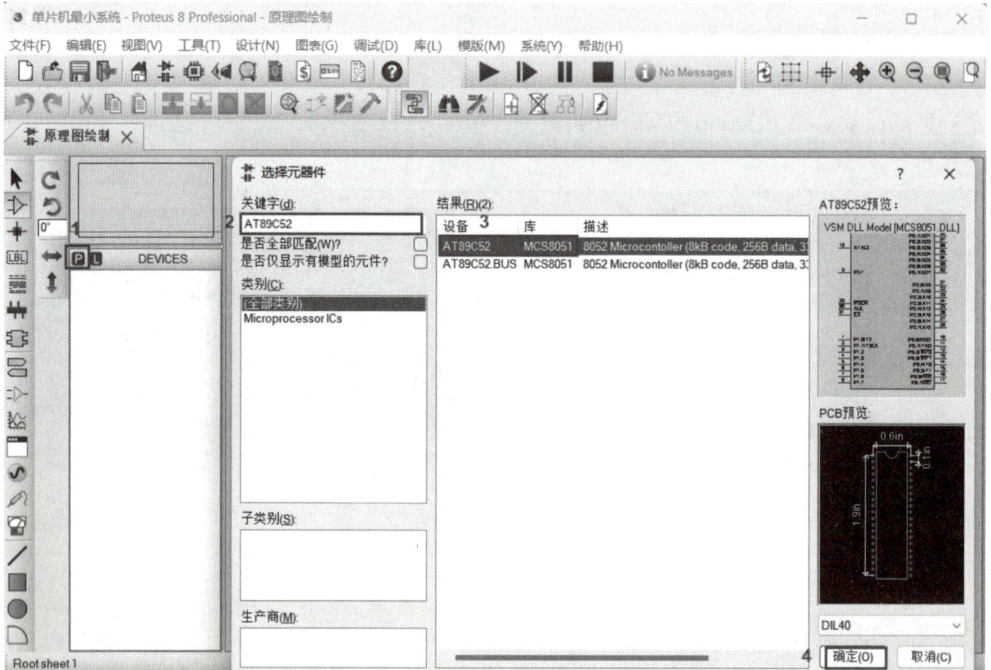

图 1-6　Proteus 集成环境

第 4 步:放置元器件。

在对象选择器窗口中选中 AT89C52,然后在绘图窗口单击并移动鼠标,即可看到若隐若现的元器件随鼠标移动,在中间位置单击鼠标放置单片机。采用同样的方法放置好其他元器件。

元器件位置可以随时调整。将光标移到元器件上单击鼠标,此时元器件的颜色变为红色,表明已被选中,拖曳鼠标即可移动元器件。

第 5 步:调整元器件方向。

(1) 调整晶振的方向。

选中晶振 X1,右击鼠标,在弹出的下拉菜单中选择"顺时针旋转",如图 1-7(a)所示,或者单击快捷菜单栏的块旋转按钮,如图 1-7(b)所示,直到转动到合适的方向为止。

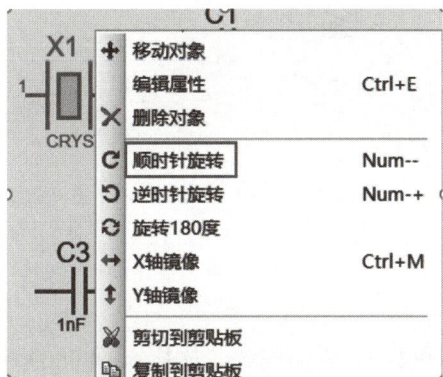

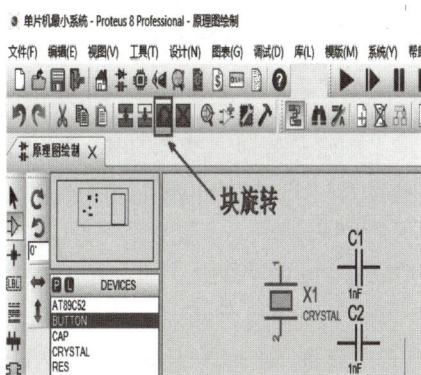

(a) 右击弹出菜单   (b) 快捷菜单块旋转按钮

图 1-7 调整元器件方向

(2) 其他元器件方向调整,均可按上述方法调整。调整后的元器件布局如图 1-8 所示。

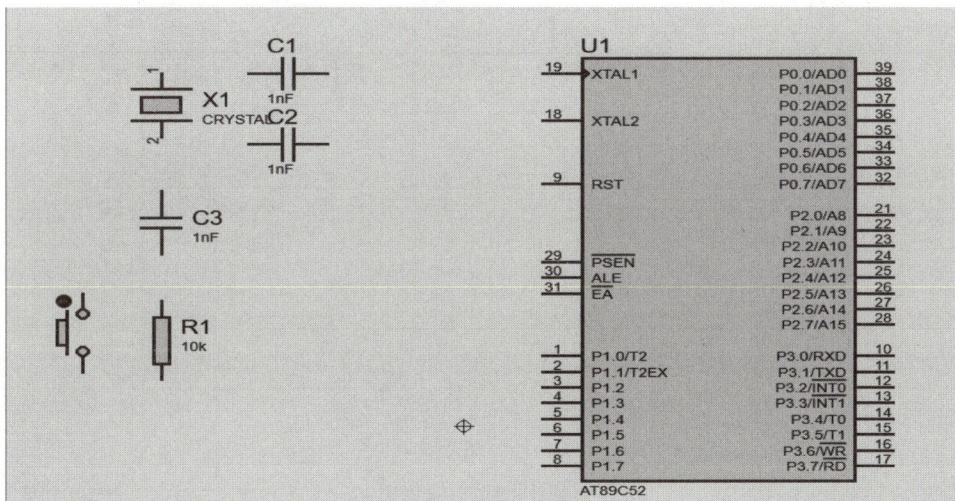

图 1-8 元器件布局

第 6 步:修改元器件参数。

参照表 1-1 修改各元器件参数。

(1)双击电阻 R1,弹出"编辑元件"对话框,修改"Resistance"的参数为 10k,如图 1-9 所示。

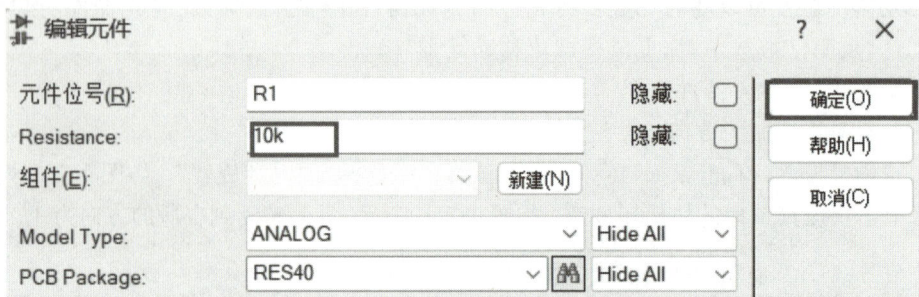

图 1-9　编辑电阻参数

(2)其他元器件参数均可按上述方法修改。

电容 C1、C2 的"Capacitance"参数为 22pF;电容 C3 的"Capacitance"参数为 1nF;晶振 X1 的"Frequency"参数为 11.0592;按键 BUTTON 的"元器件参考"参数为复位。

第 7 步:连接导线。

Proteus 在需要绘制导线的时候进行自动检测。现在连接 XTAL 与 X1 的上边引脚,当光标靠近 XTAL1 引脚时,就会出现红色方框,表明找到了连接点,单击鼠标并移动,就会出现连接线,将光标靠近 X1 器件的连接点时,又出现红色方框,单击鼠标,连接导线就画好了。在连线的过程中,需要拐弯固定时,单击鼠标即可固定一个点。对照电路图完成连线,如图 1-10 所示。

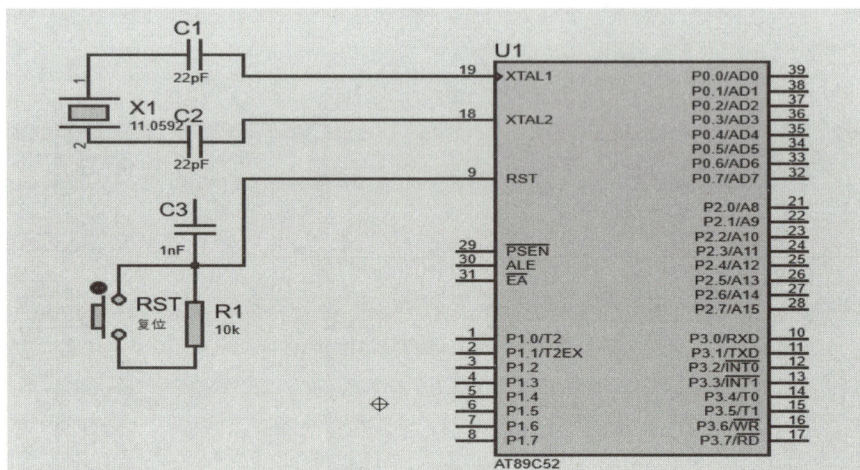

图 1-10　连接导线图

第 8 步:放置电源。

选择"终端模式",如图 1-11 所示。POWER 电源、GROUND 地的操作方法均为先选中,再放置到绘图区,然后进行连线。双击电源、地图标即可修改参数,电源设置为

+5 V,地设置为 GND。完成的电路图如图 1-12 所示。

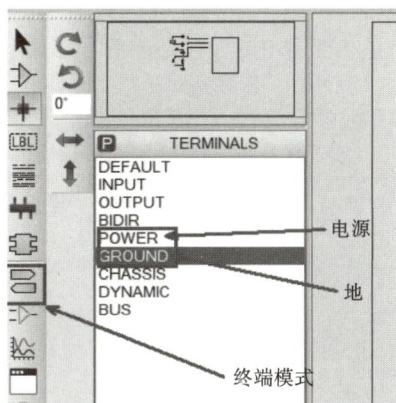

图 1-11　设置为终端模式　　　图 1-12　连接好的仿真电路图

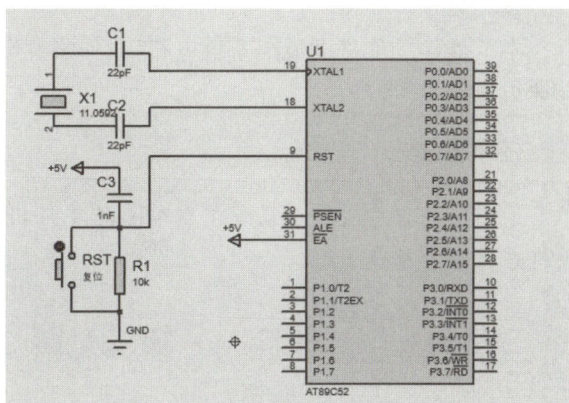

仿真电路图的绘图步骤为:新建文件、添加元器件、放置元器件、修改参数、放置终端、连接导线、修改设置。

3. 开发板功能演示

本单片机开发板具有丰富的基本硬件资源,如八路流水灯、八位数码管、8×8 点阵显示、LCD1602 及 LCD12864 液晶屏接口、4×4 矩阵按键、EEPROM 24c02 存储器单元、实时时钟 PCF8563T、红外遥控解码电路单元、数字温度传感器 LM75A、采用 PCF8591 为 AD/DA 转换芯片的模数/数模转换功能单元等。

单片机开发板还集成了常用的模块接口,如图 1-13 所示。例如,超声波模块接口可以完成超声波测距仪和倒车雷达、超声波避障等设计;NRF24L01 模块接口可以进行无线数据传输和无线遥控器设计,同时还为以后设计制作四轴飞行器无线遥控打下坚实的基础;电机控制部分有舵机、步进电机和直流电机接口,可以完成机械手、机器人等有关设计。

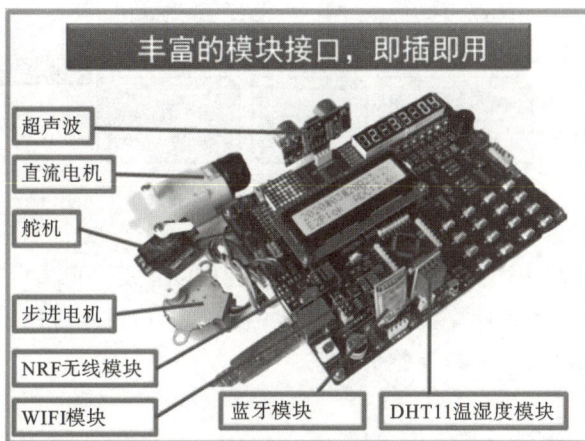

图 1-13　单片机开发板实物图

拓展思维

本节搭建了单片机最小系统电路,如何测量电路是否工作正常,有兴趣的同学可以在课后完成。

任务小结

通过搭建单片机最小系统仿真电路和单片机开发板功能演示,让读者对单片机的硬件系统有个基本了解。

知 识 链 接

1.1 单片机简介

单片机的全称是单片微型计算机(single chip microcomputer),是指集成在一个芯片上的微型计算机,它的各种功能部件,包括 CPU(central processing unit)、存储器(memory)、基本输入/输出(input/output)接口电路、定时/计数器和中断系统等,都制作在一块集成芯片上,构成一个完整的微型计算机。由于它的结构与指令功能都是按照工业控制要求设计的,故又称为微控制器(micro-controller unit,MCU)。我国宏晶科技生产的单片机 STC89C52RC 内部的基本结构如图 1-14 所示。

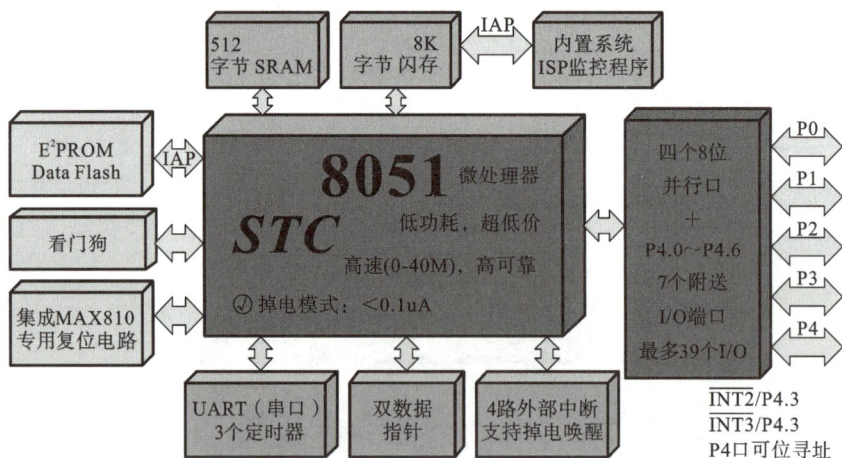

图 1-14 单片机基本结构

单片机实质上是一个芯片,具有结构简单、控制功能强、可靠性高、体积小、价格低等优点。单片机技术作为计算机技术的一个重要分支,广泛地应用于工业控制、智能化仪器仪表、家用电器、电子玩具等各个领域。

1.2 单片机存储器结构

单片机有两种存储结构,即冯·诺依曼结构和哈佛结构。

冯·诺依曼结构,又称为普林斯顿结构,是一种经典的体系结构,这种体系结构采用程序存储器与数据存储器统一编址,但程序存储器地址与数据存储器地址分别指向不同的物理地址。

哈佛结构是一种将程序指令存储器和数据存储器分开编址的存储器结构。

1. 单片机存储器结构

存储器的结构采用哈佛结构,将程序存储器和数据存储器分开,并有各自的访问指令。存储器的结构如图 1-15 所示。

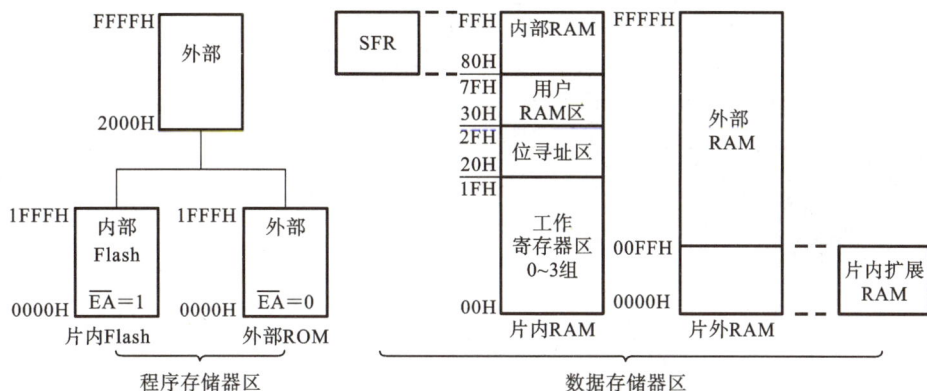

图 1-15   STC89C52RC 单片机存储器结构图

单片机除了可以访问片上 Flash 存储器外,还可以访问 64 KB 的外部程序存储器。单片机内部有 512 字节的数据存储器,其在物理和逻辑上都分为两个地址空间:内部 RAM(256 字节)和内部扩展 RAM(256 字节),另外还可以访问在片外扩展的 64 KB 外部数据存储器。

2. 程序存储器

单片机程序存储器存放程序和表格之类的固定常数。片内为 8 KB 的 Flash,地址为 0000H~1FFFH。16 位地址线,可外扩的程序存储器空间最大为 64 KB,地址为 0000H~FFFFH,如图 1-15 所示。

1) 片内和片外程序存储器

程序存储器分为片内和片外两部分,访问片内的还是片外的程序存储器,由 $\overline{EA}$ 引脚电平确定。

当 $\overline{EA}=1$ 时,CPU 从片内 0000H 开始取指令,当 PC 值没有超出 1FFFH 时,只访问片内 Flash 存储器,当 PC 值超出 1FFFH 时自动转向读片外程序存储器空间 2000H~FFFFH 内的程序。

当 $\overline{EA}=0$ 时,只能执行片外程序存储器(0000H~FFFFH)中的程序,不理会片内 8 KB Flash 存储器。

2) 程序存储器中的中断源中断服务程序入口

单片机复位后,程序存储器地址指针 PC 的内容为 0000H,程序是从程序存储器的

0000H 开始执行,一般在这个地址单元存放一条跳转指令,跳向主程序的入口地址。

除此之外,64 KB 程序存储器空间中有 8 个特殊单元分别对应于 8 个中断源的中断入口地址,如表 1-2 所示。通常这 8 个中断入口地址处都放一条跳转指令跳向对应的中断服务子程序,而不是直接存放中断服务子程序。因为两个中断入口间的间隔仅有 8 个单元,一般不够存放中断服务子程序。

表 1-2　程序存储器空间的 8 个中断入口地址

中断源	中断向量地址
INT0	0003H
T0	000BH
INT1	0013H
T1	001BH
UART	0023H
T2	002BH
INT2	0033H
INT3	003BH

3. 数据存储器

STC89C52RC 系列单片机内部集成了 512 字节 RAM,可用于存放程序执行的中间结果和过程数据。内部数据存储器在物理和逻辑上都分为两个地址空间:内部 RAM(256 字节)和内部扩展 RAM(256 字节)。此外,还可以访问在片外扩展的 64 KB 数据存储器,如图 1-16 所示。

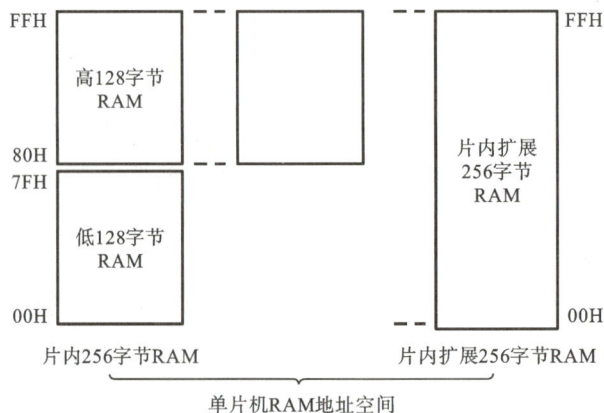

图 1-16　STC89C52RC 单片机数据存储器

1) 片内数据存储器

STC89C52RC 单片机内部 512 字节的 RAM 有 3 个部分:

(1) 低 128 字节(00H～7FH)内部 RAM;

(2) 高 128 字节(80H～FFH)内部 RAM;

（3）内部扩展的 256 字节(00H~FFH)RAM 空间。

下面分别作出说明：

低 128 字节(00H~7FH)的空间既可以直接寻址也可以间接寻址。内部低 128 字节 RAM 又可分为：工作寄存器组 0(00H~07H)8 字节、工作寄存器组 1(08H~0FH) 8 字节、工作寄存器组 2(10H~17H)8 字节、工作寄存器组 3(18H~1FH)8 字节；可位寻址区(20H~2FH) 16 字节；用户 RAM 和堆栈区(30H~7FH)80 字节，如图 1-17 所示。

高 128 字节(80H~FFH)的空间和特殊功能寄存器区 SFR 的地址空间(80H~FFH)，貌似共用相同的地址范围，但物理上是独立的，使用时通过不同的寻址方式加以区分：高 128 字节只能间接寻址，而特殊功能寄存器区 SFR 只能直接寻址。

内部扩展 RAM，在物理上是内部，但逻辑上是占用外部数据存储器的部分空间，需要用 MOVX 来访问。内部扩展 RAM 是否可以被访问是由辅助寄存器 AUXR（地址为 8EH）的第 EXTRAM 位来设置。

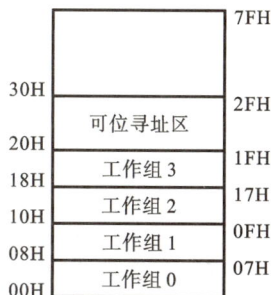

图 1-17　单片机内部低 128 字节 RAM

2）片外数据存储区

当片内 RAM 不够用时，需外扩数据存储器，STC89C52RC 最多可外扩 64 KB 的 RAM。注意，片内 RAM 与片外 RAM 两个空间是相互独立的，片内 RAM 与片外 RAM 的低 256 字节的地址是相同的，但由于使用的是不同的访问指令，所以不会发生冲突。

4. 特殊功能寄存器

STC89C52RC 中的 CPU 对片内各功能部件的控制是采用特殊功能寄存器集中控制方式。特殊功能寄存器 SFR 的单元地址映射在片内 RAM 的 80H~FFH 区域中，离散地分布在该区域，其中字节地址以 0H 或 8H 结尾的特殊功能寄存器进行位操作。要了解单片机特殊功能寄存器的详细信息请查看器件手册第 45 页。

1.3　单片机最小系统

电源电路、复位电路、时钟电路与单片机一起构成单片机的最小系统。

1. 电源电路

51 单片机供电电压在 3.5~5.5 V 都可以工作，工作时单片机的 VCC 引脚接到 5 V 电源上，GND 引脚接地。通常还要在单片机的电源和地之间加滤波和退耦电容。

51 单片机开发板供电系统如图 1-18 所示，USB 输出 5 V 直流电压。LED8 是电源指示灯，+5IN 只给下载芯片供电，由于单片机下载程序时需要冷启动，下载程序前，只有下载芯片得电。按下电源开关 POWER 后输出+5 V 电压，单片机及其他电路单元才上电。

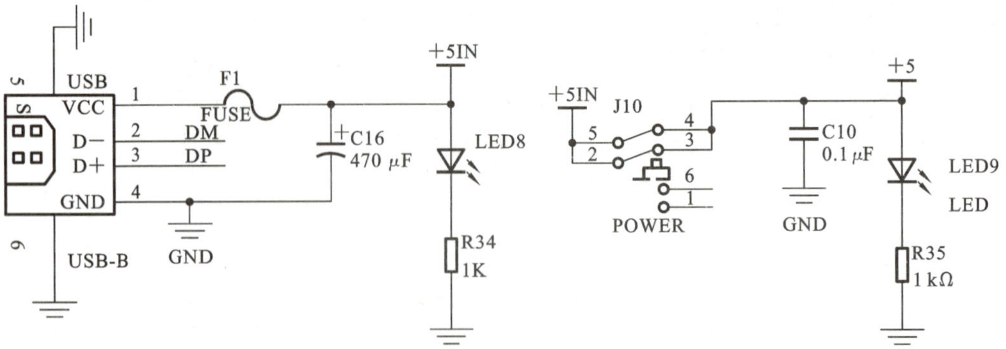

图 1-18　单片机电源电路

2. 单片机的时序

单片机的工作是在统一的时钟脉冲控制下一拍一拍地进行的。在时钟信号的控制下,严格按时序执行指令。为了便于对 CPU 时序进行分析,一般按指令的执行过程规定了几种周期,即时钟周期、机器周期和指令周期。

1) 时钟周期

时钟周期也称为振荡周期,是系统时钟脉冲频率的倒数,是计算机中最基本的、最小的时间单位。可以这么理解,时钟周期就是单片机外接晶振的倒数。例如,12M 晶振的时钟周期就是 $1/12\ \mu s$。

显然,对同一种机型的单片机,时钟频率越高,单片机的工作速度就越快。但是,由于不同的单片机硬件电路和器件不完全相同,所以其所需要的时钟频率范围也不一定相同。在单片机中把一个时钟周期定义为一个节拍(用 P 表示),二个节拍定义为一个状态周期(用 S 表示)。

2) 机器周期

在单片机中,为了便于管理,常把一条指令的执行过程划分为若干个阶段,每一阶段完成一项工作。例如,取指令、存储器读、存储器写等,这每一项工作称为一个基本操作。完成一个基本操作所需要的时间称为机器周期。

3) 时钟周期、状态周期、机器周期之间的关系

一般情况下,一个机器周期由若干个 S 周期(状态周期)组成。时钟周期、状态周期、机器周期之间的关系如图 1-19 所示。

51 系列单片机的一个机器周期由 6 个 S 周期(状态周期)组成。前面已说过一个时钟周期定义为一个节拍(用 P 表示),二个节拍定义为一个状态周期(用 S 表示),51单片机的机器周期由 6 个状态周期组成,也就是说一个机器周期＝6 个状态周期＝12个时钟周期。

3. 单片机的时钟电路

单片机的工作是在统一的时钟脉冲控制下一拍一拍地进行的。这个脉冲是由单片机控制器中的时序电路发出的。单片机的时序就是 CPU 在执行指令时所需控制信号的时间顺序,为了保证各部件间的同步工作,单片机内部电路应在唯一的时钟信号下严

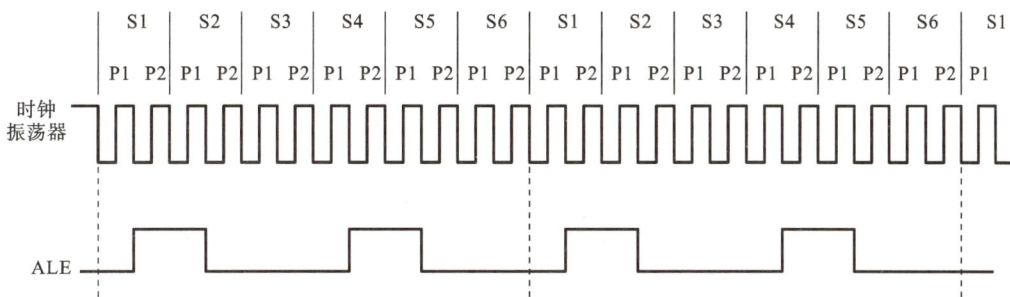

图 1-19　时钟周期、状态周期、机器周期之间的关系

格地控制时序进行工作。

时钟频率直接影响单片机的速度,时钟电路的质量也直接影响单片机系统的稳定性。常用的时钟电路有两种方式:一种是内部时钟方式;另一种是外部时钟方式。

1) 内部时钟方式

晶振,又叫晶体振荡器,为单片机系统提供基准时钟信号,单片机内部所有的工作都是以这个时钟信号为基准来进行工作的。STC89C52RC 内部有一个用于构成振荡器的高增益反相放大器,输入端为芯片引脚 XTAL1,输出端为引脚 XTAL2。这两个引脚跨接石英晶体振荡器和微调电容,构成一个稳定的自激振荡器。

LQFP44 封装的 STC89C52RC 单片机的 14 脚和 15 脚是晶振引脚,外接了一个 11.0592 MHz 的晶振,外加两个 20 pF 的电容,电容的作用是帮助晶振起振,并维持振荡信号的稳定。时钟电路如图 1-20 所示。

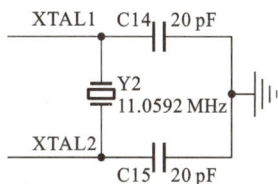

图 1-20　单片机内部时钟电路

2) 外部时钟方式

此方式利用外部振荡脉冲接入 XTAL1 或 XTAL2。对于 STC89C52RC 系列单片机,因内部时钟发生器的信号取自反相器的输入端,故采用外部时钟源时,接线方式为外部时钟源直接接到 XTAL1 端,XTAL2 端悬空。

用现成的外部振荡器产生脉冲信号,常用于多片单片机同时工作,以便于多片单片机之间的同步,一般采用内部时钟方式产生工作时序。

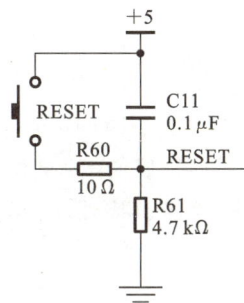

图 1-21　单片机外部 RST 引脚复位电路

4. 复位电路

复位是单片机的初始化操作。单片机启动运行时,都需要先复位,其作用是使 CPU 和系统中其他部件处于一个确定的初始状态,并从这个状态开始工作。

STC89C52RC 系列单片机有 4 种复位方式:外部 RST 引脚复位、软件复位、掉电复位/上电复位、看门狗复位。

1) 外部 RST 引脚复位

外部 RST 引脚复位就是从外部向 RST 引脚施加一定宽度的复位脉冲,从而实现单片机的复位。采用阻容复位电路时,电容 C11 为 10 μF,电阻 R60 为 10 kΩ。外部 RST 引脚复位电路如图 1-21 所示。

当51单片机通电时,时钟电路开始工作,在RESET引脚上出现24个时钟周期以上的高电平,系统即初始复位。初始化后,程序计数器PC指向0000H,P0～P3输出口全部为高电平,堆栈指针写入07H,其他专用寄存器被清"0"。RESET由高电平下降为低电平后,系统即从0000H地址开始执行程序。上电复位保证单片机每次都从一个固定的相同的状态开始工作。

按下复位按键,让程序重新初始化运行,这个过程称为手动复位。

2)软件复位

用户应用程序在运行过程中,有时会有特殊需求,需要实现单片机系统软复位(热启动之一),STC新推出的增强型8051增加了ISP_CONTR特殊功能寄存器。用户只需简单地控制ISP_CONTR特殊功能寄存器中的两位SWBS/SWRST就可以使系统复位。

ISP_CONTR特殊功能寄存器如下:

符号	字节地址	位地址								复位值
PSW	D0H	ISPEN	SWBS	SWRST	—	—	WT2	WT1	WT0	00000000

ISPEN:ISP/IAP功能允许位。

0:禁止ISP/IAP读/写/擦除 Data Flash/ EEPROM;

1:允许ISP/IAP读/写/擦除 Data Flash/EEPROM。

SWBS:软件启动选择,要与SWRST直接配合才可以实现。

0:从用户应用程序区启动;

1:从ISP程序区启动。

SWRST:软件复位功能使能/禁止。

0:不操作;

1:产生软件系统复位,硬件自动清零。

3)掉电复位/上电复位

当电源电压VCC低于上电复位/掉电复位电路的检测门槛电压时,所有的逻辑电路都会复位。当VCC重新恢复正常电压时,HD版本的单片机延迟2048个时钟,90版本单片机延迟32768个时钟后,上电复位/掉电复位结束。进入掉电模式时,上电复位/掉电复位功能被关闭。

4)看门狗复位

在需要高可靠性的系统中,为了防止系统在异常情况下受到干扰,程序跑飞,导致系统长时间异常工作,通常是引进看门狗。如果MCU/CPU不在规定的时间内按要求访问看门狗,就认为MCU/CPU处于异常状态,看门狗就会强迫MCU/CPU复位,使系统重新从头开始按规律执行用户程序。STC89C52RC单片机增加了特殊功能寄存器WDT_CONTR看门狗控制寄存器。

5)单片机复位后的初始状态

复位时,PC初始化为0000H,程序从0000H单元开始执行。复位时,SP=07H,而P0～P3引脚均为高电平。

在某些控制应用中,要注意考虑P0～P3引脚的高电平对接在这些引脚上的外部电路的影响。例如，当 P1 口某个引脚外接一个蜂鸣器驱动电路，复位时，该引脚为高电平，如果驱动电路工作，则会导致开发板一上电，蜂鸣器就响个不停。

1.4　单片机并行 I/O 端口

51 单片机典型芯片 8051 共有 4 个 8 位并行 I/O 端口，分别用 P0、P1、P2、P3 表示。每个 I/O 端口既可以按位操作使用单个引脚，也可以按字节操作使用 8 个引脚。

单片机的 4 个 I/O 端口可以作为一般的 I/O 端口使用，在结构和特性上基本相同，又各具特点。如需研究 4 个并行 I/O 端口的口线逻辑电路，请查看 STC89C51RC 数据手册第 64、65 页。

4 个并行 I/O 端口的线逻辑电路基本结构非常相似，因此都具有基本 I/O 功能，不同之处在于基本 I/O 功能之外的第二功能。

1. 作为输入端口使用

4 个并行 I/O 端口 P0～P3 作为输入端口使用时，应区分读引脚和读端口。

所谓读引脚，就是读芯片引脚的状态，把端口引脚上的数据从缓冲器通过内部总线读进来。读引脚时，必须先向电路中的锁存器写入"1"，这样才能保障读取到的端口状态是正确的。读端口是指读锁存器的状态。

读端口是为了适应对 I/O 端口进行"读—修改—写"操作语句的需要。例如，下面的 C51 语句：

P0＝P0&0xf0;//将 P0 口的低 4 位引脚清零输出

该语句执行时，分为"读—修改—写"三步。首先读入 P0 口锁存器中的数据；然后与 0xF0 进行"逻辑与"操作；最后将所读入数据的低 4 位清零，再把结果送回 P0 口。对于这类"读—修改—写"语句，不直接读引脚而读锁存器是为了避免可能出现的错误。

读引脚可以用位操作，也可以用字节操作。先定义了位变量 left 和 right，再把开关状态读入位变量。

2. 作为输出端口使用

P0 口作为输出端口使用时，输出电路是漏极开路电路，必须外接上拉电阻(一般为 4.7 kΩ 或 10 kΩ)才能有高电平输出。P1、P2 和 P3 口作为输出端口使用时，无须外接上拉电阻。

利用单片机的 P0.0 控制发光二极管的亮灭，此时，P0.0 都是作为输出端口使用。通过给 P0.0 引脚输出 0 或 1，从而达到在 P0.0 引脚上输出低电平或高电平的目的。输出时，可以用位操作，也可以用字节操作。例如，下面操作就是采用位操作。

sbit LED0＝P0^0；//声明 P0.0 引脚位名称为 LED0

LED0＝0；//在 P0.0 引脚输出低电平，点亮 LED 灯

LED0＝1；//在 P0.0 引脚输出高电平，熄灭 LED 灯

采用字节操作时，直接给整个 I/O 端口的 8 个引脚赋值，例如：

P0＝0xFE；//P0 口的 P0.0 引脚为低电平，其余 7 个引脚均为高电平

注意：无论作为输入端口还是输出端口，I/O 端口采用字节操作时，第 7 位为高位，

第 0 位为低位。

3．I/O 端口的第二功能

在进行单片机系统扩展时，P0 口作为单片机系统的低 8 位地址/数据线使用，一般称它为地址/数据分时复用引脚。P2 口作为单片机系统的高 8 位地址，与 P0 口的低 8 位地址线共同组成 16 位地址总线。

P3 口的 8 个引脚都具有第二功能，具体查看 STC89C51RC 数据手册第 26 页。作为第二功能使用的端口线，不能同时做通用 I/O 端口使用，但其他未被使用的端口线仍可作为通用 I/O 端口使用。

1.5 Proteus 安装与应用

1．Proteus 安装

按照软件安装包中的安装说明逐步完成即可，这里不再赘述。安装完成后，建议将快捷方式手动放到桌面上，方便使用。

2．Proteus 简介及特点

Proteus 软件是英国 LabCenter Electronics 公司出版的 EDA 工具软件，它不仅具有其他 EDA 工具软件的仿真功能，还能仿真单片机及外围器件。

Proteus 从原理图布图、代码调试到单片机与外围电路协同仿真，一键切换到 PCB 设计，真正实现了从概念到产品的完整设计，其处理器模型支持 8051、PIC、AVR、ARM 和 MSP430 等，2010 年又增加了 Cortex / DSP 系列处理器，并持续增加了其他系列处理器模型。在编译方面，它也支持 IAR、Keil 和 MATLAB 多种编译器。

Proteus 软件运行于 Windows 操作系统上，可以仿真、分析（SPICE）各种模拟器件和集成电路，该软件具有如下特点：

（1）实现了单片机仿真和 SPICE 电路仿真相结合。

（2）支持主流单片机系统的仿真。

（3）提供软件调试功能。

（4）具有强大的原理图绘制功能。

总之，该软件是一款集单片机和 SPICE 分析于一身的仿真软件，功能极其强大，Proteus 软件发展至今，其软件版本有很多。

3．Proteus 操作界面

Proteus 主要由两个设计平台组成：ISIS（intelligent schematic input system），原理图设计与仿真平台，它用于电路原理图的设计及交互式仿真；ARES（advanced routing and editing software），高级布线和编辑软件平台，它用于印制电路板的设计，并产生光绘输出文件。

在此仅详细介绍 ISIS 平台的使用，方便读者进行单片机的仿真与调试。

Proteus ISIS 工作界面是一种标准的类似 Windows 界面，人机界面直观、操作简单。

选择自己所需 Proteus 软件版本后,按照步骤说明安装好,双击桌面上的 Proteus 8 Professional 图标或者选择屏幕左下方的"开始→程序→Proteus 8 Professional",出现如图 1-22 所示的工作界面,表明软件安装成功,可以进入 Proteus ISIS 集成开发环境,在此界面上开始进行各种电路的设计和仿真。

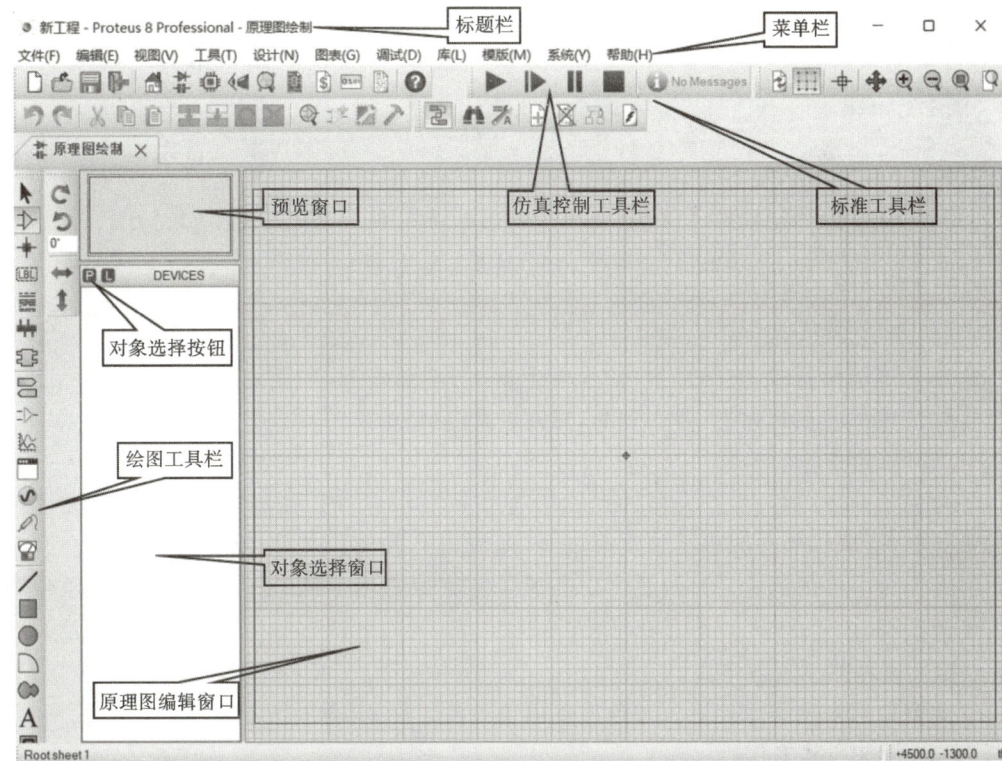

图 1-22 proteus 工作界面

ISIS 整个工作界面包括标题栏、菜单栏、标准工具栏、绘图工具栏、仿真控制工具栏、对象选择按钮、光标坐标栏、预览窗口、对象选择窗口和原理图编辑窗口。

(1) 菜单栏。

ISIS 平台以菜单方式和快捷键方式操作,共有 11 个子菜单,通过这些菜单和快捷键可以很方便地进行电路原理图设计和仿真。

(2) 标准工具栏。

标准工具栏中有许多功能按钮,它们分别与文件菜单功能相对应。

(3) 绘图工具栏。

绘图工具栏有丰富的操作工具,分为对象工具箱(见图 1-23(a))、调试工具箱(见图 1-23(b))和绘图工具箱(见图 1-23(c)),选择不同的工具箱图标按钮,系统将提供相应的操作功能。

(4) 对象选择按钮。

单击对象选择按钮 P,即可跳出元器件库界面,选择所需元器件型号。

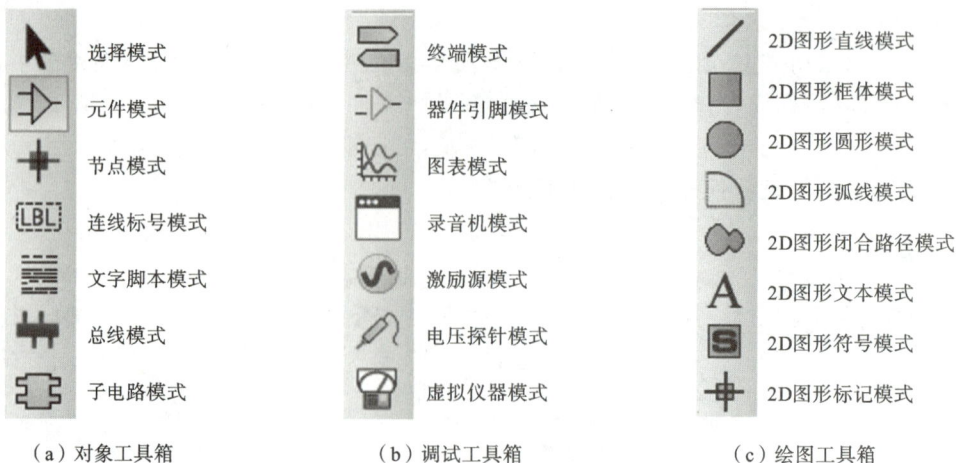

选择模式		终端模式		2D图形直线模式	
元件模式		器件引脚模式		2D图形框体模式	
节点模式		图表模式		2D图形圆形模式	
连线标号模式		录音机模式		2D图形弧线模式	
文字脚本模式		激励源模式		2D图形闭合路径模式	
总线模式		电压探针模式		2D图形文本模式	
子电路模式		虚拟仪器模式		2D图形符号模式	
				2D图形标记模式	

（a）对象工具箱　　　　　　　（b）调试工具箱　　　　　　　（c）绘图工具箱

图 1-23　绘图工具栏

（5）对象选择窗口。

用于挑选元器件、终端接口、信号发生器、仿真图表等，当用户选择好元器件后，所有器件清单都会在此列出，要用到时，只需在此选择即可。

（6）预览窗口。

可显示两个内容：当在元器件列表中选择一个元器件时，预览窗口会显示该元器件的预览图；当鼠标落在原理图编辑窗口时（即放置元件到原理图编辑窗口后，或在原理图编辑窗口中单击鼠标后），预览窗口会显示整张原理图的缩略图，可用于改变原理图的可视范围。

（7）原理图编辑窗口。

此窗口用来绘制原理图。蓝色方框内为可编辑区，元件要放到这里面。

（8）仿真控制工具栏。

仿真控制工具栏分别用于控制程序的连续运行、单步运行、暂停和停止。

（9）光标坐标栏。

表示当前鼠标位置所在的坐标。

4. 基于 Proteus 项目设计步骤

使用 Proteus 软件进行单片机系统仿真与项目设计大致可以分为以下 4 个步骤：

（1）电路设计。在 ISIS 平台上进行单片机系统原理图设计、选择元器件、接插件、连接电路和电气检测等。

（2）软件设计。在 ISIS 平台或 Keil_C51 平台上进行单片机系统源程序设计、编辑、汇编编译、代码调试等，最后生成目标代码文件（＊.hex）。

（3）仿真与调试。在 ISIS 平台上将目标代码文件加载到单片机系统中，并实现单片机系统的实时交互、协同仿真。

（4）项目组装、运行与调试。仿真正确后，制作、安装实际单片机系统电路，并将目标文件代码（＊.hex)下载到单片机中运行、调试。若出现问题，则可通过 Proteus 设计与仿真相互配合调试，直至运行成功。

任务 1-2　搭建软件环境

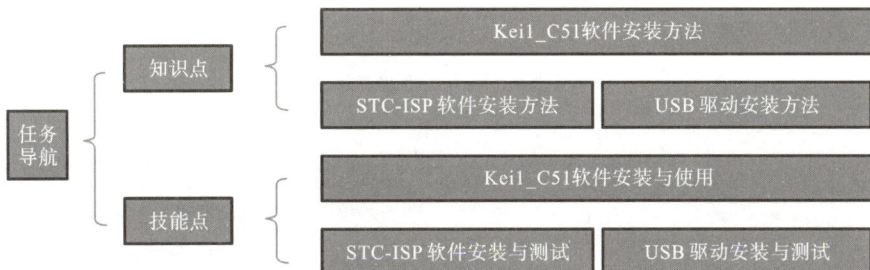

任务导航	知识点	Keil_C51软件安装方法	
		STC-ISP 软件安装方法	USB 驱动安装方法
	技能点	Keil_C51软件安装与使用	
		STC-ISP 软件安装与测试	USB 驱动安装与测试

任务目标	知识目标	掌握 USB 驱动安装方法； 掌握 Keil_C51 软件安装与使用方法； 掌握 STC-ISP 软件使用方法
	能力目标	会搭建单片机软件开发环境
	素质目标	通过安装软件详细的步骤，培养学生认真细致的工匠精神

任 务 实 施

任务描述

学习单片机，首先要搭建单片机软件开发环境。开发环境搭建主要包括 USB 驱动的安装、Keil_C51 软件的安装与使用、单片机烧写工具 STC-ISP 软件的安装与使用、Proteus 仿真软件安装与使用。当然还会用到许多工具软件，如字模提取软件、串口调试助手等，这些软件用到的时候再安装。接下来带领大家一步步搭建单片机开发环境。

1. Keil_C51 软件安装

Keil_C51 是一款单片机 C 语言程序开发平台。可以在 Keil_C51 中进行程序代码的编写，工程管理，程序编译、连接，生成可以烧写到 51 单片机里面执行的 hex 文件，同时可以在线仿真调试。Keil_C51 集成开发平台安装主要有以下几个步骤：

在 Keil_C51 文件夹中右击"c51v956"图标，以管理员身份运行，如图 1-24 所示。

（1）单击"Next"按钮，并在"I agree to ……"前面的方框勾选，如图 1-25 所示。单击"Next"按钮。

（2）选择安装路径 C:\KEILC51，单击"Next"按钮，如图 1-26 所示。

（3）填写相关信息，单击"Next"按钮开始安装，如图 1-27 所示。

（4）去掉那些勾选项，单击"Finish"按钮，如图 1-28 所示。

（5）破解 Keil_C51，右击破解文件"Kiel5_LIC"，以管理员身份运行，如图 1-29 所示。

图 1-24　Keil_C51 的安装图标

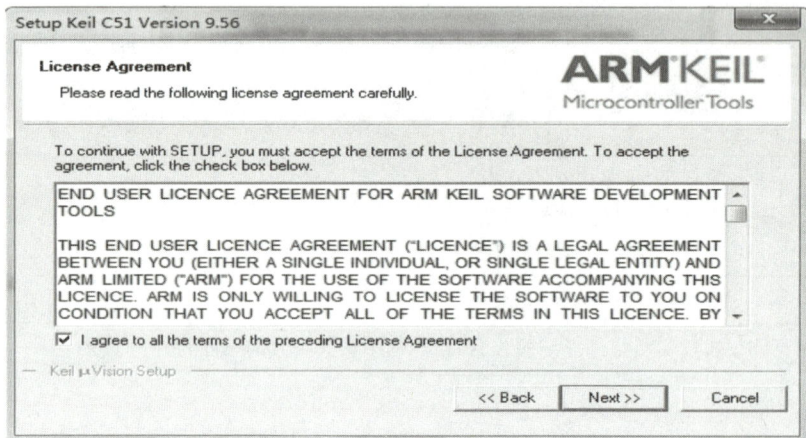

图 1-25　Keil_C51 软件"License Agreement"界面

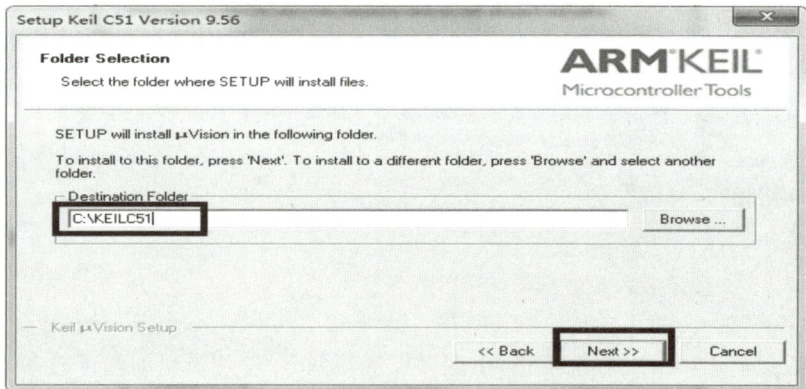

图 1-26　Keil_C51 软件的安装路径

（6）双击桌面上的"Keil uversion4"图标，打开 Keil_C51 软件，如图 1-30 所示。选择"File→License Management"命令。

（7）复制 CID 框中的内容，如图 1-31 所示。

（8）粘贴到破解对话框的"CID"框中，Target 一定要选择 C51！如图 1-32 所示。

（9）单击"Generate"按钮，生成破解码，复制该码，如图 1-33 所示。

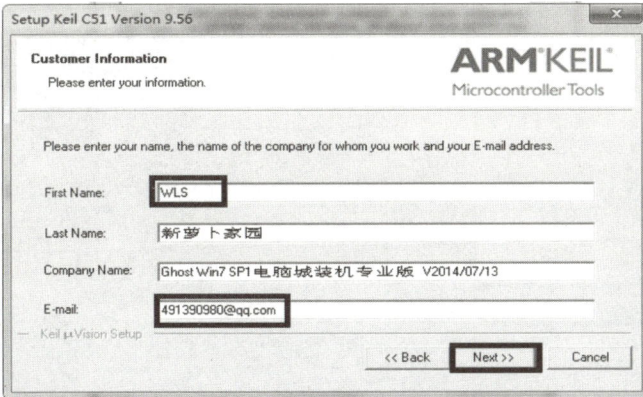

图 1-27　Keil_C51 软件的用户信息填写

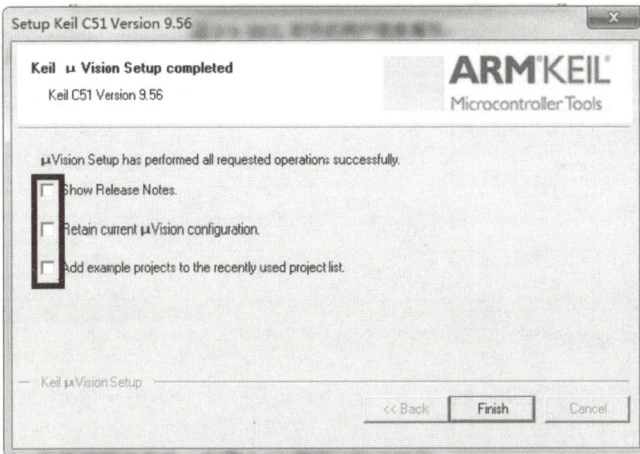

图 1-28　Keil_C51 软件安装完成

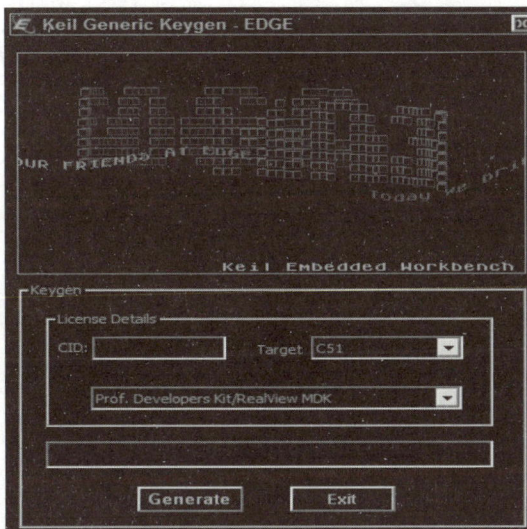

图 1-29　Keil_C51 破解工具界面

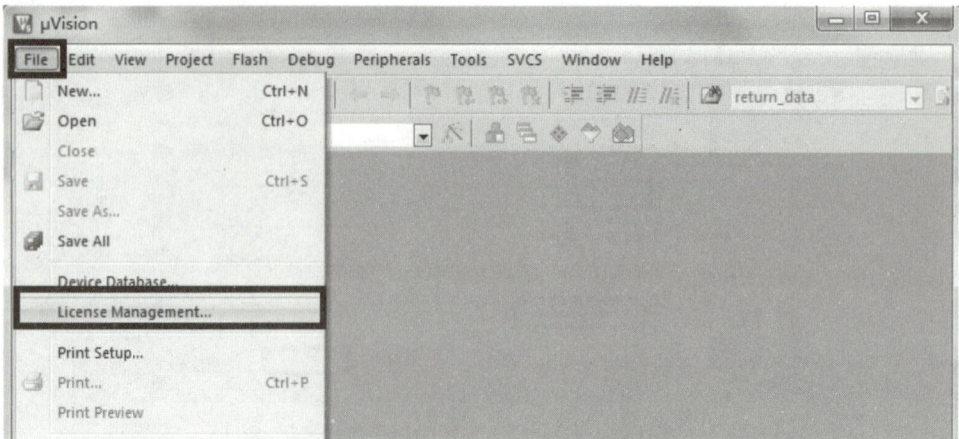

图 1-30　Keil_C51 注册选择菜单

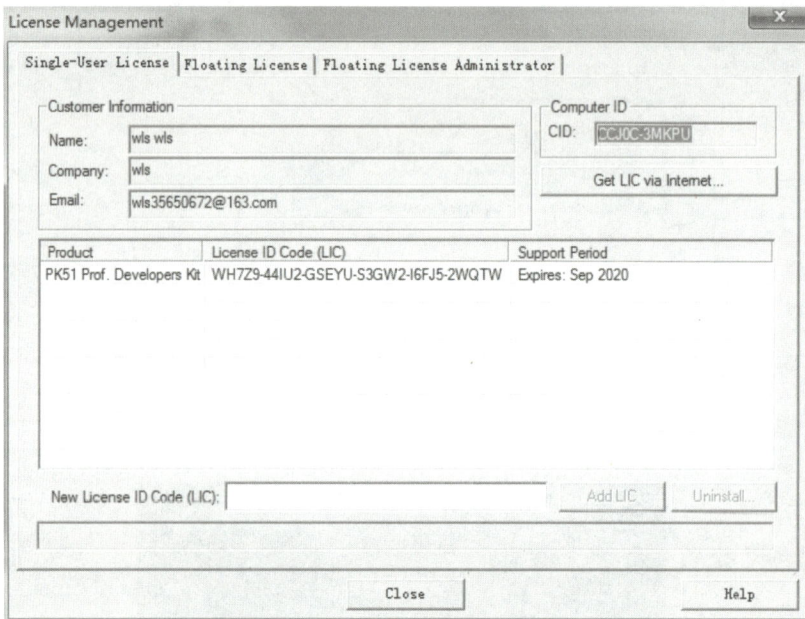

图 1-31　Keil_C51 注册的 CID

　　（10）把该破解码粘贴到 Kiel_C51 软件的"New license ID code"框中，单击"Add
LIC"即完成破解。破解完成后，单击"Close"按钮关闭，如图 1-34 所示。

　　（11）使用 STC-ISP 添加型号和头文件。

　　用 STC-ISP 直接导入 STC 系列单片机到 keil_C51 里边，右键以管理员身份打开
stc-isp-15xx-v6.86C.exe 安装包，然后单击"Next"按钮，如图 1-35 所示。

　　（12）在软件右边找到 Keil_C51 仿真设置，选择添加型号和头文件到 Keil_C51
中，找到之前安装 Keil_C51 的文件夹，添加成功，如图 1-36 所示。

　　（13）设置字体为中文简体 GB2312，否则程序注释在删除时会出现乱码，如图 1-37
所示。

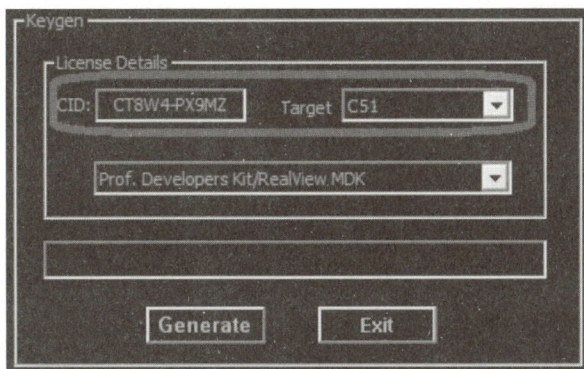

图 1-32　破解界面填入 CID

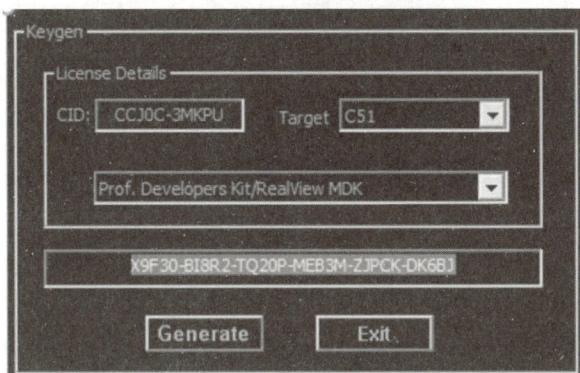

图 1-33　生成破解的注册码

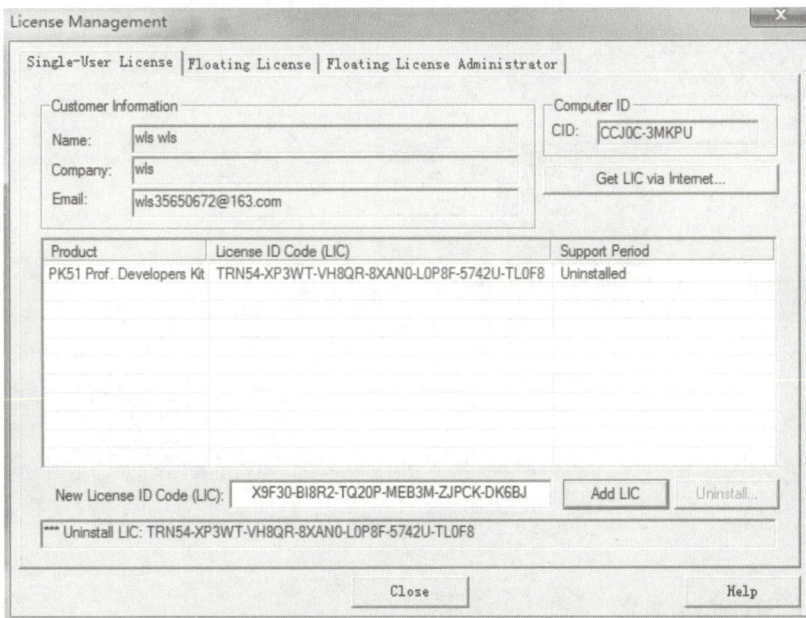

图 1-34　Keil_C51 软件中加入破解码

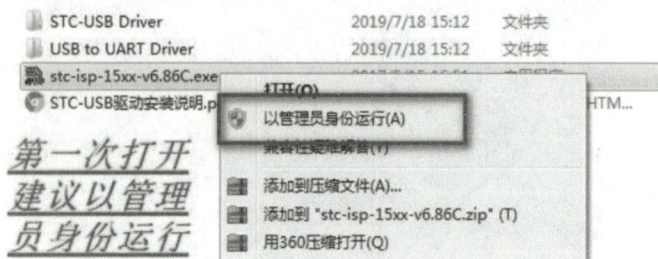

图 1-35　以管理员身份打开 stc-isp-15xx-v6.86C.exe 安装包

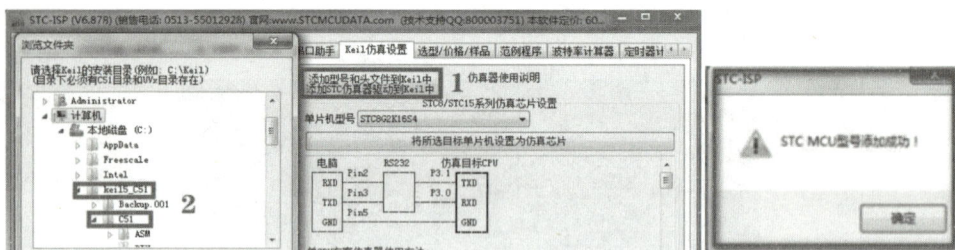

图 1-36　选择添加型号和头文件到 Keil_C51

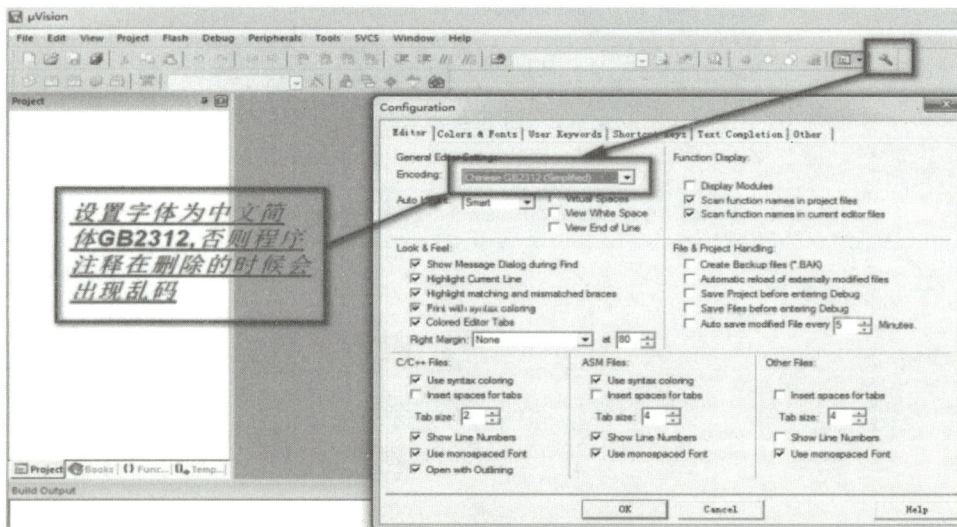

图 1-37　设置字体为中文简体

（14）对 Keil_C51 是否成功添加 STC 单片机进行验证。新建一个工程，在选择目标单片机时，如果可以选择 STC MCU，说明 Keil_C51 里面已经添加了 STC 单片机，如图1-38所示。

2. USB 驱动安装

下载程序或单片机需要和计算机进行串口通信时，都会用到串口，而现在的计算机

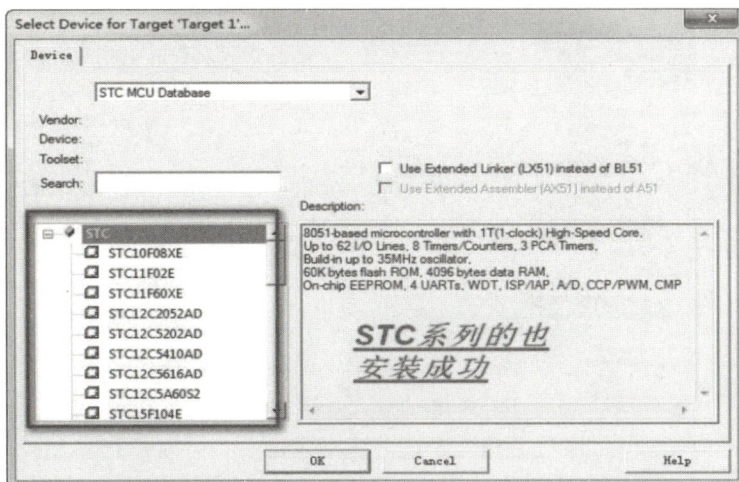

图 1-38　单片机型号选择

大多已经没有串口,而是使用 USB 模拟出一个串口,QZEDU-51 开发板采用 CH340G
芯片进行 TTL 电平与 232 电平的转换。计算机需要把 UBS 数据转换成串口数据格式
输出到单片机,单片机通过串口发给计算机的数据,又要转换成 USB 格式给计算机,这
就需要 USB 转串口的驱动。CH341SER 是 USB 转串口的驱动程序,它里面包括有
X86 和 X64 版,用户应根据计算机情况进行选择。

(1) 打开 CH341SER 文件夹,根据计算机是 64 位还是 32 位,选择不同的文件夹,
如图 1-39 所示。以我的电脑为例,是 32 位的,选择 X86 文件夹,如果电脑是 64 位的,
选择 X64 文件夹。双击打开相应的文件夹。

(2) 选择 SETUP 双击打开,如图 1-39 所示。

(3) 系统进入 USB 转串口安装界面,如图 1-40 所示。开始安装,安装好后,关闭对
话框即可。

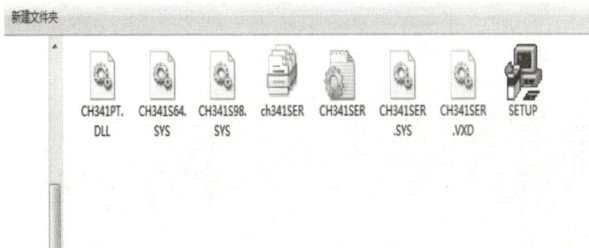

图 1-39　SETUP 图标

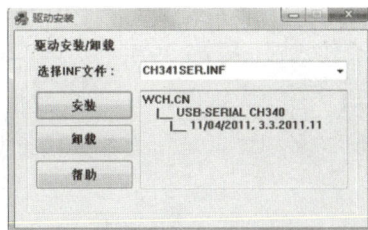

图 1-40　USB 转串口安装界面

(4) 检测是否安装成功。

以 Win 7 为例,在"计算机"图标上右击鼠标,在下拉菜单中选择"设备管理器"。

若在"端口(COM 和 LPT)"下拉列表中出现 "USB-SERIAL CH340 (COM6)",则
说明安装成功,并且 USB 转串口对应的串口为 COM6,如图 1-41 所示。这个在程序下
载和串口调试时会用到。到此,USB 转串口驱动安装成功!

图 1-41　查看 USB 转串口的模拟串口号

任务总结

通过安装 Keil_C51 软件和 USB 转串口驱动软件,已经把单片机学习软件环境搭建好了,后面的学习中,都会用到以上软件,同学们要尽快熟练掌握以上软件的使用方法。

思考与练习题 1

1.1　单项选择题

(1) 关于 STC89C52RC 单片机的 I/O 口,下列说法不正确的是(　　　)。

A. P0 口可作为输入/输出口

B. P0 口可作为地址/数据复用总线使用

C. P3 口是一个 8 位双向 I/O 端口

D. P2 口是一个 8 位准双向口,复位后处于开漏模式

(2) 关于 $\overline{EA}$ 引脚电平,下列说法错误的是(　　　)。

A. 当 $\overline{EA}=1$ 时,CPU 从片内 0000H 开始取指令,当 PC 值没有超出 1FFFH 时,只访问片内 Flash 存储器

B. 当 $\overline{EA}=1$ 时,CPU 从片内 0000H 开始取指令,当 PC 值超出 1FFFH 时自动转向读片外程序存储器空间 2000H～FFFFH 内的程序

C. 当 $\overline{EA}=0$ 时,只能执行片外程序存储器(0000H～FFFFH)中的程序,不理会片内 8 KB Flash 存储器

D. 当 $\overline{EA}=0$ 时,只能执行片内 8 KB Flash 存储器

(3) STC89C52RC 存储器的结构是(　)。

A. 冯·诺依曼结构　　B.普林斯顿结构　　C. 哈佛结构　　D. 哈希结构

(4) 下面关于单片机时序说法不正确的是(　)。

A. 时钟周期就是单片机外接晶振的倒数

B. 一个机器周期由 6 个状态周期组成

C. 一个机器周期由 12 个状态周期组成

D. 一个机器周期由 12 个时钟周期组成

(5) STC89C52RC 单片机片内数据存储器,说法不正确的是(　)。

A. 低 128 字节(00H～7FH)内部 RAM

B. 高 128 字节(80H～FFH)内部 RAM

C. 内部扩展的 256 字节(00H～FFH)RAM 空间

D. 以上说法都不正确

(6) STC89C52RC 系列单片机有 4 种复位方式,下面说法不正确的是(　)。

A. 外部 RST 引脚复位　　　　　　　　B. 软件复位

C. 掉电复位　　　　　　　　　　　　D. 系统复位

(7) STC89C52RC 单片机的特性说明,以下不正确的是(　)。

A. 指令代码完全兼容传统 8051

B. 工作电压:3.4～5.5 V(5 V 单片机)/2.0～3.8 V(3 V 单片机)

C. 片上集成 512 B RAM 数据存储器

D. 芯片内置 5 KB 的 EEPROM 功能

(8) STC89C52RC 单片机程序存储器片内为 8 KB 的 Flash,地址为(　)。

A. 0000H～1FFFH　　　　　　　　　B. 0000H～2FFFH

C. 0000H～3FFFH　　　　　　　　　D. 0000H～8FFFH

1.2　填空题

(1) 增强型 51 单片机_____时钟/周期和 12 时钟/机器周期任意设置。

(2) STC89C52RC 单片机有_____KB 的片内 Flash 程序存储器,擦写次数_____万次以上。

(3) STC89C52RC 单片机片上集成_____字节 RAM 数据存储器;单片机内置_____KB 的 EEPROM 功能。

(4) P0 口既可作为_____/输出口,也可作为_____/数据复用总线使用,P0 口上电复位后处于_____模式。P0 口内部无_____电阻,所以作 I/O 口必须外接_____～4.7 kΩ 的上拉电阻。

(5) P2 口可作为输入/输出口,也可作为高 8 位_____总线使用。

(6) P3 口除作为一般 I/O 口外,还有其他一些复用功能,P3.0 口复用功能为:_____;P3.1 口复用功能为:_____(从 TXD、RXD 中选择)。

(7) 单片机系统有两种存储结构,分别是_____、_____。

(8) 当$\overline{EA}$为_____电平,并且程序地址小于 8 KB 时,读取 STC89C52RC _____置有 8 KB 的程序存储器,而超过 8 KB 地址则读取外部指令数据。如果$\overline{EA}$为低电平,则不管地址大小,一律读取_____部程序存储器指令。

(9)_____电路、_____电路、_____电路与单片机一起构成单片机的最小系统。

(10)时钟周期也称为_____,是系统时钟脉冲频率的_____,是计算机中最基本的、最小的_____单位。可以这么理解,时钟周期就是单片机外接晶振的倒数。例如,12 MHz 的晶振的时钟周期就是_____μs。(从倒数、时间、1/12、振荡周期中选择)

1.3 简答题

1. 什么是单片机?它由哪几部分组成?

2. 什么是复位?单片机复位方式有哪几种?复位的条件是什么?

3. 什么是时钟周期和指令周期?当振荡频率为 12 MHz 时,一个机器周期为多少微秒?

匠 心 育 人

1. 科技报国:姚永平:听本士 8051 单片机 STc 宏晶创始人讲述自己的故事。

2. 工匠精神:陈行行,激光器与核武器精密加工。

3. 科学方法:工欲善其事,必先利其器。

项目 2 单片机并行 I/O 口应用

本项目主要介绍单片机并行 I/O 口作为输出口使用方法,通过点亮 LED 灯、LED 闪烁灯、八路流水灯、简易广告灯设计这四个任务,从简到难,一步步带领大家熟练掌握单片机的开发流程,软硬件设计、仿真和调试的方法。

任务 2-1 点亮 LED 灯

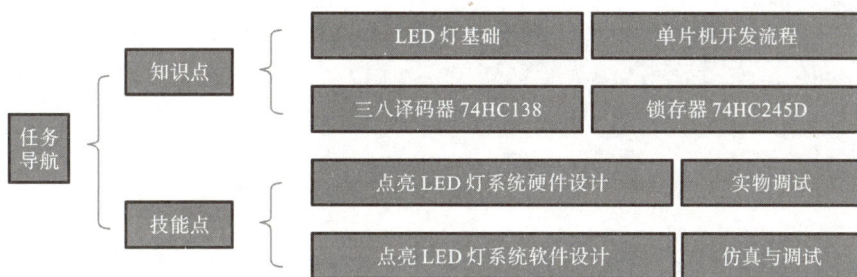

	知识点	LED 灯基础	单片机开发流程
任务导航		三八译码器 74HC138	锁存器 74HC245D
	技能点	点亮 LED 灯系统硬件设计	实物调试
		点亮 LED 灯系统软件设计	仿真与调试

任务目标	知识目标	掌握 LED 灯基础知识; 掌握 74HC245 用法; 掌握 74HC138 用法; 掌握单片机 I/O 口用法; 掌握单片机开发流程
	能力目标	会设计点亮 LED 灯的硬件电路; 会使用 Keil_C51 编写点亮 LED 灯程序; 会使用 Proteus 软件绘制电路图、仿真和调试
	素质目标	通过学习星星之火,可以燎原视频,培养学生爱国情怀,增强学生民族自豪感和自信心; 通过编程过程中引入华为编程代码规范,培养学生规范的控制程序代码编写调试习惯

任 务 实 施

任务描述

本任务完成点亮 LED 灯系统设计。通过硬件设计，绘制仿真电路、新建工程、新建程序文件、添加文件到工程、编写程序代码、设置工程、编译、调试程序、生成 hex 文件、程序下载、仿真调试、实物联调，让学生掌握单片机完整的开发流程。

1. 硬件设计

理想状态下，点亮 LED 电路设计原理图如图 2-1 所示。

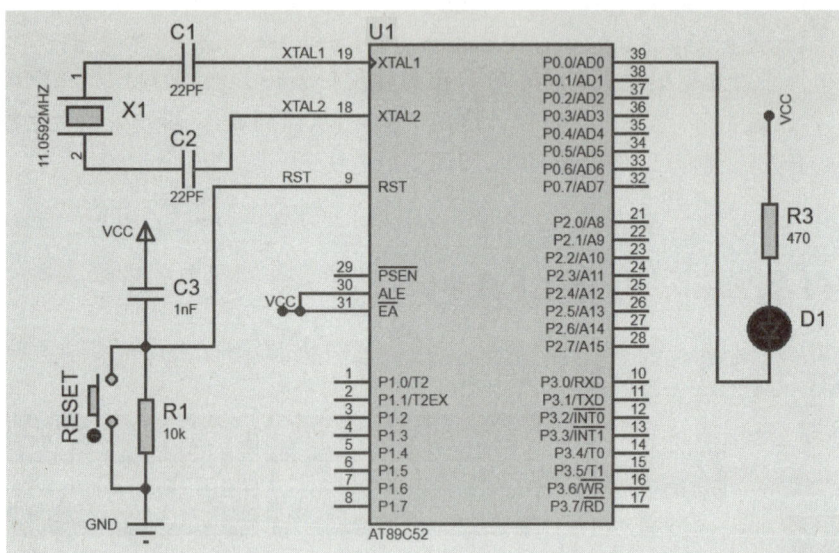

图 2-1　点亮 LED 电路原理图

本电路采用 Proteus 仿真软件绘制，元件清单如表 2-1 所示。

表 2-1　元件清单

序号	元件名称	参数	数量	Proteus 中的名称
1	单片机	DIP40 封装	1	AT89C52
2	晶振	11.0592 MHz	1	CRYSTAL
3	电容	22 pF	2	CAP
4	电容	0.1 μF	1	CAP
5	电阻	10 kΩ，470 Ω	2	RES
6	按键开关	按键	1	BUTTON
7	发光二极管	LED 灯	1	LED-YELLOW

由于单片机的 I/O 口驱动电流最大为 20 mA,驱动一只 LED 灯是没有问题的,一只 LED 灯的工作电流约为 5 mA,考虑到后面单片机的其他 I/O 口还需要接负载,当需要驱动多只 LED 灯时,就需要接一个缓冲器。实际电路如图 2-2 所示。实际元件清单如表 2-2 所示。

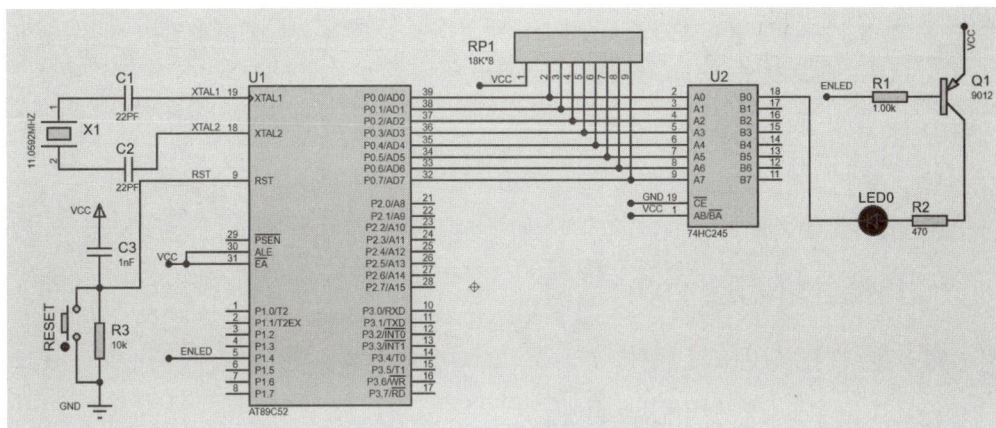

图 2-2 点亮 LED 灯实际电路图

表 2-2 元件清单

序号	元件名称	参数	数量	Proteus 中的名称
1	单片机	DIP40 封装	1	AT89C52
2	晶振	11.0592 MHz	1	CRYSTAL
3	电容	22 pF	2	CAP
4	电容	0.1 μF	1	CAP
5	电阻	10 kΩ,1 kΩ,470 Ω	3	RES
6	按键开关	按键	1	BUTTON
7	排阻	10 kΩ	1	RESPACK-8
8	三极管	PNP 型	1	PNP
9	发光二极管	LED 灯	1	LED-YELLOW

电路解读

电阻 R1 和三极管 Q1 组成 LED 灯的供电开关,电阻 R2 是 LED0 的限流电阻,前面讲过,由于 P0 口没有上拉电阻,因此外加上拉电阻排 RP1,U2 是双向缓冲器,提高单片机 P0 口的驱动能力,单片机控制端口有两个,即 P0.0 和 P1.4。

当单片机 P1.4 输出低电平时,三极管 Q1 饱和导通,LED 灯的供电开关闭合,LED 灯正极通过电阻 R2 接电 VCC,LED 灯电路得电。此时,若单片机 P0.0 口输出低电平,则 LED0 灯点亮;若单片机 P0.0 口输出高电平,则 LED0 灯熄灭。

当单片机 P1.4 输出高电平时,三极管 Q1 截止,LED 灯的供电开关断开,LED 灯电路失电。此时,无论单片机 P0.0 口输出高电平还是低电平,LED0 灯都熄灭。

> 总结——LED 灯控制方法
>
> 单片机的 P1.4 口(ENLED)是 LED 灯的供电控制端,也称为使能端,要想点亮 LED 灯,首先就要使 P1.4=0;
>
> 单片机 P0.0 口(LED0)是 LED0 灯的亮灭控制端,要想点亮 LED0 灯,使 P0.0=0;要想熄灭 LED0 灯,使 P0.0=1。

2. 软件设计

第 1 步:新建文件夹。

文件夹命名为"点亮 LED 灯"　。

第 2 步:打开 Keil_C51 软件。

双击打开桌面上的 Keil 图标　。

第 3 步:新建工程。

选择菜单 Project,在弹出的下拉菜单中选择 New μVision Project…,如图 2-3 所示。然后弹出工程保存路径窗口,注意:工程保存在刚才新建的工程文件夹"点亮 LED 灯"中,工程名和文件夹同名。最后,单击"保存"按钮,如图 2-4 所示。

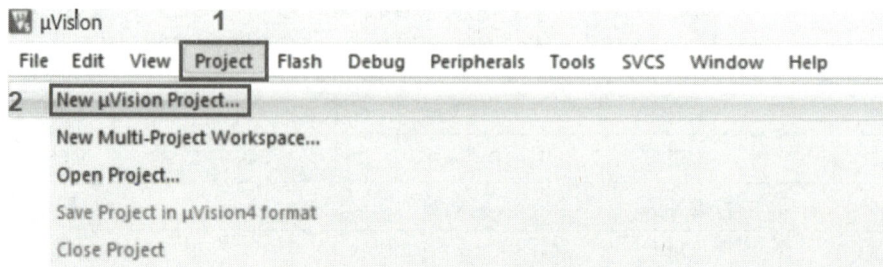

图 2-3　新建工程

在弹出的选择目标设备窗口中,选择 STC MCU Database,然后选择 STC89C52RC Series,单击"OK"按钮,如图 2-5 所示。

在弹出的是否添加启动文件到工程窗口时,选择是,这样工程就创建好了,如图2-6 所示。

第 4 步:新建文件。

新建文件有两种方法,第一种通过单击工具栏的新建空白文档工具　,第二种方法是通过选择菜单栏的 File→New 创建新文件,一般用第一种方法更快捷。此时系统会自动自成一个名为 Text1 的空白文档,单击保存按钮　保存文件,如图 2-7 所示。此时会弹出保存文件窗口,注意:文件要保存在工程路径中,文件名为 main.c。如图 2-8 所示。

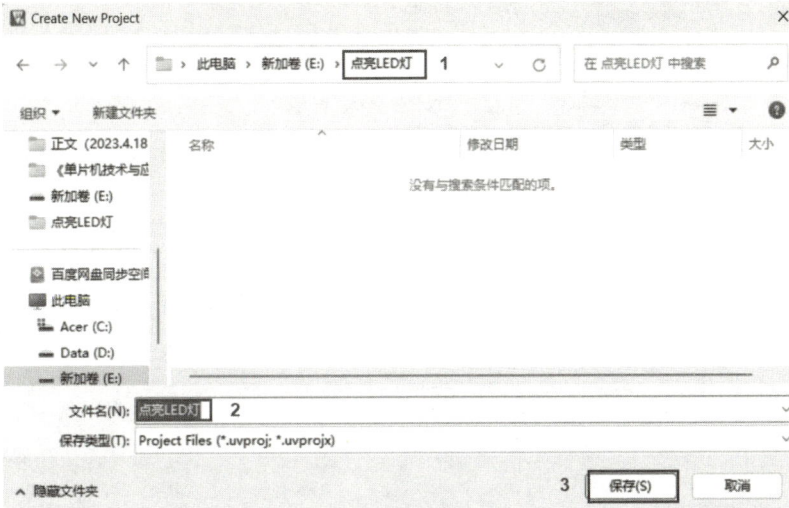

图 2-4　保存工程

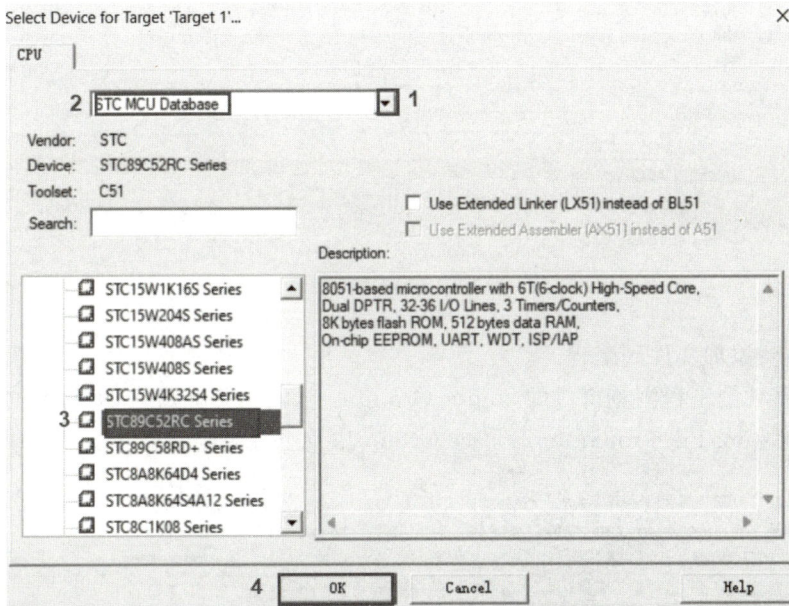

图 2-5　选择单片机的型号

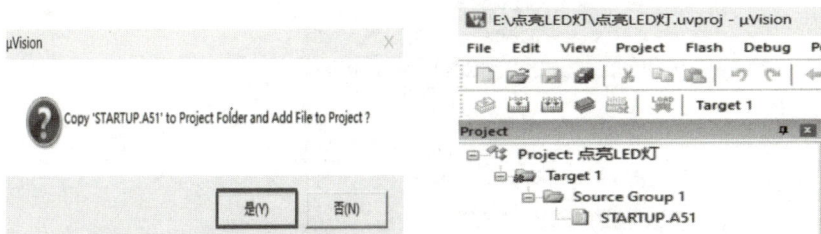

图 2-6　新建好的工程

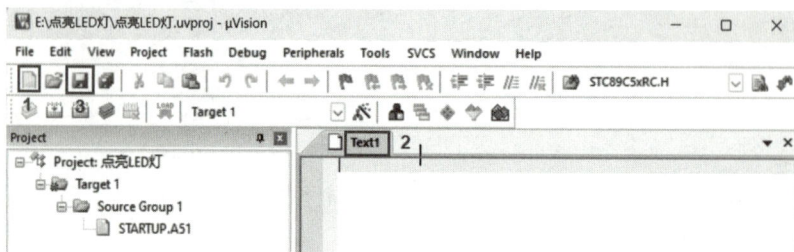

图 2-7　新建文件

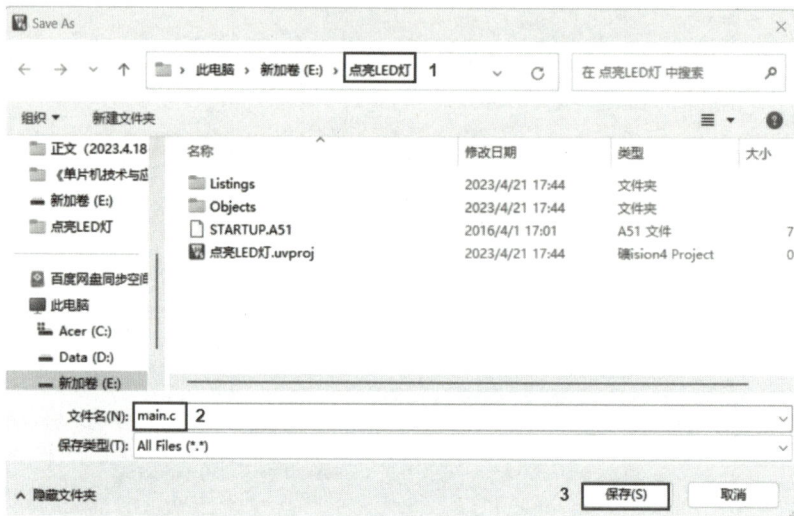

图 2-8　保存文件路径

第 5 步:添加文件到工程。

鼠标移动到工程浏览窗口的 Source Group 1 上,右击鼠标,在弹出的下拉菜单中选择 Add Existing Files to Group Source Group 1,如图 2-9 所示。

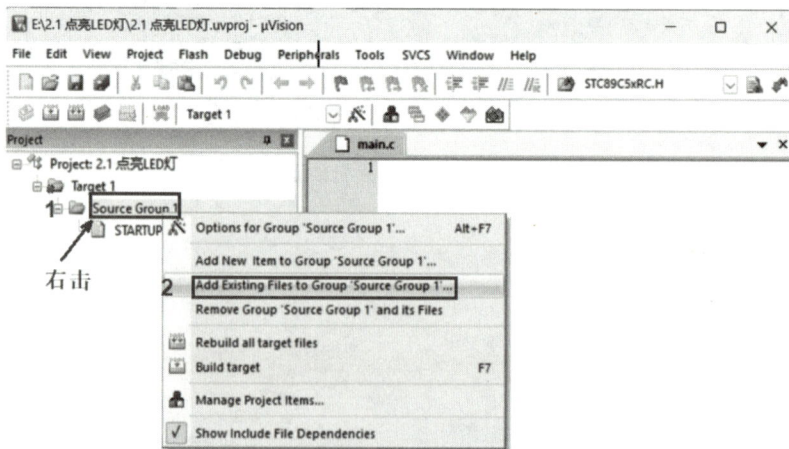

图 2-9　添加文件到工程

在弹出的添加文件窗口中,选择 main.c,单击"Add"按钮,就把文件添加到工程中了,如图 2-10 所示。

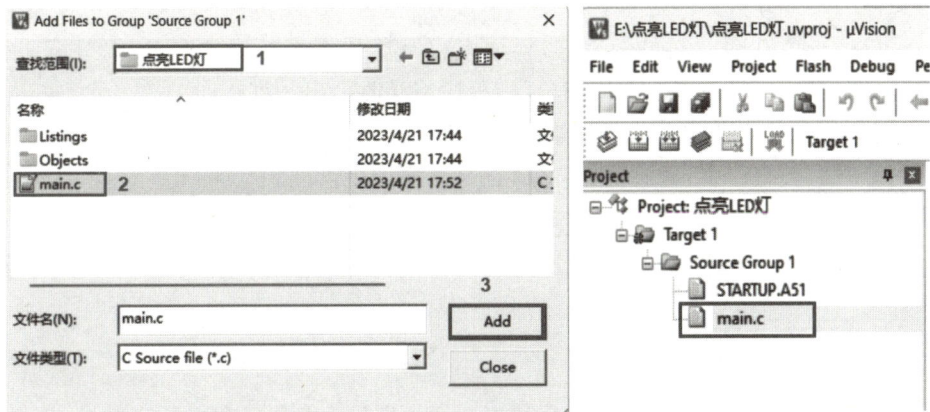

图 2-10　选择添加文件

第 6 步:编写程序源码
参考源代码:

```
#include "reg52.h"        //包含头文件
sbit ENLED= P1^4;          //LED 灯使能端
sbit LED0= P0^0;           //LED0 灯控制端
//主函数
void main(void)
{
    ENLED= 0;              //使能 LED 灯
    while(1)               //超级循环
    {
        LED0= 0;           //点亮 LED0
    }
}
```

程序解读

(1) main 是主函数的函数名字,每一个 C 程序都必须有且仅有一个 main 函数。

(2) void 是函数的返回值类型,本程序没有返回值,用 void 表示。

(3) 参数里面的 void 表示 main 函数无形参,通常这个 void 也可以不写,系统也不会报错,但是建议还是写上,养成良好的编程习惯。

(4) {}在这里是函数开始和结束的标志,不可省略。

(5) 每条 C 语言语句是以分号;结束的。

(6) 注意代码的层次,"ENLED=0;"语句与主函数的"{"之间空 4 个字符,"LED0=0;"语句与 while 循环的"{"之间空 4 个字符。这样写代码的层次感强,一目了然就可以看到代码的层次关系,也符合大公司的代码编写规范。

（7）预编译命令是指 C 语言程序中以符号"♯"开头的编译指令，通常写成"♯include＜头文件＞"，该指令的作用是打开一个特定的文件，将它的内容作为正在编译的文件的一部分"包含"进来。

reg52.h 是 51 单片机的头文件，里面有很多单片机寄存器的定义、端口声明和引脚声明，必须包含到 main.c 文件中，否则程序编译时会出一堆错误。

（8）sbit 用于声明单片机的引脚，是 Keil_C51 特有的，普通 C 语言里面是没有的。它常用于对引脚的声明，做到见名知义，提高程序的可读性。

sbit 位声明语句通常放在包含头文件语句之后和主函数之前。

如 P1~4 是用于控制 LED 的使能，P0~0 是控制 LED 的亮灭，如果声明成下面格式：

```
sbit ENLED= P1^4;
sbit LED0= P0^0;
```

则通过引脚声明的符号就可以猜出引脚的功能，大大地提高了程序的可阅读性。而这也恰恰是团队协作开发项目的关键。

经验之谈——单片机初学者编程技巧

编写程序代码时，如果学过 C 语言的，你应该很轻松地跟着我自己编程写出来，如果没学过 C 语言也没关系，一定要先照猫画虎，依样画葫芦。

我们会加上 C 语言详细的注释，这样抄几次后再看看解释，就应该很明白了，抄的时候一定要认真。

新手特别容易忽视字母的大小写，另外标点符号不可以搞错。

特别要注意中英文输入格式的转换。

可以看出，单片机的编程与硬件是紧密相关的，不是凭空想象的。我们今后的编程都是这样，要根据实际的电路原理图来编程，离开了硬件，编写的程序是没有意义的！同样是点亮一个 LED 灯程序，在硬件电路不同的单片机开发板上，是不能点亮另一块开发板上的 LED 灯的。

第 7 步：工程配置。

配置工程有两种方法：第一种方法是单击工具栏里的工程配置按钮 🔧；第二种方法是右击工程结构浏览窗口的"Source Group 1"，在弹出的下拉菜单中选择"Options for Group Source Group 1"。我们通常采用第一种方法。

在弹出的对话框中，单击"Output"选项页，勾选其中的"Create HEX File"复选框，然后单击"OK"按钮，如图 2-11 所示。

第 8 步：程序编译与调试。

接下来要对刚才编写的程序进行编译，生成可以下载到单片机里的文件，就是通常说的生成 hex 文件。

单击"Project→rebuild all target files"，或者单击工具栏中重新编译按钮 🔲，就可以对程序进行编译了。

编译完成后，在 Keil_C51 下方的"Build Output"窗口会出现相应的提示，如图

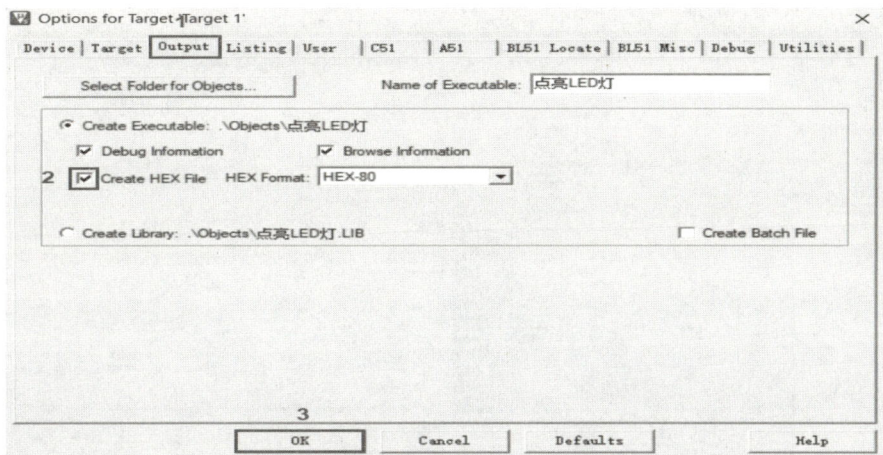

图 2-11　配置工程输出 hex 文件

2-12所示。

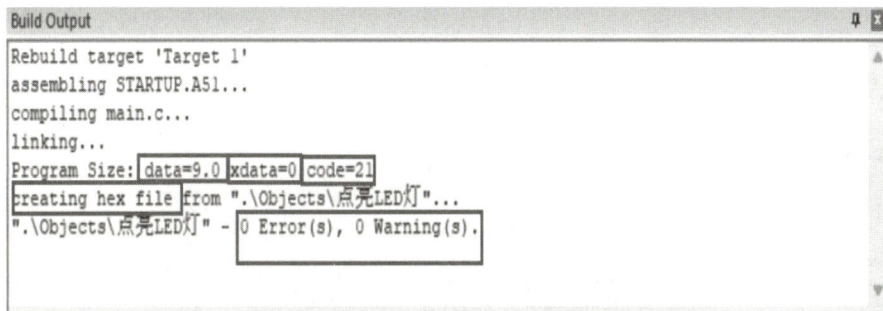

图 2-12　程序编译结果

这个窗口告诉我们编译完成后的情况,data＝9.0,指的是程序使用了单片机内部的 256 字节 RAM 资源中的 9 个字节;xdata＝0,指的是程序使用了单片机片内扩展 RAM 的 256 字节 RAM 资源中的 0 个字节;code＝21,指的是使用了 8 KB 代码 Flash 资源中的 21 个字节。

当提示"0 Error(s), 0 Warning(s)"表示我们的程序没有错误和警告,就会出现"creating hex file from'.\Objects\点亮 LED 灯'...",意思是从当前工程生成了一个名叫"点亮 LED 灯.hex"的文件,下载到单片机上的就是这个 hex 文件。

如果出现有错误和警告提示的话,就是 Error 和 Warning 不是 0,那么我们就要对程序进行检查,不断调试,反复修改,找出问题,直到编译提示"0 Error(s), 0 Warning(s)"。

到此为止,程序就编译好了,下边我们就要把编译好的程序文件下载到单片机里。

第 9 步:仿真与调试。

打开前面做好的点亮 LED 灯仿真工程,双击单片机 U1,弹出编辑元件对话框,选择 Program File 栏右边打开文件按钮,这时弹出选择文件对话框,定位到存放 hex 文件的文件夹"E:\点亮 LED 灯\Objects",选择"点亮 LED 灯.hex",然后单击"打开"按钮,即可把 hex 文件下载到仿真工程中,如图 2-13 所示。

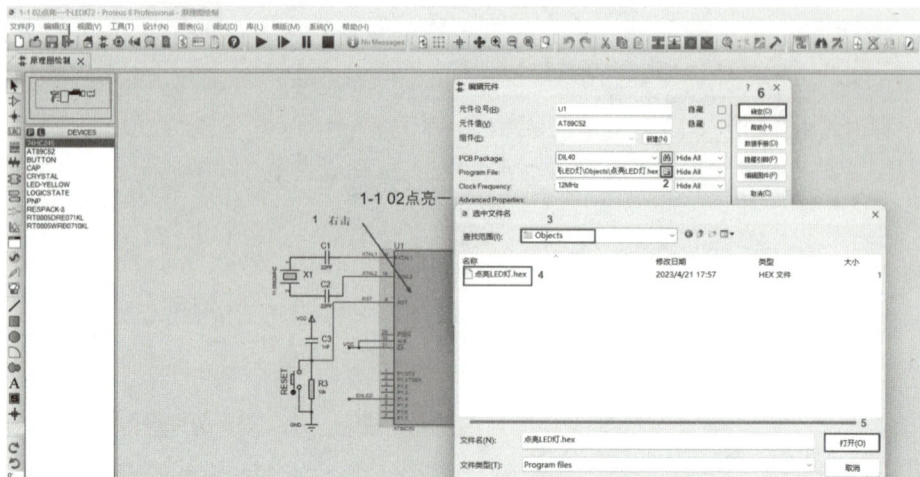

图 2-13　下载程序到仿真工程

单击开始仿真按钮 ▶，程序开始运行，LED0 灯点亮，实现了任务功能，仿真图如图 2-14 所示。

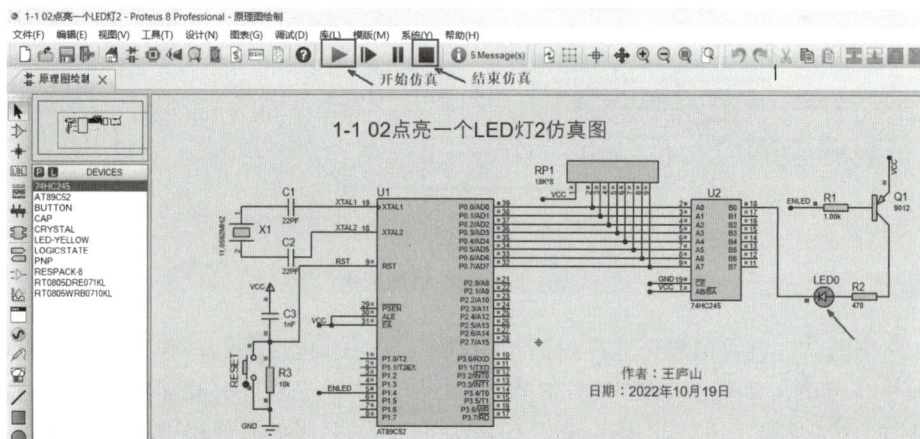

图 2-14　任务仿真图

图 2-15　串口号

第 10 步：实物联调。

前面通过硬件设计、软件设计、程序调试、仿真与调试，完成了软硬件设计与仿真，但还需要在实物开发板上进行调试和功能验证。

（1）检测计算机串口号。

用 USB 线把开发板和计算机连接起来，打开设备管理器，查看所使用的 COM 口编号，找到"USB-SERIAL CH340（COM3）"这一项，这里最后的数字就是开发板目前所使用的 COM 端口号，如图 2-15 所示。注意不同的开发环境这个端口号是不同的。如果找不到串口号,说明 USB 转串口驱动没有安装好,需要重新安装。

(2) STC-ISP 软件设置。

打开 STC-ISP 软件,进行设置,如图 2-16 所示。

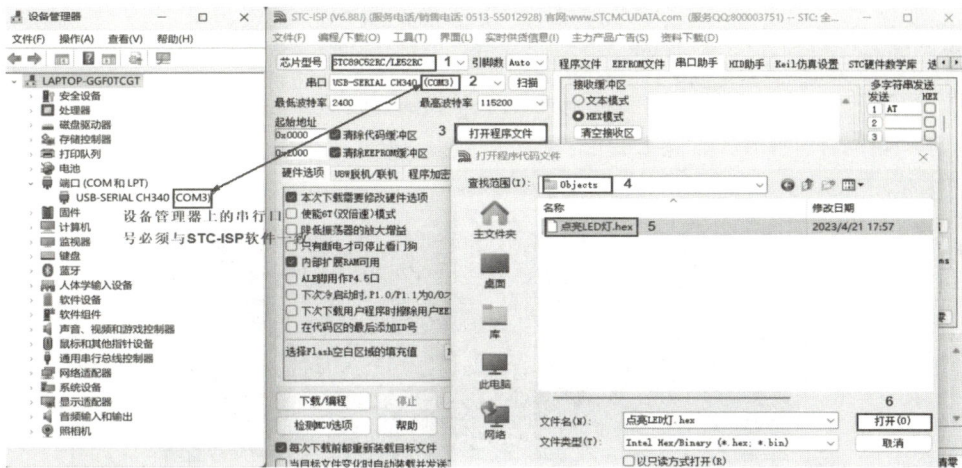

图 2-16　STC-ISP 软件配置

选择单片机型号,我们现在用的单片机型号是 STC89C52RC/LE52RC,这个一定不能选错了。

单击"打开程序文件",找到"点亮 LED "文件夹,在 Objects 文件夹里找到"点亮 LED. hex"文件,单击"打开"按钮。

选择刚才查到的 COM 口,波特率使用默认的就行。

这里的所有选项都使用默认设置,不要随便更改,有的选项改错了以后可能会产生麻烦。

(3) 程序下载。

关闭开发板电源开关,单击"下载/编程"按钮,打开开发板电源开关,程序就开始下载,下载完毕后,会提示下载成功,如图 2-17 所示。

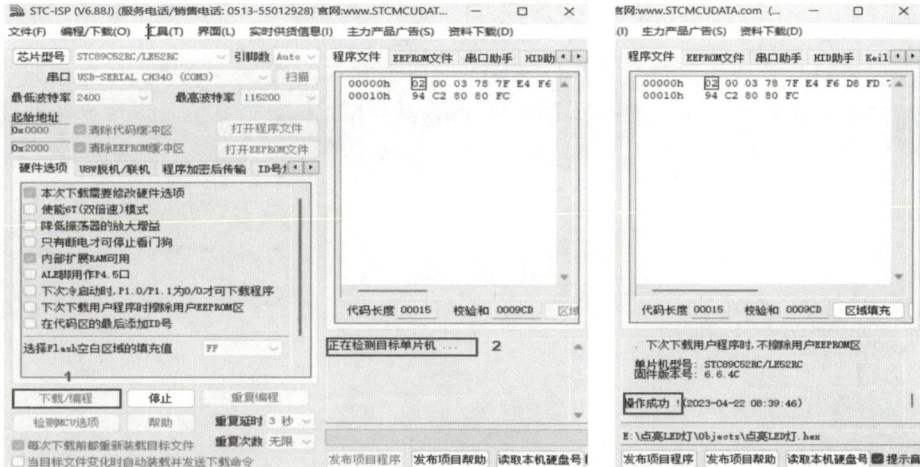

图 2-17　STC-ISP 下载程序

因为 STC 单片机要冷启动下载,就是先下载,再给单片机上电,所以我们先关闭板子上的电源开关,然后单击"下载/编程"按钮,当提示正在检测目标单机时,再按下板子的电源开关,就可以将程序下载到单片机里了。

按照上面的步骤,可以把其他测试程序下载到开发板中,在实物开发板上进行实物联调,如图 2-18 所示。点亮 LED 灯程序下载后,开发板上的 LED2 灯点亮,注意开发板上的 LED2,对应着程序中的 LED0。

图 2-18　点亮 LED 灯实物开发板测试结果

拓展思维

本节我们点亮了一个 LED 灯,如何让单数 LED 灯(即 LED1、LED3、LED5、LED7)同时点亮呢?原程序需要做哪些修改?

任务总结

本任务通过点亮一个 LED 灯设计,读者学会了单片机 I/O 口作为输出功能应用方法,学会了用 Proteus 设计仿真电路,掌握了用 Keil_C51 软件编写程序、调试程序的方法。还学会了用 STC-ISP 软件把程序下载到实物开发板。这些为后面的学习打下坚实的基础。

硬件设计→绘制仿真电路→新建工程→新建程序文件→添加文件到工程→编写程序代码→设置工程→编译→调试程序→生成 hex 文件→程序下载→仿真调试→实物联调。

知 识 链 接

2.1　LED 灯基础知识

1. 发光二极管基础知识

LED 就是发光二极管,也叫 LED 灯,它的种类很多,参数也不尽相同,开发板上用的是普通的发光二极管。这种二极管通常的正向导通电压是 2 V 左右,正常工作电流为 5～20 mA。当电流在 1～5 mA 变化时,随着通过 LED 的电流越来越大,我们的肉眼会明显感觉到这个小灯越来越亮。我们就是利用这个特性做呼吸灯。而正常工作电流为 5～20 mA 时,发光二极管的亮度变化不明显。当电流超过 20 mA 时,LED 就会有烧坏的危险了。

2. 二极管的正负极

发光二极管是二极管中的一种,因此和普通二极管一样,也有阴极和阳极,习惯上也称之为负极和正极。

3. 二极管的特性

二极管具有单向导电性,即二极管两端加正向电压时导通,加反向电压时截止。所谓正向电压就是二极管正极的电位高于负极的电位,反向电压就是二极管正极的电位低于负极的电位。这样在发光二极管上加正向电压时,发光二极管会发光,加反向电压时,发光二极管就会熄灭。

4. 简单的发光二极管控制电路

简单的发光二极管控制电路如图 2-19 所示。

在本电路中,当单片机的 P0.0 引脚输出一个高电平,发光二极管 LED1 的负极接 5 V,此时发光二极管反偏,LED1 灯就不会亮,也就是会处于熄灭状态。当 P0.0 引脚输出一个低电平,LED1 的负极接地,此时发光二极管正偏,LED1 灯就会亮,也就是处于点亮状态。

2.2 双向输入/输出缓冲器 74HC245D

74HC245 是一种在单片机系统中常用的驱动器,三态输出八路收发器,它在电路中的作用是:增加 I/O 口的驱动能力,比如说 51 单片机的 I/O 口本身的驱动电流较小,但所带的负载很大,这时就可以使用 74HC245 来增强 I/O 口的驱动能力。

74HC245D 的管脚如图 2-20 所示。

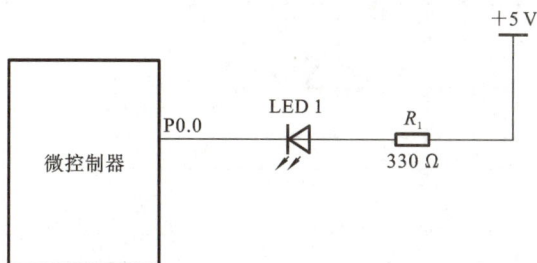

图 2-19 简单的单片机与发光二极管控制电路

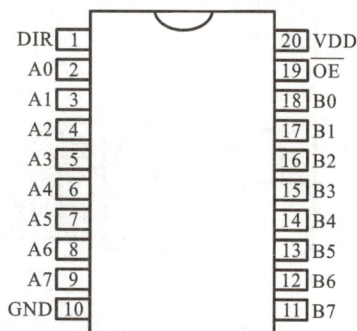

图 2-20 74HC245D 管脚

1. 74HC245D管脚功能

74HC245D管脚功能如表2-3所示。

表 2-3　74HC245D管脚功能

74CH245D管脚定义说明			
符号	管脚名称	管脚号	说明
A0～A7	数据输入/输出	2～9	
B0～B7	数据输入/输出	18～11	
$\overline{OE}$	输出使能	19	
DIR	方向控制	1	DIR=1,A→B;DIR=0,B→A
GND	逻辑地	20	逻辑地
VDD	逻辑电源	10	电源端

2. 74HC245D内部结构

74HC245D的内部结构如图2-21所示。

功能分析：

当19脚$\overline{OE}$为低电平并且DIR为高电平时,左下角的与门电路输出高电平,下面的8个三态门被打开,A1～A8为输入端,对应B1～B8为输出端。

当19脚$\overline{OE}$为低电平并且DIR为低电平时,左上角的与门电路输出高电平,上面的8个三态门被打开,B1～B8为输入端,对应A1～A8为输出端。

当19脚$\overline{OE}$为低电平并且DIR为高电平时,两个与门电路输出低电平,上面和下面的三态门处于高阻态,既不能输出也不能输入。

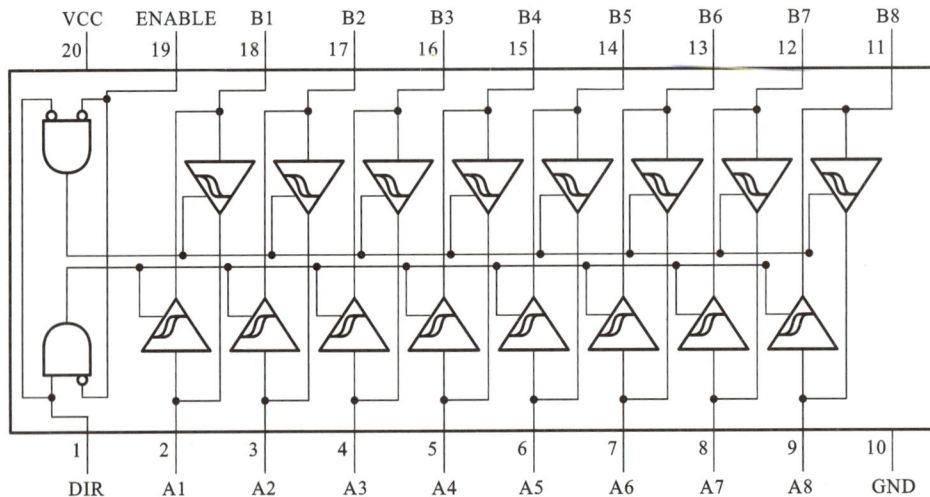

图 2-21　74HC245D内部结构

3. 74HC245D 真值表

74HC245D 真值表如表 2-4 所示。

表 2-4　74HC245D 真值表

$\overline{G}$(ENABLE)	DIR	功能
0	0	B 数据到 A 总线
0	1	A 数据到 B 总线
1	×	双向数据禁止

2.3　三八译码器 74HC138

1. 74HC138 功能

74HC138 是一个 3 线-8 线译码器,当一个选通端(E3)为高电平,另两个选通端($\overline{E2}$和$\overline{E1}$)为低电平时,可将地址端(A2、A1、A0)的二进制编码在一个对应的输出端以低电平译出。

利用 E3、$\overline{E2}$和$\overline{E1}$可级联扩展成 24 线译码器;若外接一个反相器,还可级联扩展成 32 线译码器。若将选通端中的一个作为数据输入端,74HC138 还可作数据分配器。

2. 74HC138 管脚

74HC138 的管脚如图 2-22 所示。

A2、A1、A0:译码地址输入端;

E3:选通端(高电平有效);

$\overline{E1}$、$\overline{E2}$:选通端(低电平有效);

Y0~Y7:译码输出端(低电平有效)。

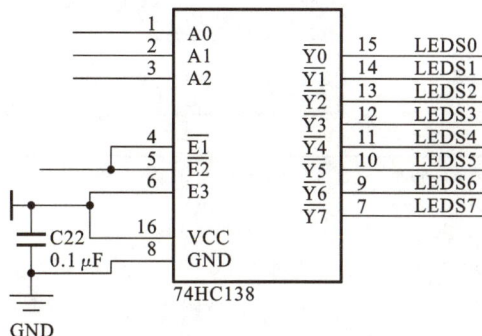

图 2-22　74HC138 引脚功能

3. 74HC138 功能表

通过表 2-5 可以看出,其中输入的顺序是 A2、A1、A0,输出的顺序是 Y0,Y1,…,

Y7。要想使 3 线-8 线译码器正常工作,必须使 E3 为高电平,$\overline{E1}$、$\overline{E2}$ 都为低电平,此时任一输入状态下,只有一个输出引脚是低电平,其他引脚都是高电平。

表 2-5　74HC138 功能表

Inputs						Outputs							
Enable			Select										
E3	$\overline{E2}$	$\overline{E1}$	A2	A1	A0	Y0	Y1	Y2	Y3	Y4	Y5	Y6	Y7
X	H		X	X	X	H	H	H	H	H	H	H	H
L	X		X	X	X	H	H	H	H	H	H	H	H
H	L		L	L	L	L	H	H	H	H	H	H	H
H	L		L	L	H	H	L	H	H	H	H	H	H
H	L		L	H	L	H	H	L	H	H	H	H	H
H	L		L	H	H	H	H	H	L	H	H	H	H
H	L		H	L	L	H	H	H	H	L	H	H	H
H	L		H	L	H	H	H	H	H	H	L	H	H
H	L		H	H	L	H	H	H	H	H	H	L	H
H	L		H	H	H	H	H	H	H	H	H	H	L

任务 2-2　LED 闪烁灯

任务导航 —— 知识点 —— 软件延时函数的设计与调试

技能点：LED 灯闪烁系统硬件设计、实物测试、LED 灯闪烁系统软件设计、仿真与调试

任务目标	知识目标	掌握延时函数的设计与调试的方法
	能力目标	会使用 Keil_C51 编写 LED 闪烁灯程序； 会使用 Keil_C51 调试函数功能； 会使用 Proteus 绘制 LED 闪烁灯电路图、仿真和调试
	素质目标	通过学习闪闪的红星视频,培养学生爱国情怀,增强学生民族自豪感和自信心； 通过编程过程中引入华为编程代码规范,培养学生规范的控制程序代码编写调试习惯

任 务 实 施

任务描述

本任务实现 LED 闪烁灯设计。掌握软件延时函数的编写与调试方法,熟练掌握用 STC-ISP 软件自动生成延时函数的方法,能用 Proteus 仿真软件设计 LED 灯闪烁系统 硬件电路图,并能用 Keil_C51 软件编写 LED 闪烁灯系统程序,以及仿真调试和实物 调试。

1. 硬件设计

电路原理图同任务 2-1。

2. 软件设计

参考程序源代码如下:

```
#include "reg52.h"
sbit ENLED= P1^4;                        //LED灯使能端
sbit LED0= P0^0;                         //LED0 灯控制端
void DelayNms(unsigned int ms);          //函数声明
void main()
{
    ENLED= 0;                            //使能 LED 灯
    while(1)
    {
        LED0= ~LED0;                     //点亮 LED0
        DelayNms(500);                   //延时 500 毫秒
    }
}
/* 函数功能:软件延时 N毫秒
输入参数:unsigned int ms 延时的时间,单位是毫秒* /
void DelayNms(unsigned int ms)
{
    unsigned int x,y;
    for(x=0;x<ms;x++)
        for(y=0;y<113;y++);
}
```

程序解读

(1) LED0=~LED0;这条语句实现了 LED 的翻转,若原来是 LED 灯点亮,现在 LED 灯熄灭,反之亦然。

（2）for（y＝0；y＜113；y＋＋）；这条 for 循环语句循环体只有一个分号，即空语句，目的是利用单片机的机器周期实现延时。

（3）void DelayNms（unsigned int ms）是函数，用于延时，形参为 unsigned int 类型，范围是 0～65535，函数没有返回值。延时时间的单位是毫秒。

（4）函数可以被主函数或者其他函数调用。当函数写在调用它的函数的后面时，需要在程序前面加上子函数的声明。由于 void DelayNms（unsigned int ms）函数放在主函数后面定义，而主函数里面用到了软件延时函数，因此需要声明。

```
void DelayNms(unsigned int ms);       //函数声明
```

函数声明时，后面的"；"分号不能省略。

拓展思维

本节我们只让一个 LED 灯闪烁，如何让所有 LED 灯同时闪烁呢？原程序需要做哪些修改？

任务小结

通过 LED 闪烁灯设计，掌握了延时函数的调试方法，掌握使用 STC-ISP 软件自动生成延时函数的方法。学会 LED 闪烁灯系统硬件软件设计、仿真与调试技术。

知 识 链 接

2.4 用 Keil_C51 软件调试软件延时

如何观察编写的延时到底有多长时间呢？选择 Keil_C51 菜单项 Project→Options for Target "Target1"，进入工程选项，如图 2-23 所示。

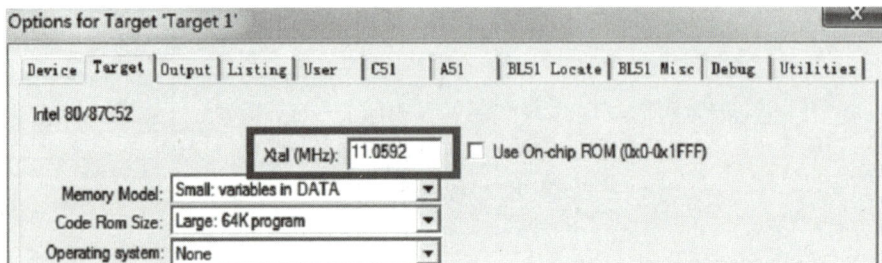

图 2-23 工程选项中设置晶振

首先打开"Target"选项卡，找到里边的"Xtal(MHz)"，这是填写进行模拟时间的晶振选项，从原理图以及板子上都可以看到，单片机所使用的晶振是 11.0592 MHz，所以输入 11.0592。然后找到"Debug"选项卡，选择左侧的"Use Simulator"，然后单击"OK"按钮就可以了，如图 2-24 所示。

选择菜单项 Debug→Start/Stop Debug Session，或者单击图中红框内的按钮，就会

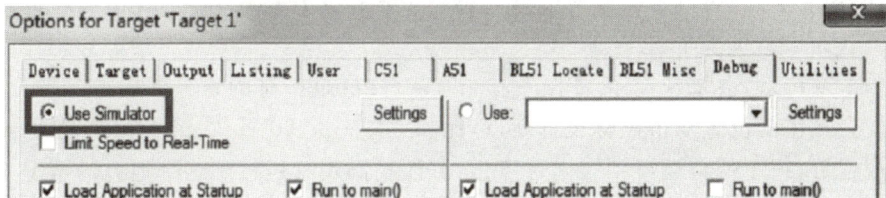

图 2-24　选择仿真

进入一个新的页面，如图 2-25 所示。

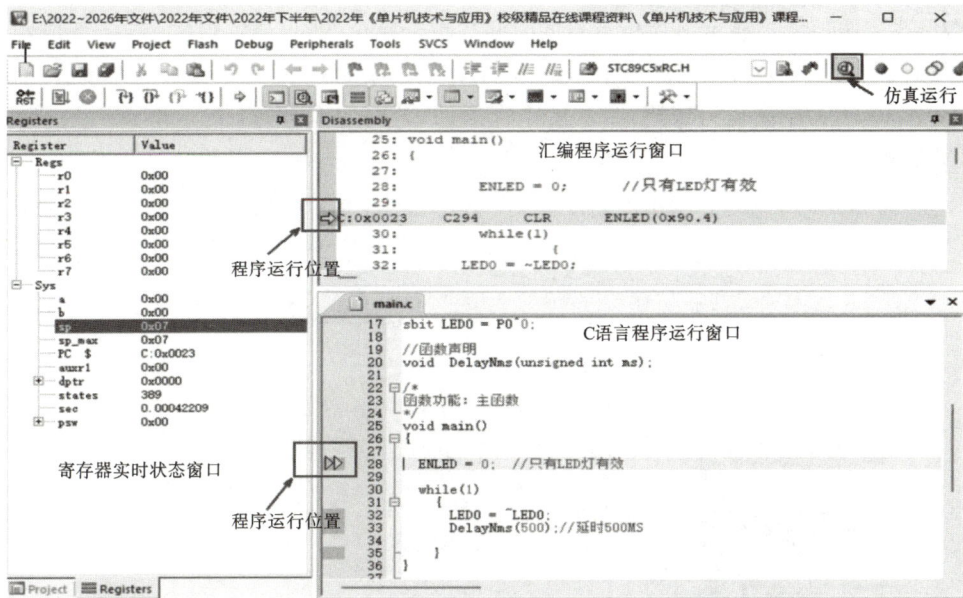

图 2-25　选择仿真

最左侧那一栏显示单片机一些寄存器的当前值和系统信息，最上边那一栏是 Keil_C51 将 C 语言转换成汇编的代码，下边就是我们写的 C 语言程序，调试界面包含很多的子窗口，都可以通过菜单 View 中的选项打开和关闭。你可能会感觉这种默认的分布不符合习惯或者不方便观察特定信息，可以通过调整界面上几乎所有子窗口的位置来满足要求。例如，想把 Disassembly 反汇编窗口和源代码窗口横向并排摆放，那么只需要用鼠标拖动反汇编窗口的标题栏，这时会在屏幕上出现多个指示目标位置的图标，拖着窗口把鼠标移动到相应的图标上，软件还会用蓝色底纹指示具体的位置，松开鼠标窗口就会放到新位置了。

在 C 语言的源代码文件和反汇编窗口内都有一个黄色的箭头，这个箭头代表的就是程序当前运行的位置，因为反汇编窗口内的代码就是由源文件编译生成的，所以它们指示的是相同的实际位置。

在这个工程调试界面里，我们可以看到程序运行的过程。在左上角的工具栏里有三个按钮：第一个标注有 RST 字样的是复位，单击之后，程序就会跑到最开始的位置运行；右侧紧挨着的按钮是全速运行，单击后程序就会全速跑起来；最右边打叉的是停止按钮,当程序全速运行后,可以通过单击第三个图标来让程序停止,观察程序运行到哪里了。

单击复位后,会发现 C 语言程序左侧有灰色或绿色,有的地方保持原来的白色,我们可以在灰色的位置双击鼠标设置断点,比如程序一共 20 行,在第十行设置断点后,单击全速运行,程序就会运行到第十行停止,方便我们观察运行到这个地方的情况。

同学们会发现,有的位置可以设置断点,有的地方不可以设置断点,这是为什么呢?因为 Keil_C51 软件本身具备程序优化的功能,如果大家想在所有的代码位置都能设置断点,可以在工程选项里把优化等级设置为 0,就是告诉 Keil_C51 不要进行优化。

本节重点是看看 C 语言代码的运行时间,在最左侧的 Register 框内,有一个 sec 选项,这个选项就是显示单片机运行的时间。单击复位按钮,会发现这个 sec 变成 0,然后在 LED0＝~LED0;语句加一个断点,在 DelayNms(500)下面位置加一个断点,如图 2-26 所示,单击全速运行按钮,会直接停留在 LED0＝~LED0;这条语句,此时会看到时间变成 0.00042535 秒。

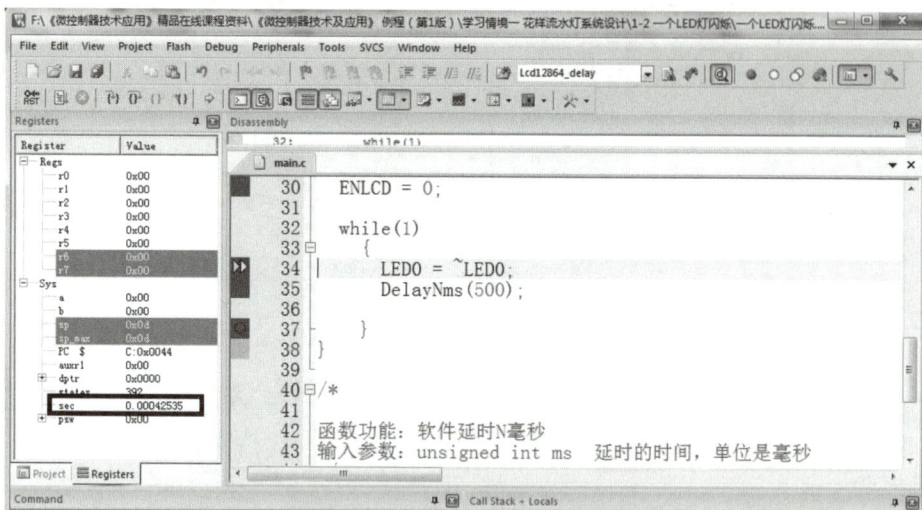

图 2-26　设置断点

再单击全速运行,会发现 sec 变成 0.49903429,那么减去上次的值,就是程序在这两个断点之间执行所需时间,也就是这个 for 循环的执行时间,大概是 498 ms。误差为 2 毫秒,对于一般的应用,精度足够了。也可以通过改变 DelayNms(500)括号里的数字来改变这个延时时间。当然了,大家要注意循环控制变量的取值范围。后边如果要查看一段程序运行了多长时间,都可以通过这种方式来查看,如图 2-27 所示。

实际上,进入 debug 模式,除了可以看程序运行的时间外,还可以观察各个寄存器、各个变量的数值变化情况。单击 View 菜单里的 Watch Windows→Watch 1,可以打开变量观察窗口。

在这个窗口内,可以通过双击或按 F2 键,然后输入想观察的变量或寄存器的名字,后边就会显示出它的数值。这个功能在后边的调试程序中比较有用,大家先了解一下。

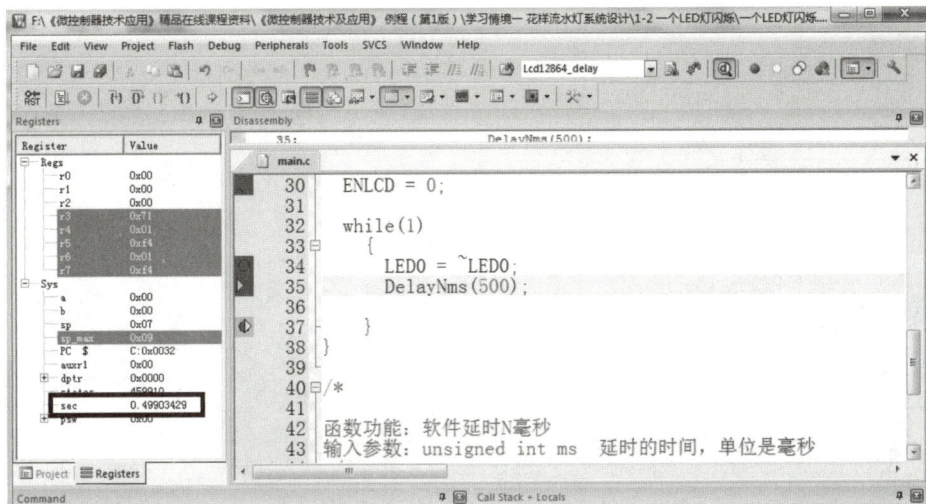

图 2-27　测试运行时间

2.5　用 STC-ISP 软件自动生成延时函数

用 STC-ISP 软件自动生成延时函数代码，如图 2-28 所示。

（1）打开 STC-ISP 软件，选择右侧的软件延时计算器。

（2）选择系统频率：11.0592。

（3）定时长度及单位，如 500 毫秒。

（4）8051 指令集选择 STC-Y1。

（5）单击"生成 C 代码"按钮。

（6）复制粘贴到程序中。

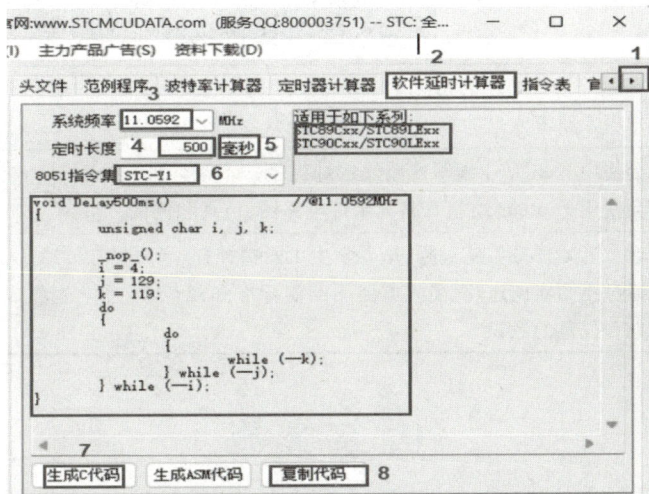

图 2-28　自动生成软件延时函数

```
void Delay500ms()              //@ 11.0592MHz
{
        unsigned char i, j, k;
        _nop_();
        _nop_();
        i=4;
        j=129;
        k=119;
        do
        {
            do
            {
                while (--k);
            } while (--j);
        } while (--i);
}
```

任务 2-3   八路流水灯

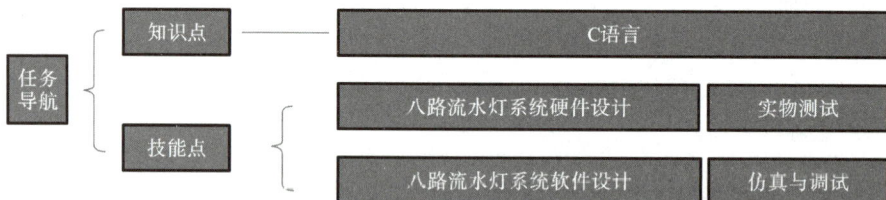

任务目标	知识目标	掌握 C 语言数组的用法； 掌握八路流水灯的算法
	能力目标	会使用 Keil_C51 编写八路流水灯程序； 会使用 Proteus 绘制八路流水灯电路图、仿真和调试
	素质目标	通过老师任务实施过程，培养学生工匠精神； 通过绘图实施过程，引入电路图绘制标准和规范，培养学生养成良好的遵守行业标准和规范的意识

任 务 实 施

任务描述

八路流水灯就是八个 LED 灯依次点亮，即第 1 个 LED 灯点亮，延时，然后第 2 个

LED 灯点亮,延时,依此类推。要求能熟练应用 Proteus 连接八路流水灯仿真电路,能用 Keil_C51 软件编写应用程序,并能仿真调试,同时还需要在实物上运行。

1. 硬件设计

八路流水灯电路原理图如图 2-29 所示。

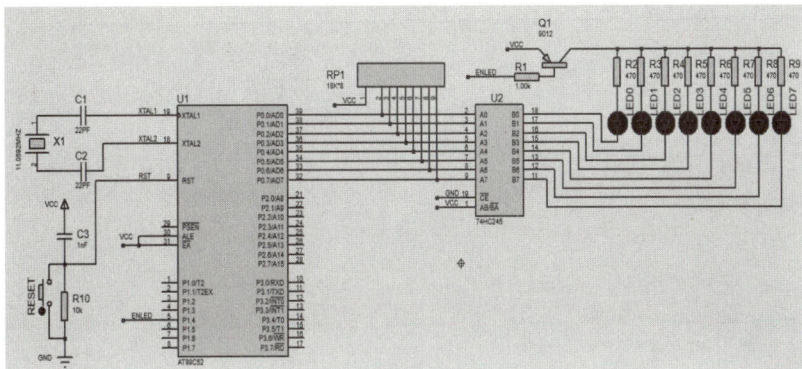

图 2-29　八路流水灯电路原理图

元件清单如表 2-6 所示。

表 2-6　元件清单

序号	元件名称	参数	数量	Proteus 中的名称
1	单片机	DIP40 封装	1	AT89C52
2	晶振	11.0592 MHz	1	CRYSTAL
3	电容	22 pF	2	CAP
4	电容	0.1 μF	1	CAP
5	电阻	10 kΩ,1 kΩ,470 Ω	3	RES
6	按键开关	按键	1	BUTTON
7	排阻	10 kΩ	8	RESPACK-8
8	三极管	PNP 型	1	PNP
9	发光二极管	LED 灯	8	LED-YELLOW

电路解读

电阻 R1 和三极管 Q1 组成八个 LED 灯的总开关,也称为使能端,电阻 R2～R9 是 LED 灯的限流电阻,P0 口上拉电阻排 RP1,U2 是双向缓冲器,提高单片机 P0 口的驱动能力,单片机控制端口有 9 个 P0 口和 P1.4。

当单片机 P1.4 输出低电平时,三极管 Q1 饱和导通,八路流水 LED 灯的总开关闭合,八个 LED 灯正极通过上拉电阻接电源 VCC,流水灯电路得电。此时,单片机 P0 口输出控制电平,控制八路流水灯的亮灭。

当单片机 P1.4 输出高电平时,三极管 Q1 截止,八路流水灯的供电开关断开,流水灯电路失电。此时,无论单片机 P0 口输出高电平还是低电平,流水灯都熄灭。

2. 软件设计

参考源程序如下:

第 1 种算法:端口直接赋值。

```
#include "reg52.h"
sbit ENLED=P1^4;                          //低电平有效
#define LEDDATA P0                        //数据端口宏定义
void DelayNms(unsigned int ms);          //函数声明
/* 函数功能:主函数 * /
void main()
{
    ENLED=0;                              //打开 LED 灯总开关
    LEDDATA=0xFF;                         //关闭所有 LED 灯
    while(1)
    {
        LEDDATA=0xFE;                     //0b11111110 点亮第 1 个 LED 灯
        DelayNms(400);
        LEDDATA=0xFD;                     //0b11111101 点亮第 2 个 LED 灯
        DelayNms(400);
        LEDDATA=0xFB;                     //0b11111011 点亮第 3 个 LED 灯
        DelayNms(400);
        LEDDATA=0xF7;                     //0b11110111 点亮第 4 个 LED 灯
        DelayNms(400);
        LEDDATA=0xEF;                     //0b11101111 点亮第 5 个 LED 灯
        DelayNms(400);
        LEDDATA=0xDF;                     //0b11011111 点亮第 6 个 LED 灯
        DelayNms(400);
        LEDDATA=0xBF;                     //0b10111111 点亮第 7 个 LED 灯
        DelayNms(400);
        LEDDATA=0x7F;                     //0b01111111 点亮第 8 个 LED 灯
        DelayNms(400);
    }
}
    /* 函数功能:软件延时 N 毫秒
    输入参数:unsigned int ms   延时的时间,单位是毫秒* /
    void DelayNms(unsigned int ms)
    {
        unsigned int x,y;
        for(x=0;x<ms;x++)
            for(y=0;y<110;y++);
    }
```

程序解读

这种算法很简单,直接把数据赋值给 P0 口,控制 LED 灯的状态。程序思路清晰,新手一看就明白。但代码过于烦琐,特别是当 LED 灯数量多时,程序就会很长。另外当改变流水样式时,也不方便。总之这种程序设计的效率是比较低的。

第 2 种算法:采用移位运算符控制移位。

```
#include "reg52.h"
sbit ENLED= P1^4;              //低电平有效
#define LEDDATA P0             //数据端口宏定义
void  DelayNms(unsigned int ms);   //函数声明
void main()
{
    unsigned char temp=0x01;   //定义并初始化局部变量
    ENLED= 0;                  // LED 灯使能
    LEDDATA=0xFF;              //熄灭所有 LED 灯
    while(1)
    {
        LEDDATA=～temp;        //点亮 LED 灯
        DelayNms(400);        //延时 400 毫秒
        temp=temp<<1;         //左移一位
        if(temp==0)
            temp=0x01;         //移动 8 次后,重置变量
    }
}
```

程序解读

用移位运算符轻松地实现了 LED 灯左移流水功能。

temp＝temp<<1;可以写成 temp <<＝1;这样更简洁。

实际上,还可以采用第 3 种算法,调用库函数 _crol_()函数实现左流水功能,此时需要添加头文件"intrins. h",另外程序应修改如下:

添加头文件语句:#include "intrins. h"。

把"temp＝temp<<1;"改为"temp＝_crol_(temp,1);",程序其他部分不需要改动。

当需要复杂的流水样式时,用移位运算符就显得力不从心了,可以看出这种算法只适合这种有规律的向左流水或者向右流水。如需要从中间向两边流水或两边向中间流水,这种算法就不行!

拓展思维

本节编程实现了八个 LED 灯从左到右流水,如何让八个 LED 灯从右到左流水呢?原程序需要做哪些修改?

任务小结

通过八路流水灯的设计,掌握 Keil_C51 仿真调试技术,通过监测端口状态和变量的值,学会程序逻辑分析与调试方法。

> **经验之谈——单片机端口复用技术**
>
> 由于单片机的 I/O 数量有限,可以采用端口复用的方法。在实物开发板上,单片机的 P0 口有三种功能单元占用,即八路流水灯、八位数码管和 LCD1602 液晶屏。这三个功能单元是不能同时使用的,只能分时复用,即每次只能有一个功能单元使能。因此,电路中给八路流水灯加了一个总开关,在使用 LED 灯时要把它打开,不用的时候就要把它关闭。

知 识 链 接

2.6 Keil_C51 仿真模拟器调试程序

1. Keil_C51 仿真按钮及作用

当单击仿真运行按钮 时,在工具栏第 2 行的左边会出现 图标,它们的功能、英文符号、快捷键依次如下:

RST:复位命令。

Run(F5):全速运行。一般与断点配合使用,执行时程序能够从当前行连续运行到断点处,节省调试时间。但无法观察某条语句或某段语句的运行结果。

Stop:停止运行。在无断点设置的程序中,执行 Run 后,Stop 会被激活。

Step(F11):单步跟踪调试。每按一次,箭头向下移动一句,系统就执行一句。

Step Over (F10):单步运行调试。每按一次,箭头向下移动一句,系统就执行一句。Step 能跟踪到函数内部执行,而 Step Over 只是把函数作为一个语句来执行。

Step Out (Ctrl+F11):跳出当前函数。进入函数内部执行时,单击该按钮可以结束当前函数的运行。

Run to Cursor Line (Ctrl+F10):全速运行至光标处。断点调试有记忆功能,重复调试程序时,程序运行到断点处便会停止。此方法特别适用于循环程序的调试,用户可根据需要设置多个断点。

2. 添加监测端口和变量

软件调试虽然无法实现硬件调试那样的信号输出,但是可以在软件窗口监测输出信号的高低电平,以及单片机相关端口的变化。

它可以仿真单片机的 P0、P1、P2、P3 口电平变化。

在仿真模式下,选择 Peripherals→I/O-Ports→Port 0 后,会弹出 Port 0 的状态窗

口,如图 2-30 所示。

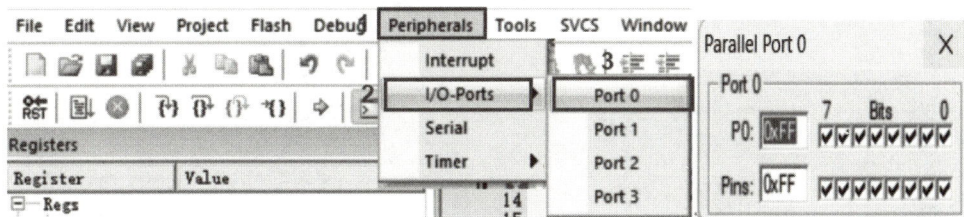

图 2-30　I/O 端口监测

当单击仿真工具栏 watch window 图标 时,会在窗口的右下角出现参数观测子窗口。双击"Enter expression",输入 temp,添加观测变量 temp。重复以上步骤可以观测多个变量。

本程序中只有一个变量 temp,如图 2-31 所示。

3. 设置断点

在程序编辑窗口,单击程序行号左边的灰色区域,就会出现一个断点,可以添加多个断点,再次按下断点时,取消断点,同样可以取消多个断点。本程序设置了两个断点,如图 2-32 所示。

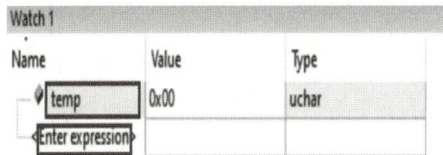

图 2-31　变量监测

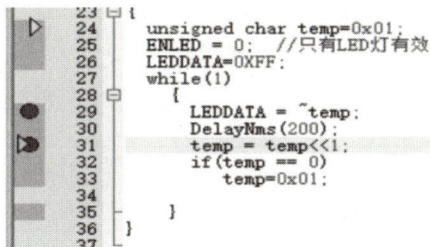

图 2-32　设置断点

4. 运行仿真,调试程序

单击仿真工具栏的运行按钮 ,程序就会运行到第 1 个断点处,端口监测窗口会显示当前端口的状态,第 1 次按下时,显示只有端口 0 的第 0 位为低电平,其他位都为高电平,对应着第 1 个 LED 灯点亮;同时变量监测窗口显示 temp 数值为 0x01。再次单击运行按钮,程序运行到第 2 个断点,此时,变量监测窗口显示 temp 数值变为 0x02。如图 2-33 所示。

不断单击运行按钮,监测窗口的端口状态和变量值是否正常,如果不正常,则说明程序有问题,需要修改程序,反复进行调试,直到成功。

通过八路流水灯程序设计,学会主要程序的调试方法,包括 Step (F11)——单步跟踪调试,Step Over (F10)——单步运行调试,Step Out (Ctrl+F11)——跳出当前函数,Run to Cursor Line (Ctrl+F10)——全速运行至光标处。通过监测端口状态和变量的值,学会程序逻辑分析与调试方法。

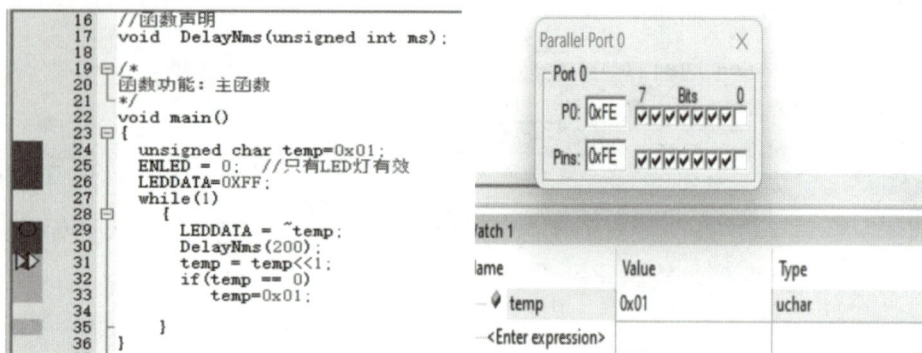

```
16    //函数声明
17    void  DelayNms(unsigned int ms);
18
19 ⊟ /*
20    函数功能：主函数
21    */
22    void main()
23 ⊟ {
24        unsigned char temp=0x01;
25        ENLED = 0;    //只有LED灯有效
26        LEDDATA=0XFF;
27        while(1)
28 ⊟      {
29            LEDDATA = ~temp;
30            DelayNms(200);
31            temp = temp<<1;
32            if(temp == 0)
33                temp=0x01;
34
35        }
36    }
```

图 2-33　仿真调试程序

任务 2-4　简易广告灯

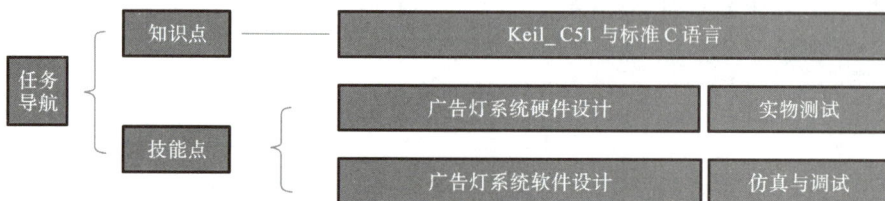

任务目标	知识目标	掌握 Keil_C51 与标准 C 的区别； 掌握二维数组的用法
	能力目标	会使用 Keil_C51 编写简易广告灯程序； 会使用 Proteus 绘制简易广告灯电路图、仿真和调试
	素质目标	通过递进式任务，培养学生科学思维能力； 通过科创实践，培养学生独立思考、创新的能力； 通过分组学习，小组 PK 赛，培养学生良好的职业素养

任 务 实 施

任务描述

　　要求完成广告灯系统设计。功能要求：八个 LED 灯按照以下设定的方式花式点亮，起到渲染气氛的效果。九种灯光控制的花式如下：从左到右逐个流水、从右到左逐个流水、从两头向中间逐个流水、从中间向两头逐个流水、爆闪灯、从左到右连续点亮、从右到左连续点亮、从两头向中间连续流水、从中间向两头连续流水。

　　能用 Proteus 仿真软件设计广告灯系统硬件电路图，能熟练使用 Keil_C51 软件编写广告灯系统程序,并能仿真和实物调试。

1. 电路及器件

电路同任务 2-3。

2. 源程序设计

(1) 第 1 种算法:

```c
#include "reg52.h"
sbit ENLED= P1^4;              //低电平有效
#define LEDDATA P0             //数据端口宏定义
 //从左到右逐个流水//从右到左逐个流水
 unsigned char code LefttoRight[]={0xFE,0xFD,0xFB,0xF7,0xEF,0xDF,0xBF,0x7F};
 unsigned char code RighttoLeft[]={0x7F,0xBF,0xDF,0xEF,0xF7,0xFB,0xFD,0xFE};
 unsigned char code RLtoCenter[]={0x7E,0xBD,0xDB,0xE7};//从两头向中间逐个
流水
 unsigned char code CentertoRL[]={0xE7,0xDB,0xBD,0x7E};//从中间向两头逐个
流水
 unsigned char code Flash[]={0xFF,0x00,0xFF,0x00,0xFF,0x00};//爆闪灯
        //从左到右连续点亮//从右到左连续点亮
 unsigned char code LefttoRight2[]={0xFF,0x7F,0x3F,0x1F,0x0F,0x07,0x03,0x01,
0x00};
 unsigned char code RighttoLeft2[]={0xFF,0xFE,0xFC,0xF8,0xF0,0xE0,0xC0,0x80,
0x00};
 unsigned char code RLtoCenter2[]={0xFF,0x7E,0x3C,0x18,0x00};//从两头向中间
连续流水
 unsigned char code CentertoRL2[]={0xFF,0xE7,0xC3,0x81,0x00};//从中间向两头
连续流水
 //函数声明
  void DelayNms(unsigned int ms);
  /* 函数功能:主函数* /
  void main()
  {
     unsigned char i;
     ENLED=0;//只有 LED 灯有效
     LEDDATA = 0XFF;
     while(1)
     {
         for(i=0;i<sizeof(LefttoRight);i++)//1
         {
             LEDDATA =LefttoRight[i];
             DelayNms(200);
```

```
        }
        for(i=0;i<sizeof(RighttoLeft);i++)//2
        {
            LEDDATA=RighttoLeft[i];
            DelayNms(200);
        }
        for(i=0;i<sizeof(RLtoCenter);i++)//3
        {
            LEDDATA=RLtoCenter[i];
            DelayNms(200);
        }
        for(i=0;i<sizeof(CentertoRL);i++)//4
        {
            LEDDATA=CentertoRL[i];
            DelayNms(200);
        }
        for(i=0;i<sizeof(Flash);i++)//5
        {
            LEDDATA=Flash[i];
            DelayNms(200);
        }
        for(i=0;i<sizeof(LefttoRight2);i++)//6
        {
            LEDDATA=LefttoRight2[i];
            DelayNms(200);
        }
        for(i=0;i<sizeof(RighttoLeft2);i++)//7
        {
            LEDDATA=RighttoLeft2[i];
            DelayNms(200);
        }
        for(i=0;i<sizeof(RLtoCenter2);i++)//8
        {
            LEDDATA=RLtoCenter2[i];
            DelayNms(200);
        }
        for(i=0;i<sizeof(CentertoRL2);i++)//9
        {
            LEDDATA=CentertoRL2[i];
            DelayNms(200);
        }
    }
}
```

```
/* 函数功能:软件延时 N毫秒
输入参数:unsigned int ms 延时的时间,单位是毫秒* /
void DelayNms(unsigned int ms)
{
    unsigned int x,y;
    for(x=0;x<ms;x++)
        for(y=0;y<110;y++);
}
```

程序解读

简易广告灯的算法其实很简单,把每种花式存放在一个数组中,在主程序中逐个读取每一个数组中的数据,送到 LED 灯控制端口,这样就会按照用户设定的花式,呈现出花式流水灯的效果。

由于单片机的内部数据存储器资源有限,只有 256 个字节,而广告灯九个数组共有 58 个字节,对于这样相对不变的数据,把它和单片机的程序存放在一起,可以大大节约单片机的数据存储空间,这是 Keil_C51 特有的,在数据类型后面加 code 即可,定义如下:

```
unsigned char code LefttoRight[];
```

> **经验之谈——sizeof 关键字**
> sizeof 是 C 语言的关键字,它用来计算变量(或数据类型)在当前系统中占用内存的字节数。sizeof 不是函数,产生这样的疑问是因为 sizeof 的书写确实有点像函数,sizeof 有两种写法:
> 用于数据类型:sizeof(数据类型);
> 用于变量:sizeof(变量名);　 sizeof 变量名;
> 变量名可以不用括号,带括号的用法更普遍,大多数程序员采用这种形式。

(2) 第 2 种算法:

```
#include "reg52.h"
#include"string.h"
sbit ENLED= P1^4;                              //低电平有效
#define LEDDATA P0                             //数据端口宏定义
unsigned char code HuaYang[][9]=
    {0xFE,0xFD,0xFB,0xF7,0xEF,0xDF,0xBF,0x7F,    //从左到右逐个流水
    0x7F,0xBF,0xDF,0xEF,0xF7,0xFB,0xFD,0xFE,     //从右到左逐个流水
    0x7E,0xBD,0xDB,0xE7,                         //从两头向中间逐个流水
    0xE7,0xDB,0xBD,0x7E,                         //从中间向两头逐个流水
    0xFF,0x00,0xFF,0x00,0xFF,0x00,               //爆闪灯
    0xFF,0x7F,0x3F,0x1F,0x0F,0x07,0x03,0x01,0x00, //从左到右连续点亮
    0xFF,0xFE,0xFC,0xF8,0xF0,0xE0,0xC0,0x80,0x00, //从右到左连续点亮
    0xFF,0x7E,0x3C,0x18,0x00,                     //从两头向中间连续流水
```

```
            0xFF,0xE7,0xC3,0x81,0x00};    //从中间向两头连续流水
    void DelayNms(unsigned int ms);       //函数声明/* 函数功能:主函数* /
    void main()
    {
        unsigned chari,j;
        ENLED=0;                          //只有 LED 灯有效
        LEDDATA=0XFF;
        while(1)
        {
            for(i=0;i<sizeof(HuaYang);i++)
            {
                LEDDATA=HuaYang[i];
                DelayNms(200);
            }
        }
    }
```

程序解读

程序中把所有的广告灯花式都放在一个数组中,每一种花式写一行,这样能方便阅读。并且后面需要增加广告灯的花式时,只需要在数组中增加数据,而主程序则不需要任何修改。

拓展思维

读者思考一下,如果把 for 循环中的 sizeof 改为 strlen 来计算数组的长度,程序运行正常吗? 为什么?

实际上,sizeof 是 C 语言的关键字,而 strlen 是一个库函数,包含在 string.h 头文件中,因此使用时需要引入头文件。

它们的功能也不相同,sizeof 计算的是存储位置的大小,而 strlen 计算的是字符数组的个数,因此数组的元素必须是字符类型。

关于 sizeof 和 strlen 的其他知识,请参考下面的经验之谈。

> **经验之谈——strlen 函数**
>
> strlen 函数的头文件是＜string.h＞,如果要使用 strlen 这个函数,别忘记引入头文件。
>
> 字符串是以'\0'作为结束标志,strlen 函数返回的是在字符串中'\0'前面出现的字符个数。
>
> 需要注意的是,strlen 并不是绝对安全的,如果在传入的字符数组的合法范围内,不存在结束符,那么 strlen 函数会一直访问下去,超出数组范围,即出现越界访问。所以使用 strlen 时,程序员必须确认参数字符数组中包含的值,否则会出现不可预知的后果。

另外,本节设计了九种广告灯的花式,你还能想出哪些花式? 原程序需要做哪些修改?

任务小结

通过简单广告灯设计,掌握 C 语言数组的应用方法,同时掌握如何让 LED 灯亮出不同的花样。学习按键后,就可以改造本任务,让按键控制广告灯的花式和速度。

知 识 链 接

2.7 Keil_C51 与标准 C 语言的区别

单片机 Keil_C51 语言是由 C 语言继承而来的。与 C 语言不同的是,Keil_C51 语言运行于单片机平台,而 C 语言则运行于普通的桌面平台。Keil_C51 语言具有 C 语言结构清晰的优点,便于学习,同时具有汇编语言的硬件操作能力。对于具有 C 语言编程基础的读者,能够轻松地掌握单片机 Keil_C51 语言的程序设计。

1. Keil_C51 中增加的数据类型

从数据类型来说,由于 8051 系列器件包含位操作空间和丰富的位操作指令,Keil_C51 与 C 语言相比,比 C 语言多一种位类型,使得它能如同汇编一样,灵活地进行位指令操作。

(1) bit 取值为 0、1;

(2) sbit 特殊寄存器位变量声明,取值为 0、1;

(3) sfr 特殊功能寄存器声明(8 位),范围就是特殊功能寄存器的范围。

2. Keil_C51 中增加的数据存储类型

从数据存储类型来说,8051 系列有片内、片外程序存储器和片内、片外数据存储器,片内程序存储器还分直接寻址和间接寻址类型,分别对应 code、data、xdata、idata 以及根据 51 系列特点而设定的 pdata 类型,使用不同的存储器,将使程序执行效率不同。在编写 Keil_C51 程序时,最好指定变量的存储类型,这样将有利于提高程序执行效率。与 C 稍有不同,它只分 SAMLL、COMPACT、LARGE 模式,各种不同的模式对应不同的实际硬件系统,也将有不同的编译结果。

1) data

直接寻址片内数据存储区,仅代表低 128 字节的内部 RAM,即 0x00~0x7F 的 128 字节 RAM,可以用 ACC 直接读写,速度最快,生成的代码也最小。

2) bdata

位寻址片内数据存储区,即 0x20~0x2F 的可位寻址区,允许位与字节混合访问。

3) idata

可以间接被片内数据存储区访问,可以访问片内所有 RAM 空间,即 0x00~xFF 的 256 字节 RAM,其中前 128 字节和 data 的 128 字节完全相同,只是访问的方式不同。idata 是用类似 C 中的指针方式访问的。

4）xdata

寻址片外数据存储区或者片内外部数据存储器，外部扩展 RAM 64 KB 字节，即外部 0x0000～0xFFFF 空间，用 DPTR 访问。对于 STC89C52RC 单片机来说，就是片扩展外部 RAM，地址是 0x0000～0x00FF，共 256 字节。

5）pdata

分页寻址片外数据存储区。外部扩展 RAM 的低 256 字节，pdata 是对 64 KB 的 RAM 进行页寻址，每页 256 字节。仅使用低 8 位的地址线，也就是 pdata 读/写 RAM 时，P2 地址线是不变化的。

6）code

寻址代码存储区，是指在 0000H～FFFFH 之间的代码存储区。

3. Keil_C51 增加了对中断服务函数

用 interrupt n 说明该函数为中断服务函数，后面的数字 n 表明中断的类型。

4. Keil_C51 的库函数与标准 C 语言中的库函数不同点

1）专用的头文件

51 系列单片机有不同的厂家，不同的系列产品，如仅 ATMEL 公司就有大家熟悉的 89C51、89C52 以及大家不熟悉的 89S82 等系列产品。它们都是基于 51 系列的芯片，唯一不同之处在于内部资源如定时器、中断、I/O 等数量以及功能的不同。为了实现这些功能，只需将相应的功能寄存器的头文件加载在程序中就可实现它们所指定的不同功能。因此，Keil_C51 系列头文件集中体现了各系列芯片的不同功能。

例如，STC89C52RCR 的头文件为 reg52.h，其中包括了所有 51 系列单片机 SFR 及其位定义，一般系统都必须包括此文件。

2）Keil_C51 对 C 语言的部分库函数作了修改

由于 C 语言的部分库函数不适合嵌入式处理系统，因此被排除在外，如字符屏幕和图形函数，也有一些库函数可以继续使用，但这些库函数是厂家针对硬件特点相应开发的，它们与 C 语言构成及用法都有很大不同。

如 printf 和 scanf，在 C 语言中这两个函数通常用于屏幕打印，接收字符，而在 Keil_C51 中，它们则主要用于串行数据的收发。

思考与练习题 2

2.1 单项选择题

（1）74HC245 的 DIR 引脚功能为（   ）。

A. 输出使能　　　　B. 输入使能　　　　C. 方向控制　　　　D. 输入/输出

（2）74HC138 的 A2、A1、A0 功能为（　　）。

A. 译码地址输入端　　　　　　　B. 选通端（高电平有效）

C. 选通端（低电平有效）　　　　D. 译码输出端（低电平有效）

（3）74HC138 的 $\overline{E1}$、$\overline{E2}$ 功能为（　　）。

A. 译码地址输入端　　　　　　　B. 选通端（高电平有效）

C. 选通端（低电平有效）　　　　D. 译码输出端（低电平有效）

（4）当 74HC138 的 E3＝1，$\overline{E1}＝\overline{E2}＝0$，A2＝0，A1＝0，A0＝1 时，输出端（　　）有效。

A. Y0　　　　　B. Y1　　　　　C. Y2　　　　　D. Y3

（5）对于数组类型说明，以下说明不正确的是（　　）。

A. 对于同一个数组，其所有元素的数据类型都是相同的

B. 数组名不能与其他变量名相同

C. 方括号中常量表达式表示数组元素的个数

D. 不允许在同一个类型说明中，说明多个数组和多个变量

（6）定义数组 unsigned char code LtoR[8]＝{0xFE,0xFD,0xFB,0xF7,0xEF,0xDF,0xBF,0x7F}；数组中元素 a[4] 的值是（　　）。

A. 0xFD　　　　B. 0xFB　　　　C. 0xF7　　　　D. 0xEF

（7）在 Keil_C51 中，当一个变量的存储类型定义为 xdata 时，这个变量存储在（　　）。

A. RAM 的 0～127 字节　　　　B. RAM 的 128～255 字节

C. RAM 的 0～256 字节　　　　D. 片内扩展 RAM 的 0000～00FFH

（8）for(i＝0；i＜110；i＋＋)；这条语句的作用是（　　）。

A. 实现 i 的加法运算　　　　　B. 空语句，用于延时

C. 实现 i＝110　　　　　　　　D. 实现 i＝109

（9）Keil_C51 相对于标准 C 语言，不属于增加的数据类型有（　　）。

A. bit　　　　　B. sbit　　　　C. sfr　　　　　D. char

（10）在 Keil_C51 中，当一个变量的存储类型定义为 idata 时，这个变量存储在（　　）。

A. RAM 的 0～127 字节　　　　B. RAM 的 128～255 字节

C. RAM 的 0～256 字节　　　　D. 片内扩展 RAM 的 0000～00FFH

2.2　多项选择题

（1）下面关于函数名，说法正确的是（　　）。

A. 可以由任意的字母、数字和下划线组成

B. 数字不能作为开头

C. 函数名不能与其他函数或者变量重名，也不能是关键字

D. 特殊功能的标识符不可以命名函数

（2）下面关于函数的形参，说法正确的是（　　）。

A. 也叫形参列表，这个是函数调用的时候，相互传递数据用的

B. 有些函数不需要传递参数，那么可以用 void 来替代

C. 不需要传递参数时，void 可以省略，但是那个括号是不能省略的

D. 函数的形参实现的是变量传递

（3）下面关于函数体，说法正确的是（　　）。

A. 包含了声明语句部分和执行语句部分

B. 声明语句部分主要用于声明函数内部所使用的变量

C. 执行语句部分主要是一些函数需要执行的语句

D. 所有的声明语句部分必须放在执行语句之前，否则编译的时候会报错

（4）下面关于函数声明，说法正确的是（　　）。

A. 函数只有声明后，才能使用

B. 函数都必须先定义，后使用

C. 如果在函数中用到了其他函数，而这些函数又在使用它的函数后面，那就必须在程序的前面对所用到的函数进行声明

D. 函数可以不声明，后面的程序也可以使用

2.3　填空题

（1）LED 就是发光二极管，也叫＿＿＿＿＿；

（2）发光二极管是二极管中的一种，因此和普通二极管一样，也有＿＿＿＿＿和阳极，习惯上也称之为＿＿＿＿＿和正极。

（3）在发光二极管上加＿＿＿＿＿向电压时，发光二极管会发光，加＿＿＿＿＿向电压时，发光二极管就会熄灭。

（4）74HC245 是一种在单片机系统中常用的驱动器，＿＿＿＿＿态输出八路收发器，它在电路中的作用是增加 I/O 口的＿＿＿＿＿能力。

（5）当 74HC245 的 OE＝0，DIR＝1 时，＿＿＿＿＿数据到＿＿＿＿＿总线。

（6）74HC138 是一个＿＿＿＿＿线-8 线译码器，当一个选通端（E3）为高电平，另两个选通端（$\overline{E2}$和$\overline{E1}$）为低电平时，可将＿＿＿＿＿端的二进制编码在一个对应的输出端以＿＿＿＿＿电平译出。

（7）二进制数 011110 对应的十六进制数是：＿＿＿＿＿，对应十进制数是：＿＿＿＿＿.

（8）C 语言的数据基本类型分为＿＿＿＿＿型、＿＿＿＿＿型、＿＿＿＿＿型以及＿＿＿＿＿型等四种基本类型。

（9）for(；；)语句相当于 while 循环语句的＿＿＿＿＿。

（10）单片机 Keil_C51 语言是由 C 语言继承而来的。与 C 语言不同的是，Keil_C51 语言运行于＿＿＿＿＿平台，而 C 语言则运行于普通的＿＿＿＿＿平台。Keil_C51 语言具有 C 语言结构清晰的优点，便于学习，同时具有汇编语言的硬件操作能力。对于具有 C 语言编程基础的读者，能够轻松地掌握单片机 Keil_C51 语言的程序设计。

2.4　简答题

LED 灯控制电路如图 2-2 所示，请分析工作原理。

2.5　编程练习题

LED 灯闪烁应用程序源码如下,请补充完整。

```
#include "reg52.h"
sbit ENLED= P1^4;                    //低电平有效
sbit LED0= P0^0;
void DelayNms(unsigned int ms);      //函数声明
/* 函数功能:主函数* /
void main()
{
    ENLED=              ;            // LED 灯使能
    while(1)
    {
        LED0=           ;
        DelayNms(500);
    }
}
```

匠 心 育 人

1. 爱国情怀:星星之火,可以燎原
2. 民族自豪感:闪闪的红星
3. 工匠精神:共和国勋章获得者:屠呦呦
4. 创新精神:大疆无人机,用创新定义中国制造!

项目3　显示接口技术应用

　　显示接口技术是单片机重要的技术之一,常用于人机交互,输出单片机运行过程中的信息。常用的单片机显示接口有 LED 灯、数码管、字符液晶和图形屏。本项目共有四个任务:数码管静态显示 00～99 设计、数码管显示当前日期设计、模块化编程、LCD1602 移动显示 HELLO 设计。

任务 3-1　数码管静态显示 00～99 设计

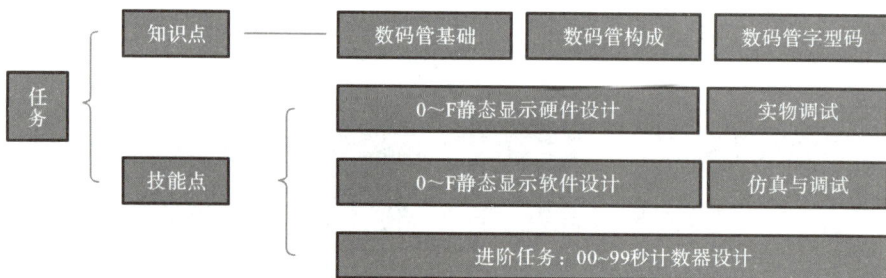

任务	知识点		数码管基础	数码管构成	数码管字型码
	技能点		0～F静态显示硬件设计		实物调试
			0～F静态显示软件设计		仿真与调试
			进阶任务：00~99秒计数器设计		

任务目标	知识目标	掌握数码管结构和字型码; 掌握数码管静态显示工作原理
	能力目标	会用 Proteus 仿真软件绘制数码管静态电路; 会用 Keil_C51 软件编写数码管静态显示程序; 能进行仿真、软硬件联调,实现数码管静态显示功能
	素质目标	通过学习交通安全知识,培养学生安全意识; 通过生成数码管的字型码,培养学生探究精神; 通过科创实践,培养学生独立思考、勇于创新的能力

数码管以其价格低廉、显示清晰等优点,常用于家用电器显示数码信息。如空调,
电饭锅、电磁炉都用数码管显示。数码管的显示方法有静态和动态方式,静态方式的优
点是亮度高,不占用CPU刷新时间,但缺点是占用单片机引脚太多。而动态显示则亮
度适中,占用CPU刷新时间,但是占用单片机引脚却较少。

任 务 实 施

【基本任务】　0～F静态显示设计

任务描述

基本任务:0～F静态显示设计,完成系统硬件和软件设计,仿真与调试,下载到实
物开发板上测试;掌握数码管基础知识、数码管构成及数码管字型码。

1. 电路及元件

一位数码管静态显示电路如图 3-1 所示。元件清单如表 3-1 所示。

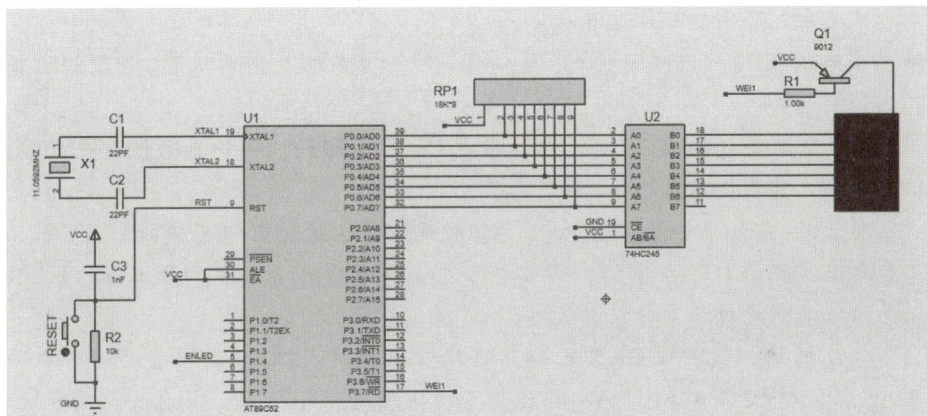

图 3-1　一位数码管静态显示电路

表 3-1　元件清单

序号	元件名称	参数	数量	Proteus 中的名称
1	单片机	DIP40 封装	1	AT89C52
2	晶振	11.0592 MHz	1	CRYSTAL
3	电容	22 pF	2	CAP
4	电容	0.1 μF	1	CAP
5	电阻	10 kΩ,1 kΩ	2	RES
6	按键开关	按键	1	BUTTON
7	排阻	10 kΩ	1	RESPACK-8
8	三极管	PNP 型	1	PNP

序号	元件名称	参数	数量	Proteus 中的名称
9	数码管	1 位共阳数码管	1	7SEG-COM-ANODE
10	双向缓冲器	74HC245D	1	74HC245

电路解读

本电路是一位数码管静态显示电路,静态显示要求数码管的位选端一直有效,一位数码管静态显示就需要单片机 9 个 I/O 端口控制,包括 1 个位选端和 8 个段选端。

数码管的位选端由电阻 R1 和 PNP 型三极管 Q1 组成,受控于单片机的 P3.7(WEI1)口,当单片机 P3.7(WEI1)口发出低电平时,三极管 Q1 饱和导通,VCC 送到共阳数码管的公共端;当单片机 P3.7(WEI1)口发出高电平时,三极管 Q1 截止,共阳数码管的公共端无电压。

本数码管是一个七段数码管,没有小数点显示,因此数码管只有七个段选端 a~g,段选端通过 U2 接在单片机的 P0 口,P0 口输出字型码,控制数码管显示字符。

> **总结——静态数码管显示控制**
>
> 单片机的 P3.7(WEI1)口是数码管位选端,要想点亮数码管,首先就要使 P3.7(WEI1)=0。
>
> 由于数码管静态显示,因此在程序中 P3.7(WEI1)口要一直为低电平,即数码管要一直处于选通状态。
>
> 实际上,在数码管静态显示中,共阳数码管的位选端可以直接接上 VCC,而不需要单片机的 I/O 口控制。而本电路主要是为后面动态显示做准备,因此数码管的位选端受控于单片机的 I/O 口。
>
> 单片机 P0.0(SMGDATA)口是数码管段选端,要想让数码管显示什么字符,只需要给 P0.0(SMGDATA)送相应的字型码即可。

2. 源程序设计

```
#include "reg52.h"
sbit WEI1=P3^7;          //低电平有效
#define SMGDATA P0       //数据端口宏定义
                         //       0    1    2    3    4
unsigned char code Smg_Table[17]= {0xC0, 0xF9, 0xA4, 0xB0, 0x99,
//5    6    7    8    9    A    B    C    D    E
0x92, 0x82, 0xF8, 0x80, 0x90, 0x88, 0x83, 0xC6, 0xA1, 0x86,
//F   熄灭
0x8E,0xFF };
//函数声明
void  DelayNms(unsigned int ms);
/* 函数功能:主函数* /
```

```
void main()
{
    unsigned char i;
    WEI1=0;
    while(1)
    {
        for(i=0;i<16;i++)
        {
            SMGDATA=Smg_Table[i];
            DelayNms(1000);
        }
    }
}
/* 函数功能:软件延时 N 毫秒
输入参数:unsigned int ms    延时的时间,单位是毫秒* /
void  DelayNms(unsigned int ms)
{
    unsigned int x,y;
    for(x=0;x<ms;x++)
        for(y=0;y<110;y++);
}
```

程序解读

(1) 引脚定义和宏定义。

为了提高程序的可读性,对数码管的位选端进行定义,对数码管的段选端进行宏定义。

```
sbit WEI1=P3^7;        //低电平有效
#define SMGDATA P0     //数据端口宏定义
```

(2) 把数码管的字型码存放在程序存储器,节约单片机宝贵的 RAM 资源。

```
unsigned char code Smg_Table[17]
```

(3) DelayNms()函数定义在 main()函数后面,而 main()函数中调用了 DelayNms()函数,因此要在 main()函数的前面进行函数声明。

```
void  DelayNms(unsigned int ms);
```

(4) 应用程序的逻辑。

由于是数码管静态显示,因此在程序初始化时,就使数码管的位选端有效。

在超级循环中,每隔 1 秒,把 0~F 的字型码分别送到数码管的段选端,这样一位数码管就会轮流静态显示 0~F,切换周期为 1 秒。一位数码管静态显示 0~F 程序流程图如图 3-2 所示。

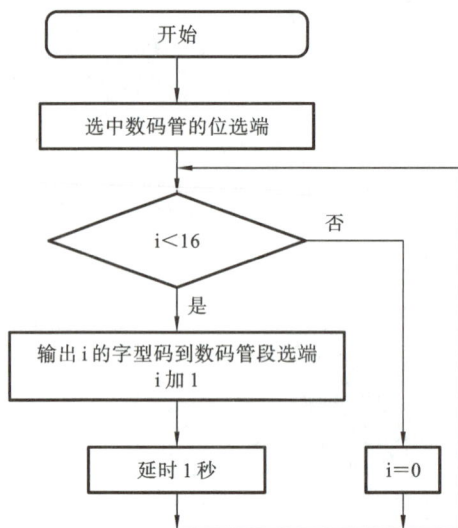

图 3-2　一位数码管静态显示 0～F 程序流程图

【进阶任务】　00～99 秒计时器设计

任务描述

设计 00～99 秒计时器,参考设计文档和视频课后自行学习。

1. 电路及元件

二位数码管实现 00～99 秒计数器电路如图 3-3 所示。元件清单如表 3-2 所示。

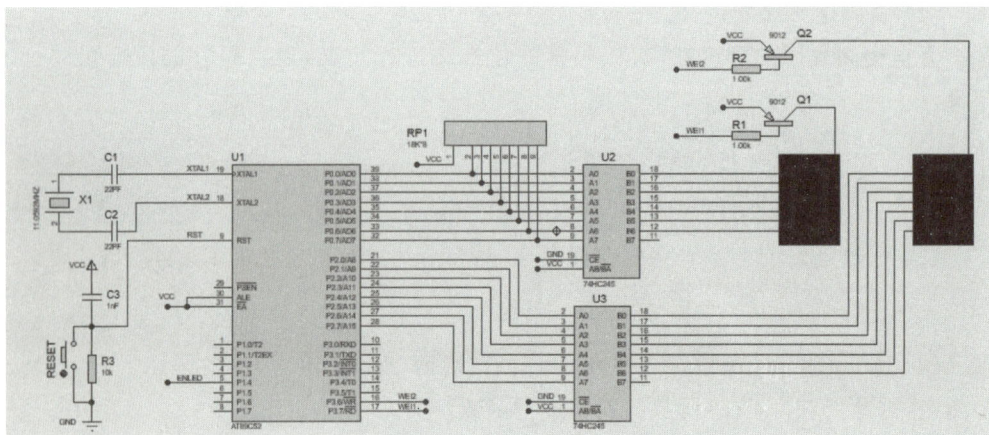

图 3-3　二位数码管实现 00～99 秒计时器电路

表 3-2　元件清单

序号	元件名称	参数	数量	Proteus 中的名称
1	单片机	DIP40 封装	1	AT89C52
2	晶振	11.0592 MHz	1	CRYSTAL

续表

序号	元件名称	参数	数量	Proteus 中的名称
3	电容	22 pF	2	CAP
4	电容	0.1 μF	1	CAP
5	电阻	10 kΩ,1 kΩ	3	RES
6	按键开关	按键	1	BUTTON
7	排阻	10 kΩ	1	RESPACK-8
8	三极管	PNP 型	2	PNP
9	数码管	一位共阳数码管	2	7SEG-COM-ANODE
10	双向缓冲器	74HC245D	1	74HC245

电路解读

二位数码管静态显示电路中,静态显示要求数码管的位选端一直有效,二位数码管静态显示需要单片机 18 个 I/O 端口控制,包括 2 个位选端和 16 个段选端。

共阳数码管 1 的位选端由电阻 R1 和 PNP 型三极管 Q1 组成,受控于单片机的 P3.7(WEI1),共阳数码管 2 的位选端由电阻 R2 和 PNP 型三极管 Q2 组成,受控于单片机的 P3.6(WEI2)。

电路中数码管是一个七段共阳数码管,没有小数点显示,因此数码管只有 7 个段选端 a~g,数码管 1 的段选端通过 U2 接在单片机的 P0 口,数码管 2 的段选端通过 U3 接在单片机的 P2 口。

2. 源程序设计

```c
#include "reg52.h"
sbit WEI1=P3^7;                  //低电平有效
sbit WEI2=P3^6;                  //低电平有效
#define SMG1DATA P0              //数据端口宏定义
#define SMG2DATA P2              //数据端口宏定义
                                //0    1     2     3     4
unsigned char code Smg_Table[17]= {0xC0, 0xF9, 0xA4, 0xB0, 0x99,
//5      6     7     8     9     A     B     C     D     E
0x92, 0x82, 0xF8, 0x80, 0x90, 0x88, 0x83, 0xC6, 0xA1, 0x86,
//F  熄灭
0x8E,0xFF };
void  DelayNms(unsigned int ms);    //函数声明
/* 函数功能:主函数* /
void main()
{
    unsigned char i;
    WEI1=0;
    WEI2=0;
```

```
        while(1)
        {
            for(i=0;i<99;i++)
            {
                SMG1DATA=Smg_Table[i/10];
                SMG2DATA=Smg_Table[i% 10];
                DelayNms(1000);
            }
        }
}
/* 函数功能:软件延时 N 毫秒
输入参数:unsigned int ms   延时的时间,单位是毫秒* /
void   DelayNms(unsigned int ms)
{
  unsigned int x,y;
  for(x=0;x<ms;x++)
      for(y=0;y<110;y++);
}
```

程序解读

本程序的逻辑也很简单,由于是数码管静态显示,因此在程序初始化时,就使两个数码管的位选端都有效。

在超级循环中,每隔 1 秒,把秒变量十位数的字型码分别送到数码管 1 的段选端 P0 口,把秒变量个位数的字型码分别送到数码管 2 的段选端 P2 口,这样二位数码管就会同时静态显示秒的十位和个位,每秒秒变量都加 1。二位数码管静态显示 0～99 秒程序流程图如图 3-4 所示。

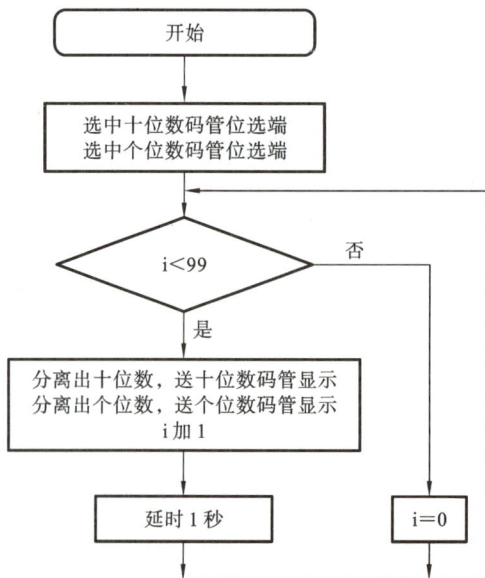

图 3-4   二位数码管静态显示 0～99 秒程序流程图

拓展思维

本节介绍了一位、二位数码管静态显示,如果想让八位数码管都静态显示,显示 12345678,如何修改硬件电路? 如何修改应用程序?

任务总结

通过基本任务和拓展任务,学习了静态数码管显示电路设计和程序设计方法,为后续学习数码管动态显示打下坚实的基础。

知 识 链 接

3.1 数码管的构成

1. 一位数码管

数码管(segment displays)由多个发光二极管封装在一起组成"8"字形的器件,引线已在内部连接完成,只需引出它们的各个引脚和公共电极。数码管实际上是由 7 个条形发光管组成"8"字形构成的,加上圆点形发光二极管,用于显示小数点,一个数码管共有 8 个发光二极管。

数码管的八个段分别由字母 a、b、c、d、e、f、g、dp 来表示,如图 3-5(a)所示。数码管内部原理图如图 3-5(b)、(c)所示。

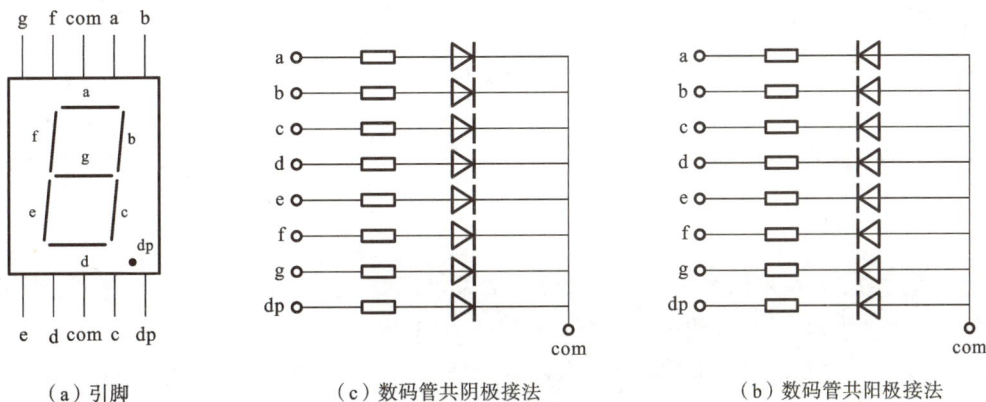

(a) 引脚　　　(c) 数码管共阴极接法　　　(b) 数码管共阳极接法

图 3-5 数码管内部原理图

数码管分为共阳和共阴两种,共阴数码管就是 8 只 LED 小灯的阴极连接在一起,阴极是公共端,由阳极来控制各个 LED 灯的亮灭。共阳数码管就是 8 只 LED 小灯的阳极连接在一起,阳极是公共端,由阴极来控制各个 LED 灯的亮灭。

2. 四位数码管

四位数码管是把 4 个一位数码管封装在一起,内部四位数码管的显示段都对应地连接在一起,即 4 个数码管的 a 段都连接在一起,同理 b、c、d、e、f、g、dp 也都对应地连接在一起;四位数码管的公共端分别引出来,这样四位数码管就有 12 个引脚,上下各 6 个引脚。图 3-6 所示的为四位共阳数码管 3641BS 的内部原理图,图 3-7 所示的为四位数码管的元件引脚图。

数码管中有位选和段选,位选就是选择哪个数码管,段选就是被选择的数码管要显示什么数字。例如,3641BS 四位共阳数码管的位选端子就是 W1～W4;段选端子为 a～dp。

当位选端 W1 为高电平时,段选数据就送给第一个数码管,此时第一个数码管点亮;同理当 W2 为高电平时,第二个数码管点亮,依此类推。这样就可以通过控制位选和段选端的数据来实现四位数码管显示 1 个四位数。

3.2 数码管的字型码

1. 数码管的字型码

数码管的字型码如表 3-3、表 3-4 所示。

表 3-3 共阴数码管字型码

符号	不显示	0	1	2	3	4	5	6	7
编码	0x00	0x3F	0x06	0x5B	0x4F	0x66	0x6D	0x7D	0x07
符号	8	9	A	B	C	D	E	F	·
编码	0x7F	0x6F	0X77	0x7C	0x39	0x5E	0x79	0x71	0x80

表 3-4 共阳数码管字型码

符号	不显示	0	1	2	3	4	5	6	7
编码	0xFF	0xC0	0xF9	0xA4	0xB0	0x99	0x92	0x82	0xF8
符号	8	9	A	B	C	D	E	F	·
编码	0x80	0x90	0x88	0x83	0xC6	0xA1	0x86	0x8E	0x7F

2. 计算数码管的字型码

通过图 3-5 所示的数码管的段的分布关系可以看出,要让数码管显示 1,对于共阴极数码管来说,b、c 两个段的 LED 灯要点亮,其他段的 LED 要熄灭,即令 b、c 为高电平,其他段都为低电平;对于共阳极数码管来说,b、c 两个段的 LED 灯要点亮,其他段的 LED 要熄灭,即令 b、c 为低电平,其他段都为高电平。

数码管的段编号　　　　　dp g f e d c b a
共阴数码管显示 1 时段电平　 0 0 0 0 0 1 1 0　十六进制表示:0x06
共阴数码管显示 1 时段电平　 1 1 1 1 1 0 0 1　十六进制表示:0xF9

其他字型的显示,此处就不一一列出,有兴趣的同学可以把它们一一写出来,对照上面的表,可以加深理解。其实数码管还可以进行其他一些字型码的显示。

当然也可用工具软件计算数码管的字型码,"LED 代码查询 V1.1"软件在课程工具软件包里。

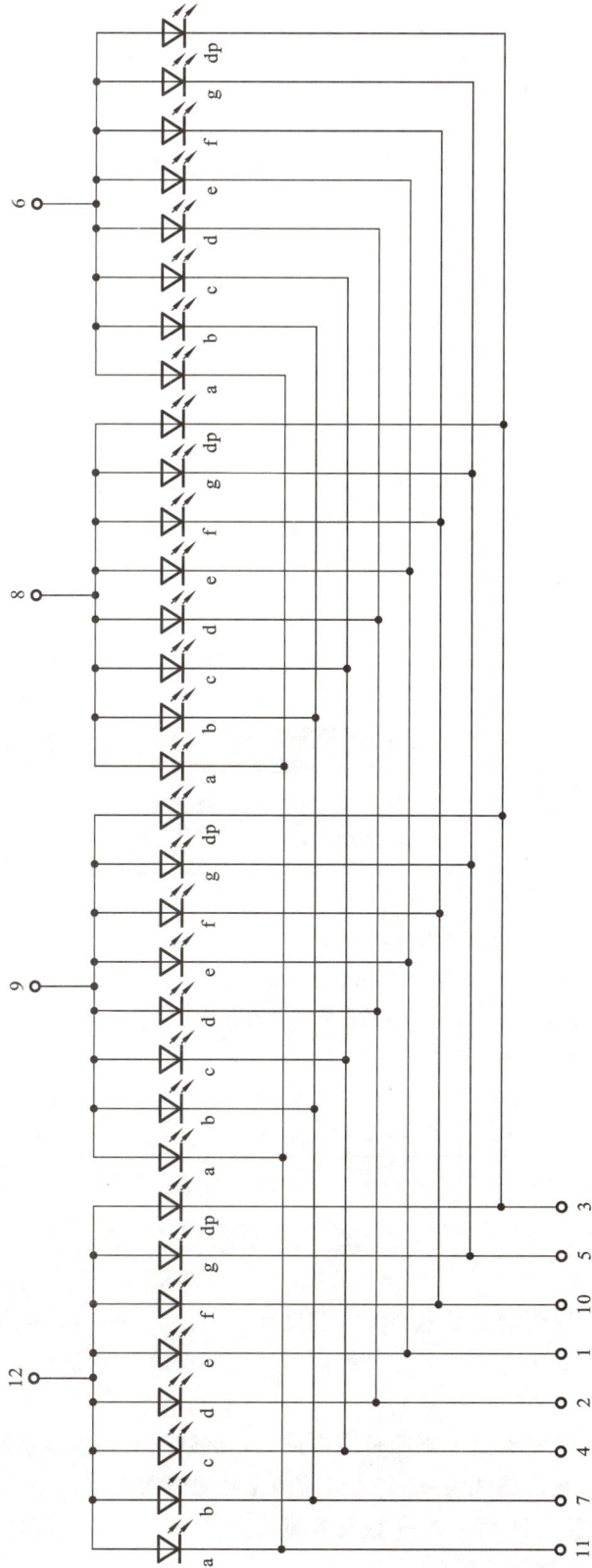

图3-6　四位数码管内部原理图

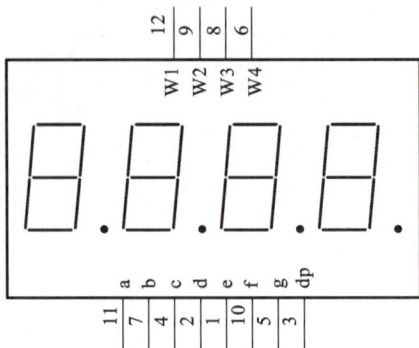

图 3-7　四位数码管引脚图

任务 3-2　数码管显示当前日期设计

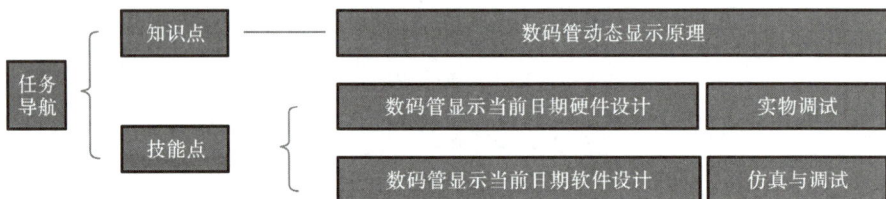

任务目标	知识目标	掌握数码管动态显示原理
	能力目标	会用 Proteus 仿真软件绘制数码管动态电路； 会用 Keil_C51 软件编写数码管动态显示程序； 能进行仿真、软硬件联调，实现数码管动态显示功能
	素质目标	通过数码管动态显示动画演示与过程分析，培养学生科学思维能力； 通过反复调试仿真，直到完美实现任务，培养学生耐心、细心、精益求精的工匠精神

任 务 实 施

【基础任务】　数码管动态显示当前日期设计

任务描述

本任务完成数码管动态显示当前日期设计。掌握数码管动态显示原理。完成基础任务：显示当前日期，显示格式为 22-10-28，前两个数码管显示年，第 4、5 个数码管显示月，最后两个数码管显示日，第 3、6 个数码管显示分隔"-"。完成系统硬件和软件设计，仿真与调试，下载到实物开发板上测试。

1. 电路及元件

八路数码管动态显示电路如图 3-8 所示。元件清单如表 3-5 所示。

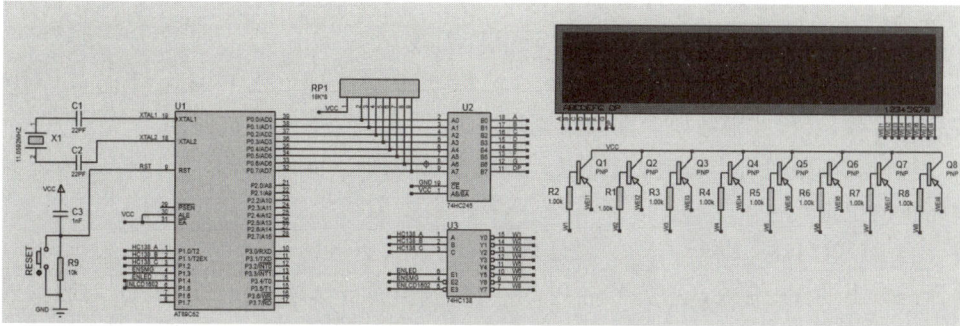

图 3-8　八位数码管动态显示电路

表 3-5　元件清单

序号	元件名称	参数	数量	Proteus 中的名称
1	单片机	DIP40 封装	1	AT89C52
2	晶振	11.0592 MHz	1	CRYSTAL
3	电容	22 pF	2	CAP
4	电容	0.1 μF	1	CAP
5	电阻	10 kΩ,1 kΩ	9	RES
6	按键开关	按键	1	BUTTON
7	排阻	10 kΩ	1	RESPACK-8
8	三极管	PNP 型	8	PNP
9	数码管	八位共阳数码管	1	7SEG-MPX8-CC-BLUE
10	三八译码器	74HC138	1	74HC138
11	双向缓冲器	74HC245D	1	74HC245

电路解读

电路中数码管采用一体化的八位共阳数码管,这种数码管内部八个数码管的段选一一对应地连接在一起,因此八位共阳数码管有 8 个段选端和 8 个位选端。段选信号通过缓冲器 U2 接在单片机的 P0 口。

电阻 R1~R8、三极管 Q1~Q8 与三八译码器一起构成八位共阳数码管的位选端驱动电路。

由于数码管、LED 灯、LCD1602 液晶屏共用单片机的 P0 口,因此在使用时,一定要注意分时复用。三八译码器 U3 的三个地址端接在单片机的 P1.0(H138_A)、P1.1(H138_B)、P1.2(H138_C);三八译码器 U3 的三个使能端 E1、E2、E3 分别接在单片机的 P1.4(ENLED)、P1.3(ENSMG)、P1.5(ENLCD1602)。

当 P1.4(ENLED)=1,P1.3(ENSMG)=0,P1.5(ENLCD1602)=0 时,八位共阳数码管有效,八路流水灯和 LCD1602 液晶屏无效。

当 P1.4(ENLED)=0,P1.3(ENSMG)=1,P1.5(ENLCD1602)=0 时,八路流水灯有效,八位共阳数码管和 LCD1602 液晶屏无效。

当 P1.4(ENLED)=1,P1.3(ENSMG)=1,P1.5(ENLCD1602)=1 时,LCD1602 液晶屏有效,八位共阳数码管和八路流水灯无效。

八位共阳数码管有效时,通过三八译码器 U3 的三个地址端就可以控制八位共阳数码管的位选端。

当 P1.2(H138_C)=0,P1.1(H138_B)=0,P1.0(H138_A)=0 时,三八译码器 U3 的译码输出端 Y0 有效,Q1 饱和导通,第 1 个数码管被选通,这时 P0 口送来的段选信号就在第 1 个数码管上显示。

依此类推,控制单片机 P1.2(H138_C)、P1.1(H138_B) P1.0(H138_A)的值从 000 到 111 依次变化,那么八位共阳数码管就会从第 1 个数码管到第 8 个数码管依次选通并显示 P0 口送来的信息。

> **总结——八位数码管动态显示**
>
> 八位共阳数码管动态显示电路中,8 个段选端通过缓冲器 74HC245 接在单片机的 P0 口;8 个位选端受控于三八译码器 74HC138,也就是说单片机通过控制三八译码器实现八位数码管的位选控制。

2. 源程序设计

```
#include "reg52.h"
sbit HC138_ADDR0=P1^0;
sbit HC138_ADDR1=P1^1;
sbit HC138_ADDR2=P1^2;
sbit ENSMG=P1^3;                          //低电平有效
sbit ENLED=P1^4;                          //低电平有效
sbit ENLCD=P1^5;                          //高电平有效
#define SMGDATA P0                        //数据端口宏定义
unsigned char code Smg_Table[17]=
{0xC0,0xF9,0xA4,0xB0,0x99,0x92,0x82,0xF8,0x80,0x90,0x88,0x83,
0xC6,0xA1,0x86,0x8E,0xFF };
unsigned char SMG_BUF[8]={2,0,2,2,1,0,1,8};    //数码的显示缓存
void   DelayNms(unsigned int ms);
void SMG_Disp(void);
/* 函数功能:主函数* /
void main()
{
    ENLED=1;                              //只有数码管有效
```

```
        ENSMG= 0;
        ENLCD= 0;
        SMGDATA= 0xFF;
        while(1)
        {
            SMG_Disp();
        }
}
/* 函数功能:八位数码管动态显示函数
外部变量:
        1.SMG_BUF[]为显示缓存,存放八位数码管对应显示的内容
        2.Smg_Table[17]为数码管字型码表,0~F的显示码
外部函数:void    DelayNms(unsigned int ms)* /
void SMG_Disp(void)
{
    static unsigned char count= 0;    //静态局部变量
    switch(count)
    {
        case 0:{
                SMGDATA= 0xFF;
                HC138_ADDR2= 0;
                HC138_ADDR1= 0;
                HC138_ADDR0= 0;
                SMGDATA= Smg_Table[SMG_BUF[0]];
                break;
        }
        case 1:{
                SMGDATA= 0xFF;
                HC138_ADDR2= 0;
                HC138_ADDR1= 0;
                HC138_ADDR0= 1;
                SMGDATA= Smg_Table[SMG_BUF[1]];
                break;
        }
        case 2:{
                SMGDATA= 0xFF;
                HC138_ADDR2= 0;
                HC138_ADDR1= 1;
                HC138_ADDR0= 0;
                SMGDATA= Smg_Table[SMG_BUF[2]];
                break;
        }
```

```
        case 3:{
                SMGDATA=0xFF;
                HC138_ADDR2=0;
                HC138_ADDR1=1;
                HC138_ADDR0=1;
                SMGDATA=Smg_Table[SMG_BUF[3]];
                break;
        }
        case 4:{
                SMGDATA=0xFF;
                HC138_ADDR2=1;
                HC138_ADDR1=0;
                HC138_ADDR0=0;
                SMGDATA=Smg_Table[SMG_BUF[4]];
                break;
        }
        case 5:{
                SMGDATA=0xFF;
                HC138_ADDR2=1;
                HC138_ADDR1=0;
                HC138_ADDR0=1;
                SMGDATA=Smg_Table[SMG_BUF[5]];
                break;
        }
        case 6:{
                SMGDATA=0xFF;
                HC138_ADDR2=1;
                HC138_ADDR1=1;
                HC138_ADDR0=0;
                SMGDATA=Smg_Table[SMG_BUF[6]];
                break;
        }
        case 7:{
                SMGDATA=0xFF;
                HC138_ADDR2=1;
                HC138_ADDR1=1;
                HC138_ADDR0=1;
                SMGDATA=Smg_Table[SMG_BUF[7]];
                break;
        }
        default: break;
    }
```

```
    count++;
    if(count>7)
        count=0;
    DelayNms(2);
}
/* 函数功能:软件延时 N 毫秒
输入参数:unsigned int ms   延时的时间,单位是毫秒* /
void  DelayNms(unsigned int ms)
{
    unsigned int x,y;
    for(x=0;x<ms;x++)
        for(y=0;y<110;y++);
}
```

程序解读

(1) 数码管动态显示函数流程图如图 3-9 所示。

数码管动态显示函数比较简单,通过轮流点亮数码管,送显示数据,由于每 2 毫秒切换一个数码管,8 个数码管就需要 16 毫秒才能完成一轮更新,因此数码管的刷新频率约为 60 Hz,利用人眼的视觉惰性和余晖效应,实现了同时显示的效果。

(2) 数码管需要显示的数据放在显示缓存中。

```
unsigned char SMG_BUF[8]={2,0,2,2,1,0,1,8};
```

初始化数码管显示当前日期 20221018。

当需要更新数码管显示内容时,只需要把显示的数据放到显示缓存即可。需要说明的是,显示缓存中存放的是待显示的字符在数码管字型码表中的编号。

当需要显示字符"A"时,在显示缓存数组中相应的位置写 10,因为字符"A"在数码管字型码表中的编号为 10。同理,显示字符"F"时,在显示缓存数组中相应的位置写 15。想熄灭一个时,在显示缓存数组中相应的位置写 16。

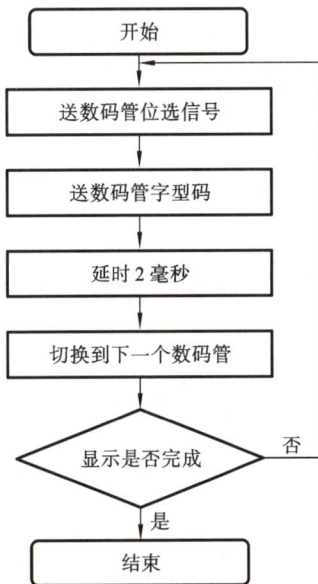

图 3-9 数码管动态显示
函数流程图

(3) 共阳数码管字型码表。

数码管字型码表中只存放了 0~9、A~F 和熄灭的共阳字型码,如果想显示其他特殊的字符,则要在数码管字型码表中增加该字符的字型码。

如果使用了共阴数码管,则在程序中只需要把共阳数码管的字型码取反即可,不用单独再写一个共阴数码管字型码数组。

(4)送字型码语句。

```
SMGDATA=Smg_Table[SMG_BUF[0]];
```

把显示缓存中第 0 个元素对应的共阳数码管字型码赋值给数码管的段选端。

经验之谈——数码管静态显示和动态显示

由于数码管动态显示需要不断刷新,因此在主程序中就要一直调用数码管动态显示函数。由此可见,数码管的动态显示虽然电路简单了,但是单片机需要不停地运行动态显示函数,这样一来,执行效率就降低了。

另外,动态显示中,每个数码管是轮流显示的,因此数码管的亮度也没有静态显示的亮。

虽然数码管动态显示有这么多的缺点,但我们还是要用它,为什么呢?首先,虽然静态数码管显示亮度更高,但电路复杂,且占用单片机的I/O端口太多,8个数码管静态显示就需要72个引脚,对于51单片机来说是不可实现的!另外,动态显示的亮度也比较亮,最后还有一点,就是能用软件实现的,绝不用硬件实现,软件可以节约成本,减少故障率,提高系统的稳定性。综合考虑,单片机应用系统需要用数码管显示时,首选数码管动态显示方案。

【进阶任务】 八位数码管同时显示 0~F 设计

任务描述

八位数码管同时显示 0~F,每秒切换一个字符显示,即第 1 秒显示 0,第 2 秒显示 1,…,第 16 秒显示 F,然后下一秒再从 0 开始显示,不断循环。

1. 电路及器件

同基础任务。

2. 源程序设计

见任务 3-1 例程。

拓展思维

本节介绍了八位数码管动态显示,如果想让数码管从 00000000 开始显示,每秒加 1,如何修改应用程序?

任务总结

通过数码管动态显示当前日期设计,学习了数码管动态显示的原理、动态显示电路设计及程序设计的方法。

知 识 链 接

3.3 数码管的动态显示原理

1. 视觉惰性

人眼的分辨能力是有限的,当物体的变化频率超过 24 Hz 时,人眼就分辨不出变化了。这就是视觉惰性。

2. 余辉效应

视觉暂留现象又称"余晖效应"。人眼在观察景物时,光信号传入大脑神经,需经过一段短暂的时间,光的作用结束后,视觉形象并不立即消失,这种残留的视觉称为"后像",视觉的这一现象则称为"视觉暂留"。

3. 动态扫描

所谓动态扫描就是指利用人眼的视觉惰性和余辉效应,如八位数码管显示12345678时,先让第1个数码管显示1,再让第2个数码管显示2,接着让第3个数码管显示3,依次进行,最后让第8个数码管显示8。显示的时间间隔为1毫秒,这样完整显示八位数字的频率约为120 Hz。由于显示刷新的频率远远大于人眼的分辨率,虽然这些字符是在不同的时刻分别显示,但由于人眼存在视觉暂留效应,只要每位显示间隔足够短就可以给人以同时显示的感觉。这和动画片的原理一样。

4. 动态和静态显示的优缺点

采用动态显示方式比较节省I/O端口,硬件电路也较静态显示方式的简单,但其亮度不如静态显示方式,而且在显示位数较多时单片机要依次扫描,占用CPU较多的时间。

3.4　消除数码管残影

1. 残影产生的原因

数码管动态扫描中的残影现象,主要是由段选和位选的瞬态所产生的,这里的瞬态也可理解为过渡状态。在理论上,每个数码管显示的持续时间为1 ms,1 ms之后,由于中断的原因,显示位会发生切换。例如,从第1位切换到第2位,第3位,…,第8位,此时显示的数据为:12345678。在详细讲述这个切换过程之前,读者们需理清两个概念:

(1) C语言代码是一句一句按顺序,从前往后执行的;

(2) 单片机执行的速度很快,但再快还是需要时间的。

这里以上面的例程为例,来分析这个过程。我们从数码管显示函数的case 0开始,送位选数据,之后再送段选数据;接下来,送第2位的位选数据,接着再送第3位的位选数据,依此类推。

仔细分析可以看出,当第一个数码显示完毕后,等到下一个2毫秒到来时,第2个数码管的位选信号被选中时,而此时段码却还是第1个数码管的数据,虽然时间很短,只有几微秒。前面说过,单片机运行需要时间,那这段时间内第2个数码管就会显示第1个数码管的数据,而不是我们想要的数据。同理,第2个数码管应该显示的数据也会出现的在第3位,依此类推,每一个数码管都会短暂地显示前一个数码管的数据,这就是整个显示过程为何有残影的原因。

2. 残影的消除

具体的做法就是在数码管的位选切换前,选发送一个让数码管熄灭的段码 0xFF。当数码管位选选定后,再发出正确的段码,这样就可以消除残影了。

任务 3-3 模块化编程

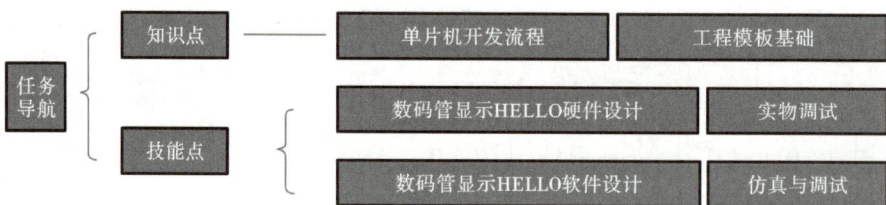

任务目标	知识目标	掌握单片机开发流程; 掌握建立工程模板的方法
	能力目标	会用 Proteus 仿真软件绘制八位数码管动态电路; 会用 Keil_C51 软件编写八位数码管动态显示模块化程序; 能进行仿真、软硬件联调,实现八位数码管显示功能
	素质目标	通过单片机的开发流程,培养学生岗位认知能力; 通过模块化程序设计,使学生理解分工与合作的重要性,培养学生团结协作的精神

一个工程就一个 C 源文件,这种编程方法仅适合丁初学者,初学者最初编写的程序功能都比较单一,如点亮一个 LED 灯、数码管显示数字、液晶屏显示一个字符串等。随着学习的深入,编写的程序功能会更多。例如,要编写一个红外遥控风扇,会用到按键、红外遥控、数码管、电机 PWM 控制等,如果把这些功能都放在一个 C 程序里面实现,C 程序一定会很大,代码结构不清晰,不易读懂。而程序的开发往往是由多个程序员合作完成的,这样不利于提高效率。

常见的嵌入式系统编程,就是把这些功能单元分开编程。先写出硬件的驱动程序源文件和头文件,然后再编写一个综合应用程序,需要包含所需要的硬件驱动头文件,调用驱动程序中的函数,就可以实现相应的功能。

任 务 实 施

任务描述

本任务完成模块化编程。掌握单片机开发流程,掌握建立工程模板的方法,掌握数码管显示特殊字符的方法；基础任务：数码管显示 HELLO 设计，完成系统硬件和软件设计，仿真与调试，下载到实物开发板上测试。

1. 电路及器件

电路及器件同任务 3-2。

2. 源程序设计

第 1 步：新建文件夹及子文件夹。

在建立工程之前，需要建立一个文件夹，后面所建立的工程都可以放在这个文件夹里。这里我们建立一个文件夹"数码管显示 HELLO-模块化"，并在该文件夹下建立三个文件夹：APP、DRIVE 和 OUTPUT，如图 3-10 所示。

图 3-10　工程模板文件夹

APP 文件夹用于存放应用程序和工程文件，DRIVE 文件夹用于存放数码管的驱动程序源文件和头文件，OUTPUT 文件夹用于存放工程编译输出文件，其中最终生成的 hex 文件也放到这个文件夹中。

第 2 步：新建工程。

双击打开桌面上的 Keil 图标。选择菜单 Project，在弹出的下拉菜单中选择"New μVision Project…"，如图 3-11 所示。

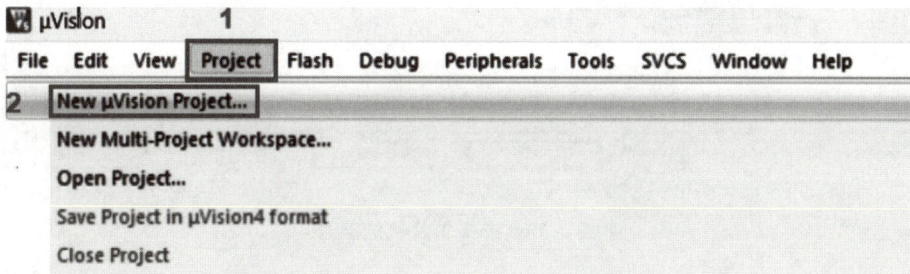

图 3-11　新建工程

保存工程如图 3-12 所示。保存之后会弹出一个对话框，在对话框中选择单片机型号。前面我们已经把 STC 单片机加到了 Keil 器件列表中了。

单击下拉按钮，选择"STC MCU Database"，然后选择"STC89C52RC Series"，单击"OK"按钮，如图 3-13 所示。

图 3-12　保存工程

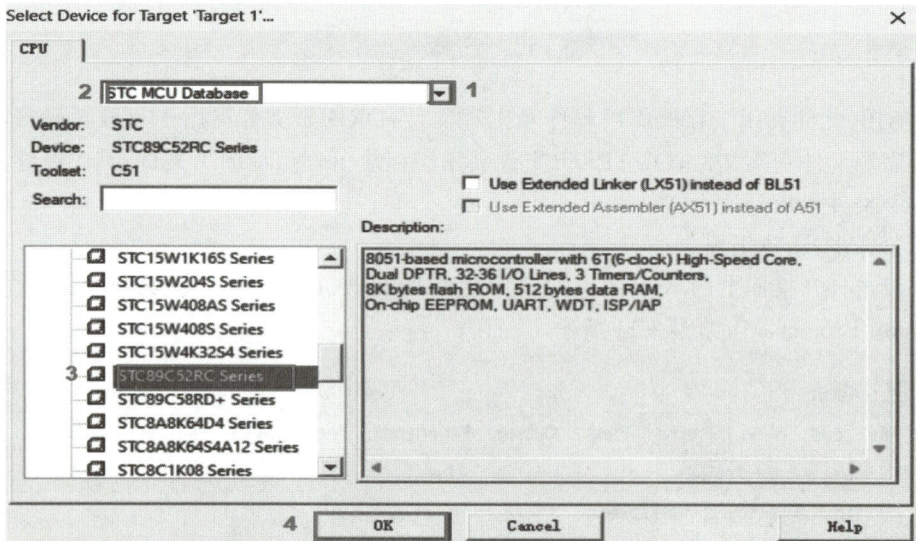

图 3-13　选择单片机的型号

如果没有添加 STC 器件,只要选择同类型号就可以了。比如选择 Atmel 公司名下的 AT89C51 来代替,这个选项的选择对于后边的编程没有任何的不良影响。

在弹出的是否添加启动文件到工程窗口时,选择是,这样工程就创建好了,如图 3-14 所示。

第 3 步:新建文件。

单击工具栏的新建空白文档工具 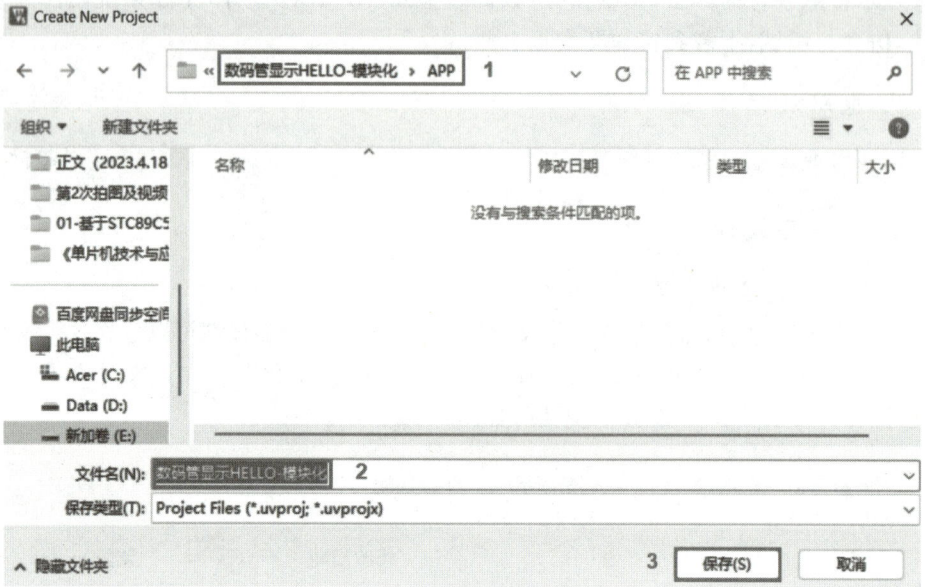,此时系统会自动自成一个名为 Text1 的空白

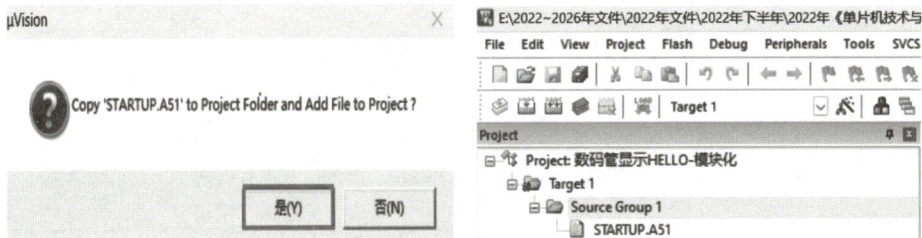

图 3-14 新建好的工程

文档,单击保存按钮 💾 保存文件,如图 3-15 所示。此时会弹出保存文件窗口,文件名设置为 main.c,保存在"数码管显示 HELLO-模块化\APP"文件夹中。

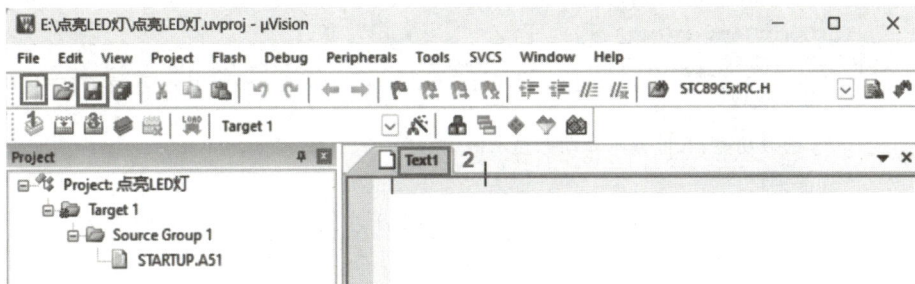

图 3-15 新建文件

同样的方法再新建两个文件,分别是数码管的源文件 SMG.c 和头文件 SMG.h,保存在"数码管显示 HELLO-模块化\DRIVE"文件夹中,如图 3-16 所示。

图 3-16 保存文件路径

第 4 步:编写代码。

(1) 数码管驱动 SMG.c 源文件设计。

参考代码如下:

```
#include "reg52.h"
#include "SMG.h"
                                 // 0      1      2      3      4      5      6
unsigned char code Smg_Table[]={0xC0, 0xF9, 0xA4, 0xB0, 0x99, 0x92, 0x82,
0xF8, 0x80, 0x90, 0x88, 0x83, 0xC6, 0xA1, 0x86, 0x8E,0xFF,0x89,0xC7 };
//    7    8    9    A    b    C    d    E    F    熄灭   H    L
unsigned char SMG_BUF[8]={16,16,16,17,15,18,18,0};   //显示 HELLO
/* 函数功能:软件延时 N 毫秒
输入参数:unsigned int ms   延时的时间,单位是毫秒* /
static void  DelayNms(unsigned int ms)
{
  unsigned int x,y;
    for(x=0;x<ms;x++)
        for(y=0;y<110;y++);
}
/* 函数功能:八位数码管动态显示函数
外部变量:
        1.SMG_BUF[]为显示缓存,里面存放了八位数码管对应显示的内容
        2.Smg_Table[17]为数码管显示段码表,0~F 的显示码
外部函数:void  DelayNms(unsigned int ms)* /
void SMG_Disp(void)
{
    static unsigned char count=0;   //静态局部变量
    switch(count)
    {
        case 0:{
                SMGDATA= 0xFF;
                HC138_ADDR2=0;
                HC138_ADDR1=0;
                HC138_ADDR0=0;
                SMGDATA=Smg_Table[SMG_BUF[0]];
                break;
        }
        case 1:{
                SMGDATA= 0xFF;
                HC138_ADDR2=0;
                HC138_ADDR1=0;
                HC138_ADDR0=1;
                SMGDATA=Smg_Table[SMG_BUF[1]];
                break;
        }
        case 2:{
```

```
        SMGDATA=0xFF;
        HC138_ADDR2=0;
        HC138_ADDR1=1;
        HC138_ADDR0=0;
        SMGDATA=Smg_Table[SMG_BUF[2]];
        break;
    }
case 3:{
        SMGDATA=0xFF;
        HC138_ADDR2=0;
        HC138_ADDR1=1;
        HC138_ADDR0=1;
        SMGDATA=Smg_Table[SMG_BUF[3]];
        break;
    }
case 4:{
        SMGDATA=0xFF;
        HC138_ADDR2=1;
        HC138_ADDR1=0;
        HC138_ADDR0=0;
        SMGDATA=Smg_Table[SMG_BUF[4]];
        break;
    }
case 5:{
        SMGDATA=0xFF;
        HC138_ADDR2=1;
        HC138_ADDR1=0;
        HC138_ADDR0=1;
        SMGDATA=Smg_Table[SMG_BUF[5]];
        break;
    }
case 6:{
        SMGDATA=0xFF;
        HC138_ADDR2=1;
        HC138_ADDR1=1;
        HC138_ADDR0=0;
        SMGDATA=Smg_Table[SMG_BUF[6]];
        break;
    }
case 7:{
        SMGDATA=0xFF;
        HC138_ADDR2=1;
```

```
              HC138_ADDR1=1;
              HC138_ADDR0=1;
              SMGDATA=Smg_Table[SMG_BUF[7]];
              break;
          }
        default: break;
     }
     count++;
     if(count>7)
        count=0;
     DelayNms(2);
   }
```

程序解读

① 数码管驱动源文件要包含两个头文件:

```
#include "reg52.h"
#include "SMG.h"
```

通常情况下,驱动的源文件要包含该驱动头文件。

② 外部变量定义。

在程序中,定义了共阳数码管的字型码数组和八位数码管显示缓存。

③ 定义局部静态函数。

在程序中,定义了毫秒级软件延时函数,注意在函数的前面加了一个 static,代表该函数只能在本程序内使用。

后面其他驱动程序用到软件延时函数时,就可以在自己的驱动源文件中定义一个同名的软件延时函数,程序编译时也不会报错。

数码管动态显示函数定义了一个局部静态变量。

```
static unsigned char count=0;
```

该变量只在函数第一次调用时初始化,以后就像一个全局变量一样,但又只能被定义它的函数调用,体现了函数的封装性。

注意:该函数必须不断执行,才能实现八位数码管稳定地动态显示。

(2) 数码管驱动 SMG.h 头文件设计。

参考代码如下:

```
#ifndef __SMG_H_
#define __SMG_H_
  #include "reg52.h"
  sbit HC138_ADDR0=P1^0;
  sbit HC138_ADDR1=P1^1;
  sbit HC138_ADDR2=P1^2;
```

```
    sbit ENSMG= P1^3;        //低电平有效
    sbit ENLED= P1^4;        //低电平有效
    sbit ENLCD= P1^5;        //高电平有效
    #define SMGDATA P0        //数据端口宏定义
    extern unsigned char code Smg_Table[];
    extern unsigned char SMG_BUF[8];
    extern void SMG_Disp(void);
#endif
```

程序解读

引脚声明:在头文件中,对数码管相关的控制进行声明,方便程序阅读。

数据端口宏定义:在头文件中,对数码管的数据端口 P0 口进行宏定义,方便阅读程序。

外部变量声明:把数码管的字型码数组和显示缓存进行了外部变量声明,后面如果用到这些变量,只需要包含数码管驱动的头文件即可。

外部函数声明:

```
extern void SMG_Disp(void);
```

后面如果用到数码管显示函数,只需要包含数码管驱动头文件即可。

(3)应用程序文件 main.c 程序设计。

main.c 参考程序代码如下:

```
#include "reg52.h"
#include "SMG.h"
/* 函数功能:主函数* /
void main()
{
    ENLED=1;      //只有数码管有效
    ENSMG=0;
    ENLCD=0;
    SMGDATA=0xFF;
    while(1)
    {
        SMG_Disp();
    }
}
```

程序解读

包含数码管驱动头文件。

模块化程序设计使得主程序非常简单。应用程序用到了数码管的驱动,因此要包含数码管驱动头文件。当然也要包含 51 单片机的头文件。

主程序逻辑简单。

前面讲过,由于 P0 口被三个功能单元使用,在程序中,一次只能选择一个功能单元使用 P0 口。程序首先设置数码管独占 P0 口。

前面也讲过,由于电路采用八位数码管动态显示,数码管驱动中的显示函数 SMG_Disp()需要在主程序中被不断执行。

由于数码管驱动源文件中,数码管显示缓存中初始化显示字符为"HELLO",在超级循环中,不断调用数码管显示函数 SMG_Disp(),这样系统就会稳定地显示 HELLO。

第 4 步:工程分组与添加文件。

工程配置有两种方法:第 1 种方法是单击快捷工具栏的图标🔒;第 2 种方法是右击 Target1,选择"Manage Project Items"进行工程器件管理。

(1)新建工程组。

在 Groups 一栏删掉一个 Source Group1,建立两个组:APP、DRIVE。可以看到 Target 名字以及 Groups 情况,如图 3-17 所示。

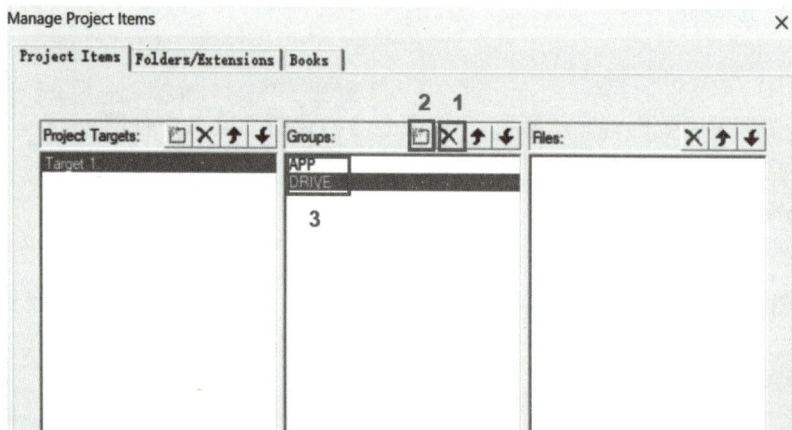

图 3-17　工程管理分组

(2)向组中添加文件。

下面我们往 APP 文件夹中添加所需的文件。把 main.c 文件添加进去,如图 3-18 所示。

选择 DRIVE 组,然后单击右边的 Add Files,定位到我们刚才建立的目录下面,将里面 SMG.c 的文件选中,然后单击"Add"按钮,可以看到 Files 列表下面包含添加的文件,如图 3-19 所示。

这里需要说明一下,在我们编写代码时,如果程序只用到了其中的某个外设,可以不用添加没有用到的外设的库文件。比如程序只用到了数码管,添加 SMG_DRIVE.c,而其他模块驱动程序源文件则可以不用添加。

我们采用了模块化编程,这样可以大大地提高编程效率,并且程序的可移植性也得到了加强。

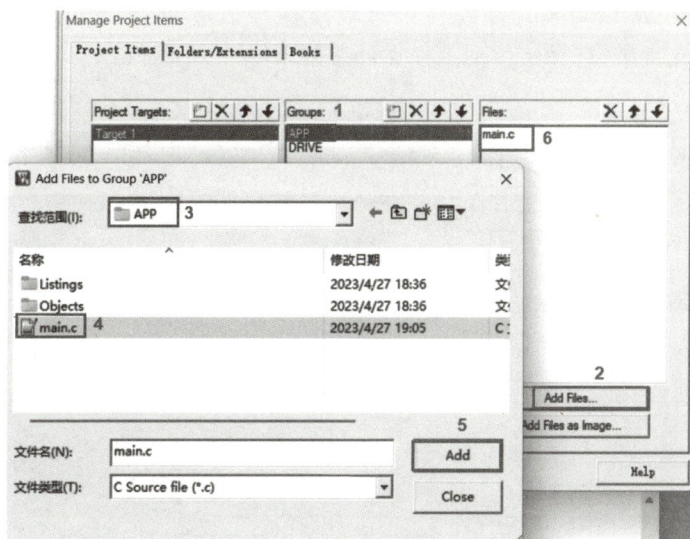

图 3-18　添加 main.c 文件

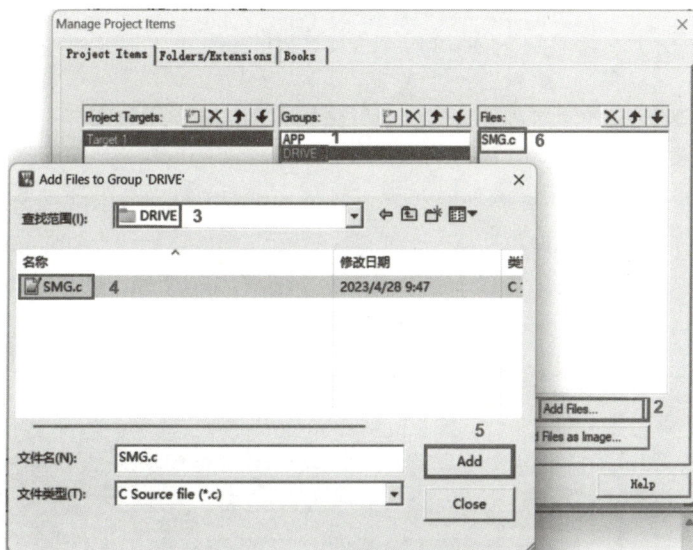

图 3-19　添加驱动文件

工程结构如图 3-20 所示。

第 5 步：工程配置。

（1）设置输出文件。

在编译之前首先要选择编译过程文件的存放目录。方法是单击工具栏的魔术棒 按钮。

首先配置工程，工程编译之后能够生成 hex 文件。选择 Output 选项，然后勾选"Create HEX file"选项。编译后生成 hex 文件。

图 3-20　工程结构

　　然后选择生成的 hex 文件和项目过程文件存放的目录，单击"Select folder for Objects…"定位目录，选择定位到工程文件夹的子文件夹 OUTPUT，如图 3-21 所示。

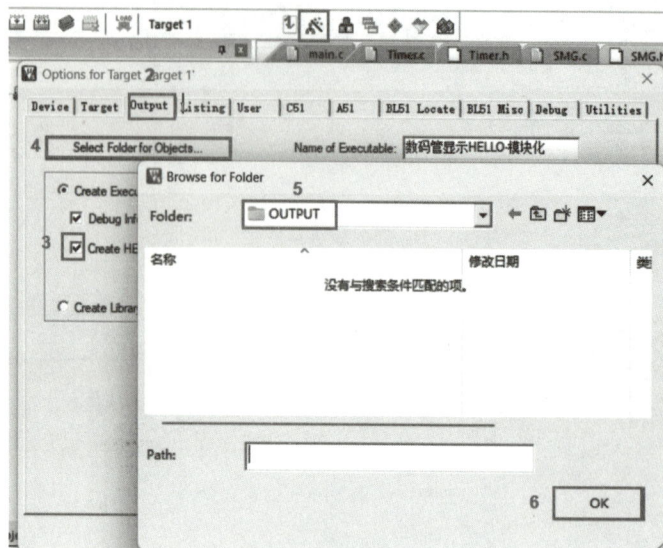

图 3-21　设置编译输出文件

　　单击编译按钮编译工程，可以看到很多报错，因为找不到头文件。

（2）设置头文件路径。

　　接着要告诉 Keil_C51 在哪些路径之下搜索需要的头文件，也就是头文件路径。回到工程主菜单，单击魔术棒，弹出一个菜单，然后选择 C/C＋＋选项，再单击"Include Paths"右边的按钮。弹出一个添加路径的对话框，将\APP 和\DRIVE 两个目录添加进去。记住，Keil_C51 只会在一级目录查找，如果目录下面还有子目录，记得路径一定要定位到最后一级子目录。然后单击"OK"按钮，如图 3-22 所示。

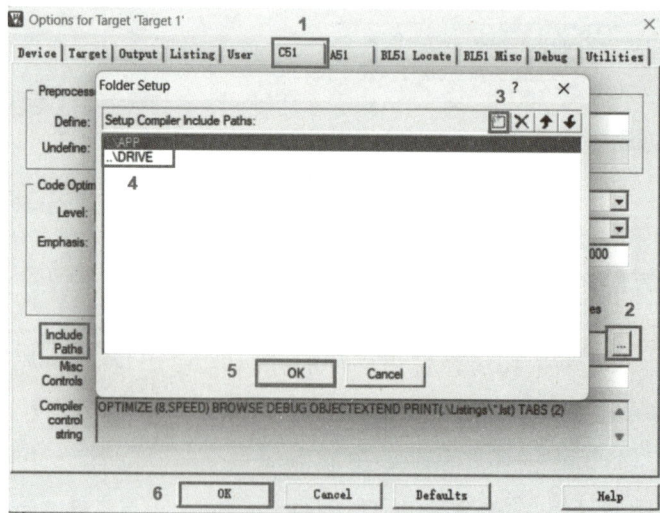

图 3-22　设置头文件路径

第 6 步:编译与调试。

重新编译代码,在编译输出栏,显示 0 个警告,0 个错误,说明程序已经没有错误。显示"creating hex file…",说明已经生成了 hex 文件,如图 3-23 所示。注意:生成的 hex 文件存放在 OUTPUT 目录下。

图 3-23 工程编译结果

到此为止,程序就编译好了,下边就要把编译好的程序文件下载到仿真电路进行仿真调试。

第 7 步:仿真调试。

将目标 hex 文件下载到仿真电路,会发现数码管显示 HELLO,如图 3-24 所示。

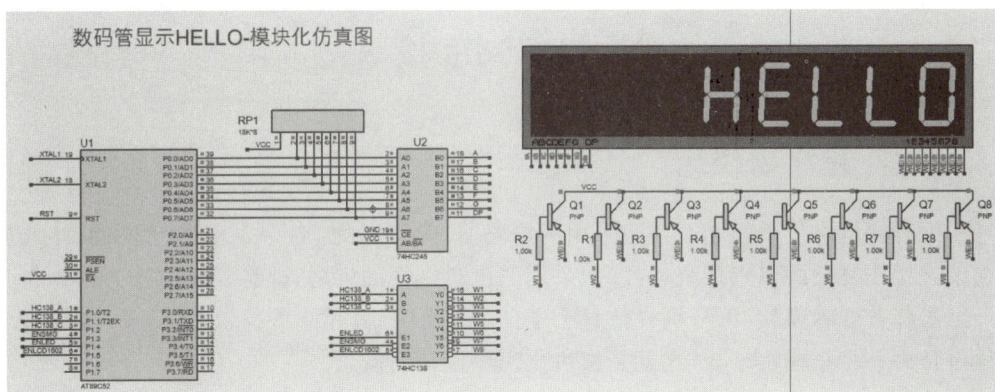

图 3-24 仿真调试

第 8 步:实物联调。

将目标 hex 文件下载到实物开发板电路,八位数码管显示 HELLO,如图 3-25 所示。

图 3-25 实物联试

拓展思维

本节介绍了模块化程序设计的方法。一个源文件和对应一个头文件,就构成一个功能的驱动,我们已经编写了数码管的驱动程序,那么如何编写 LED 灯的驱动程序呢?源文件怎么写?头文件怎么写?

任务总结

通过模块化程序设计任务,学习模块化程序设计的步骤和方法。

在实际工作中,往往都是把一个大的项目分解成一个个小的任务模块,每个嵌入式工程师只完成一个模块的设计与调试,最后再组合成一个大项目。

模块化程序设计极大地提高了系统开发的效率,请大家一定要反复练习,直到熟练掌握为止。

> 总结——模块化程序设计步骤
> 新建工程文件夹及子文件夹→新建工程→新建文件→工程分组及添加文件→驱动程序设计→应用程序设计→工程配置→编程与调试→仿真调试→实物联调。

知 识 链 接

3.5 程序模块化

人类在解决复杂问题时普遍采用的策略是"分而治之,各个击破"。程序设计人员在设计比较复杂的应用系统软件时,采用的也是这样的策略,即将复杂的任务分解成若干个子任务或者模块,再分别设计每个子任务/模块,就好像搭积木、修房子一样,整个程序是由一个个模块组成,这就是模块化程序设计的概念。

1. 自顶向下的程序设计方法

1)自顶向下的设计

对比较复杂的程序设计问题,程序设计人员通常是将任务逐步分解细化。首先把复杂问题分解为主要任务,然后在主要任务中再进一步细分为一系列子任务,直到所有的任务都被确定。这种先定主要任务,再逐步细分成子任务的过程称为自顶向下设计方法。

程序模块化就是在程序设计中,每个子任务就是一个独立的程序模块。每个模块完成一个单独的功能。程序设计人员可以逐个模块地进行开发,所有模块都开发完成后,一个复杂问题就得以解决。

自顶向下的设计方法可以让程序设计人员把全部精力集中在程序的总体设计上,而不必过多地考虑模块的设计细节。另外,相对独立的模块很容易理解,也很容易编写和修改,具有较好的复用性,必要的话还可以单独对其进行修改。

2）模块

每个模块完成一个相对独立的特定子功能，并且与其他模块之间的关系应简单，该模块有一个入口、一个出口，并具有自顶向下顺序执行的指令。

模块的名称应该描述所要做的工作，即描述一个独立特定的功能，这点尤其重要。由于名字有助于识别所设计模块完成的任务或功能，即"顾名思义"，采用见名知义的模块名称，可以清楚地描述设计模块所完成的任务，而且阅读代码的任何人都可以很容易地看出该模块的作用。

3）主程序

由于每个模块都只完成一个特定的任务，因此需要一个主程序进行总体控制，把所有的模块组合在一起并协调它们之间的活动。从主程序中可以看出程序的主要功能，以及它们完成的先后顺序，还可以看出数据流向和主要的控制结构。

主程序应容易阅读，在程序长度上易于管理，并有合理的逻辑结构。在 C 语言程序中，主程序就是主函数 main()。

经验之谈——模块化程序设计开发过程

自顶向下的模块化设计是指从整体到局部，再到细节的设计过程。这种方法必须先对整体任务进行透彻的分析和了解，然后再设计程序模块，可以避免任务分析不到位而导致的修改返工。模块化程序设计的开发过程如下。

（1）明确设计任务，依据现有硬件，确定软件整体功能，将整个任务合理划分成小模块，确定各个模块的输入/输出参数和模块之间的调用关系。

（2）分别编写各个模块的程序，编写专用测试主程序进行各模块的编译调试。

（3）把所有模块进行链接调试，反复测试成功后，就可以将代码固化到应用系统再次测试，直到完成任务为止。

模块化程序设计具有结构层次清晰，便于编制、阅读、扩充和修改，应用模块可节省内存空间等特点。

---

2. 模块化程序设计几点说明

（1）模块即是一个 .c 和一个 .h 的结合。

源文件对变量和函数进行定义，头文件是对外部变量和外部函数的声明。

（2）外部变量和函数声明。

模块外部函数以及数据需在头文件中冠以 extern 关键字来声明。

（3）内部变量和函数声明。

仅在模块内的函数和变量，需在源文件中用 static 关键字修饰，不需要在头文件中进行声明。

（4）永远不要在 .h 文件中定义变量。

在头文件中定义变量，会出现重复定义的错误。

（5）关于定义和声明的理解。

所谓定义就是创建一个对象，为这个对象分配一块内存并给它取上一个名字，这个名字就是我们经常所说的变量名或者对象名。但注意，这个名字一旦和这块内存匹配起来，它们就联系在一起,并且这块内存的位置也不能被改变。一个变量或对象在一定的区域内只能被定义一次,如果定义多次,编译器会提示你重复定义同一个变量或对象。

声明有两个作用:一是告诉编译器,这个名字就和一块内存建立了一一对应的关系,下面的代码用到变量或对象是在别的地方定义的,声明可以出现多次;二是告诉编译器,这个名字我先预定了,别的地方再也不能用它作为变量名或对象名。

一句话概括:定义对象分配了内存,声明没有分配内存。

概括模块化的实现方法和实质:将一个功能模块的代码单独编写成一个.c 文件,然后把该模块的接口函数放在.h 文件中。

(6) 模块源文件。

理想的模块化应该可以看成是一个黑盒子,即只关心模块提供的功能,而不予理睬模块内部的实现细节。好比读者买了一部手机,只需会用手机提供的功能即可,而不需知道它是如何把短信发出去的。在大规模程序开发中,一个程序由很多模块组成,这些模块的编写任务一般被分配给不同的人。在编写模块时很可能需要用到别人所编写模块的接口,这个时候我们关心的是模块实现了什么样的接口,该如何去调用,至于模块内部是如何组织、实现的,读者无需过多关注。

模块源文件中不想被别的模块调用的函数、变量就不需出现在.h 文件中。模块源文件中需要被别的模块调用的函数、变量就声明在.h 文件中。

(7) 模块头文件。

条件编译和宏定义,目的是防止重复定义。

数码管的头文件"SMG.h"源代码如下:

```
#ifndef __SMG_H_
    #define __SMG_H_
    #include "reg52.h"
    ……此处省略部分代码
    extern void SMG_Enable();
    extern void SMG_Disp(void);
#endif
```

第 1 行预处理命令的作用是判断是否宏定义过"_SMG_H_",如果没有宏定义过,则执行第 2 行代码,重新宏定义"_SMG_H_",并执行后面的代码。如果已经宏定义过,则不执行后面的代码。这种方法可以避免多个模块都包含同一个头文件,而导致重复定义或声明。

例如,假如有两个不同的源文件都需要调用"SMG_Disp()"这个函数,两个源文件都要通过"#include "SMG.h""语句把头文件包含进去。在第 1 个源文件进行编译时,由于没有宏定义过"_SMG_H_",因此#ifndef _SMG_H_条件成立,于是执行"#define LED_DRIVE_H_"语句,并执行后面的代码。在第 2 个文件编译时,由于第 1 个文件已经将"__SMG_H_"宏定义过了,此时"#ifndef _SMG_H_"不成立,后面的语句不会执行,因此不会出现重复定义和声明。假设没有这样的条件编译语句,那么两个文件都包含了"extern void SMG_Enable();",程序在编译时,系统就会报错,这也是初学者容易犯的错误。

特别说明,SMG_H 前后的下划线,只是程序员的书写习惯,如 SMG _H_、__ SMG _ H_、SMG __H__ 都是对的,但最好能统一起来。

任务 3-4　LCD1602 移动显示 HELLO 设计

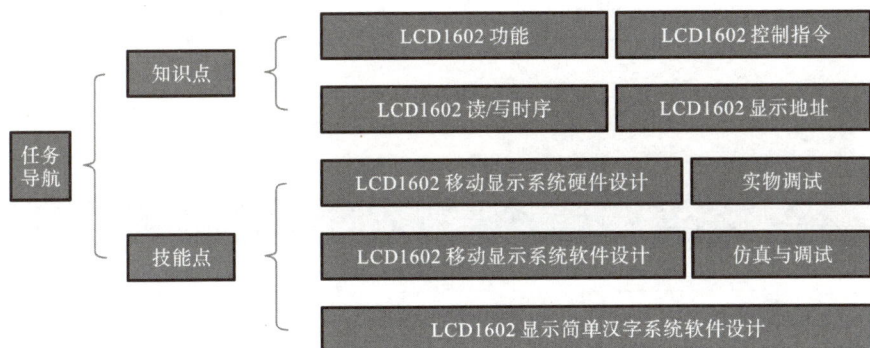

任务目标	知识目标	掌握 LCD1602 功能; 掌握 LCD1602 控制指令; 掌握 LCD1602 读/写时序; 掌握 LCD1602 显示地址
	能力目标	会用 Proteus 仿真软件绘制 LCD1602 显示电路; 会用 Keil_C51 软件编写 LCD1602 显示程序; 能进行仿真、软硬件联调,实现 LCD1602 显示功能
	素质目标	通过完成递进式任务,培养学生举一反三、知识迁移的科学思维能力; 通过 LCD1602 显示汉字程序设计思路,培养学生创新精神

任 务 实 施

【基础任务】 LCD 显示字符串

任务描述

基础任务:LCD1602 显示字符串,完成系统硬件和软件设计,仿真与调试,下载到实物开发板上测试。掌握 LCD1602 功能、LCD1602 控制指令、LCD1602 读/写时序及 LCD1602 显示地址。

1. 电路及元件

LCD1602 液晶屏显示电路原理图如图 3-26 所示。元件清单如表 3-6 所示。

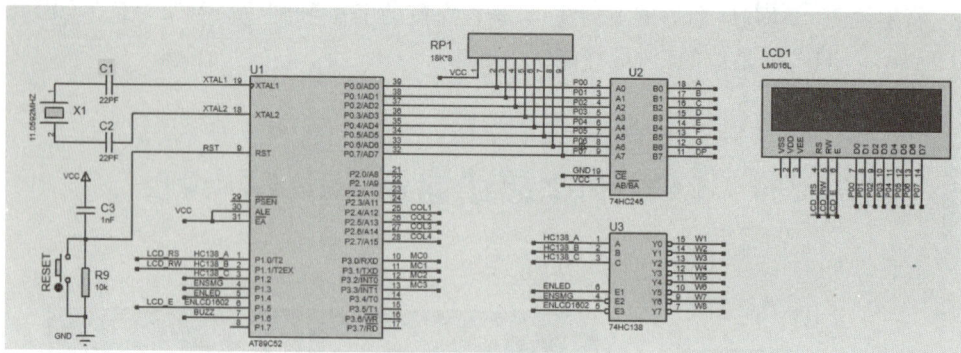

图 3-26　LCD1602 液晶屏显示电路原理图

表 3-6　元件清单

序号	元件名称	参数	数量	Proteus 中的名称
1	单片机	DIP40 封装	1	AT89C52
2	晶振	11.0592 MHz	1	CRYSTAL
3	电容	22 pF	2	CAP
4	电容	0.1 μF	1	CAP
5	电阻	10 kΩ	3	RES
6	按键开关	按键	1	BUTTON
7	排阻	10 kΩ	1	RESPACK-8
8	液晶屏	LCD1602	1	LM016L
8	三八译码器	74HC138	1	74HC138
9	双向缓冲器	74HC245D	1	74HC245

2. 源程序设计

（1）液晶屏驱动源文件 LCD1602.c 设计。

驱动程序代码太长，不在这里展示，见任务 3-4 例程。

程序解读

第一次使用液晶屏的驱动，只需要掌握几个重要函数的使用方法即可。

液晶屏使能函数：

```
void LCD1602_Enable();
```

该函数没有返回值，也没有形参，作用是让液晶屏占用 P0 口。前面讲过 P0 被三个功能单元共用，一次只能由一个功能单元使用。

因此，该函数在使用液晶屏之前，必须被调用，且只需要调用一次即可，一般都放在超级循环前。

液晶屏初始化函数

```
void Lcd1602Set();
```

该函数没有返回值,也没有形参,作用是初始化液晶屏让液晶屏工作在 5×7 点阵, 8 位数据,开显示,关光标,不闪烁,地址指针自动加 1,屏幕整体不移动,显示清屏,清内容,清指针。

因此,该函数在使用液晶屏之前,必须被调用,且只需要调用一次即可。一般都放在超级循环前。

液晶屏显示字符串函数

```
void LcdShowStr(unsigned char x, unsigned char y, unsigned char * str,
unsigned char len)
```

该函数没有返回值,但有形参,并且要理解几个形参的意义。其功能是在液晶屏指定的位置开始显示指定长度的字符串。

x,y——对应屏幕上的起始坐标,x 是列坐标,范围是 $0 \sim 15$;y 是行坐标,取值 0 和 1。

str——字符串指针。

len——需显示的字符长度。

> **经验之谈——液晶屏是个慢显示器件**
>
> 需要在液晶屏上显示字符串时,调用该函数即可,但需要注意的是,液晶屏是一个慢显示器件,要给它充足的反应时间。一般情况下,显示的更新频率应小于 2 Hz,周期应大于 500 ms。

(2) 液晶屏驱动头文件 LCD1602.h 设计。

```c
#ifndef LCD1602_H_
    #define LCD1602_H_
    #include "reg52.h"
    #define LCD1602_Data P0
    sbit ENSMG= P1^3;
    sbit ENLED= P1^4;
    sbit LCD1602_RS= P1^0;
    sbit LCD1602_RW= P1^1;
    sbit LCD1602_E= P1^5;
    extern void LCD1602_Enable();
    extern void Lcd1602Set();
    extern unsigned char Lcd1602CheckAck();
    void LcdSetCursor(unsigned char x, unsigned char y);
    extern void Lcd1602WriteCom(unsigned char com);
    extern void Lcd1602WriteData(unsigned char dat);
```

```
            extern void LcdShowStr(unsigned char x, unsigned char y,
                              unsigned char * str, unsigned char len);
     #endif
```

见任务 3-4 例程。

程序解读

引脚声明：对液晶屏相关的控制进行声明，方便程序阅读。

数据端口宏定义：对液晶屏的数据端口 P0 口进行宏定义，方便阅读程序。

外部函数声明：

```
     extern void LCD1602_Enable();
     extern void Lcd1602Set();
     extern void LcdShowStr(unsigned char x, unsigned char y,
                            unsigned char * str, unsigned char len);
```

这里只关心这三个函数的声明，其他函数将在后面用到时介绍。

后面如果用到液晶屏相关函数，只需要包含液晶屏驱动头文件即可。

经验之谈——它山之石，可以攻玉

从这个任务开始，大家要学会把驱动程序当作工具来使用，即拿来主义。什么意思呢？一般情况下，厂家都为功能模块设计好了驱动程序，程序员只需把它当成工具，会用它完成自己的任务即可。

既然是工具，就只需关心这个工具能干啥，以及怎么用就可以了，而不用关心工具是怎么制造出来的！

（3）应用程序 main.c 设计

```c
     #include "reg52.h"
     #include "LCD1602.h"
     /* 主函数 */
     void main()
     {
        unsigned char tempbuf[3];
        LCD1602_Enable();
        Lcd1602Set();
        LcdShowStr(0,0," Hello world!    ",16);     //显示字符串
        LcdShowStr(0,1," 2018-07-25 30",14);
        tempbuf[0]=0xDF;                             //显示℃
        tempbuf[1]='C';
        tempbuf[2]='\n';
        LcdShowStr(14,1,tempbuf,2);
        while(1);
     }
```

程序解读

包含液晶屏的头文件:应用程序是液晶屏显示字符串,必须包含液晶屏驱动头文件。

液晶屏初始化:调用液晶屏使能函数,让液晶屏占用 P0 口,然后调用液晶屏初始化函数,设置液晶屏功能。

显示字符串:调用液晶屏字符串显示函数,在第 1 行显示"Hello world!",在第 2 行显示"2018-07-25 30"。

显示特殊字符:℃这个字符在 ASCII 码表中没有,但可以用"°"和"C"组合实现,而"°"和"C"在 ASCII 码表中都有,且"°"的编码为 0xDF。

```
tempbuf[0]=0xDF;// '°'的 ASCII 码
tempbuf[1]='C';
tempbuf[2]='\n';
LcdShowStr(14,1,tempbuf,2);
```

把"°"和"C"两个字符组合成一个字符串,在调用液晶屏字符串显示函数时在指定位置显示,这样就实现了摄氏度符号"℃"的显示。

【进阶任务】　LCD1602 移动显示和显示简单汉字设计

任务描述

LCD1602 移动显示设计和 LCD1602 显示简单汉字设计,仿真与调试,下载到实物开发板上测试。

1. 电路及元件

电路及元件同任务 3-4。

2. 源程序设计

(1) LCD1602 移动显示字符串,应用程序 main.c 文件设计。

```
#include "reg52.h"
#include "LCD1602.h"
void DelayNms(unsigned int ms);

/* 主函数* /
void main()
{
unsigned char tempbuf[3],temp=0;
LCD1602_Enable();
Lcd1602Set();
LcdShowStr(0,0," 12:30:00 week:3",16);    //显示字符串
LcdShowStr(0,1," 2018-07-25 30",14);
tempbuf[0]=0xdf;                          //显示℃
```

```
        tempbuf[1]='C';
        tempbuf[2]='\n';
        LcdShowStr(14,1,tempbuf,2);
        while(1)
        {   //每 200 毫秒向左移动一个字符
                for(temp=0;temp<16;temp++)
                {
                        Lcd1602WriteCom(0x18);
                        //Lcd1602WriteCom(0x1C);
                        DelayNms(200);
                }
        }
}
        void DelayNms(unsigned int ms)
        {
          unsigned int i;
          unsigned int k;
          for(k=0;k<ms;k++)
             for(i=0;i<113;i++);
        }
```

程序解读

液晶屏光标/字符移位命令如下：

序号	指令	RS	W/R	DB7	DB6	DB5	DB4	DB3	DB2	DB1	DB0
5	光标或字符移位	0	0	0	0	0	1	S/C	R/L	*	*

指令 5:光标或显示移位 S/C:高电平时移动显示的文字,低电平时移动光标;R/L 为高电平时,字符或者光标向右移动,R/L 为低电平时,字符或者光标向左移动。

由此可见,控制屏幕整体向左移动的命令是 0x18,控制屏幕整体向右移动的命令是 0x1C。

液晶屏写命令函数：

```
void Lcd1602WriteCom(unsigned char com);
```

函数没有返回值,有形参,作用是向液晶屏发送控制命令。形参 unsigned char com 用于输入命令,调用时,直接代入命令实参即可。

(2) LCD1602 显示简单汉字,应用程序 main.c 文件设计。

第 1 步:5×7 点阵取模。

新建图像,如图 3-27 所示。

描点时,由于是 5×7 点阵,前三列不能用。

参数设置如图 3-28 所示。

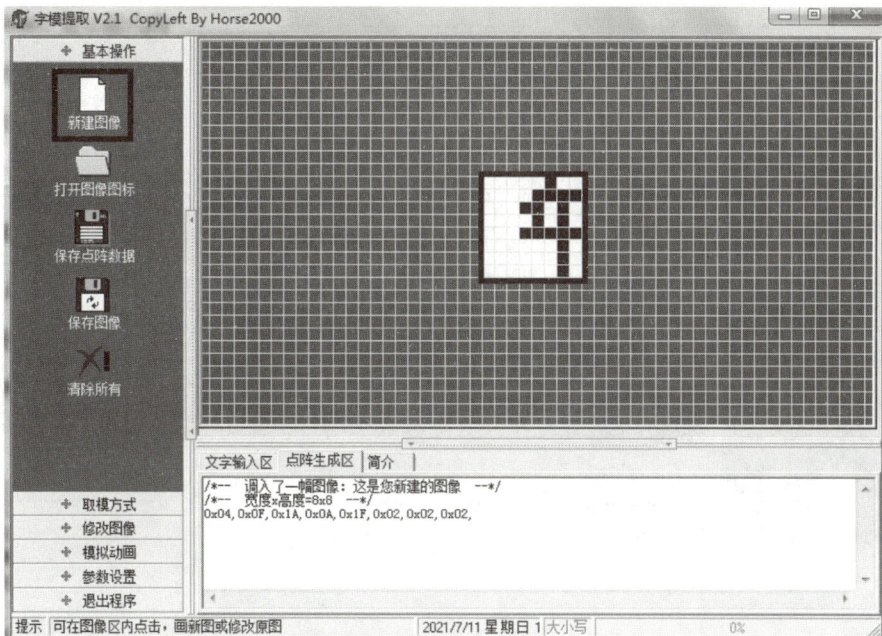

图 3-27　新建图像

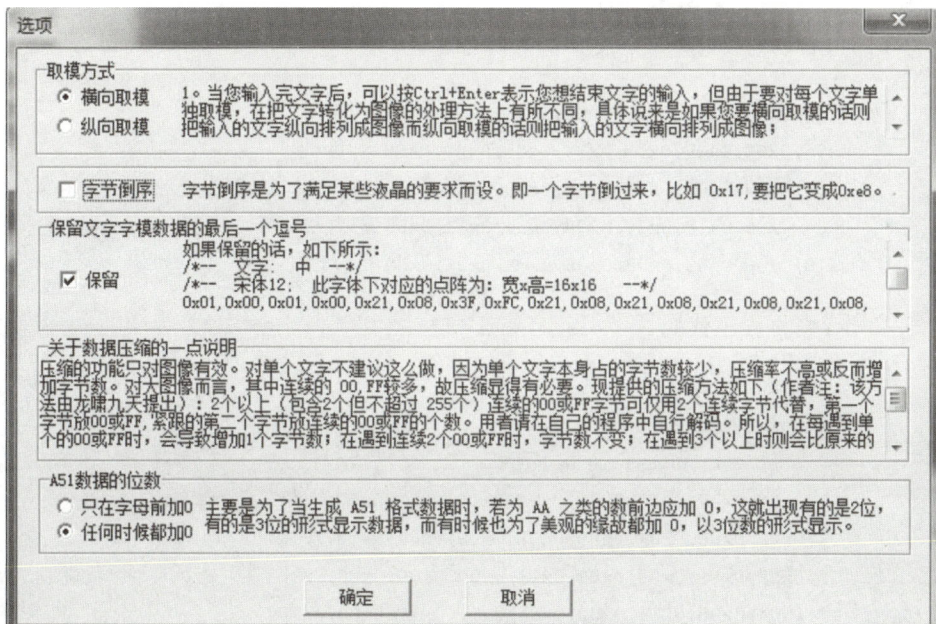

图 3-28　参数设置

设置为横向取模,从左到右,不反向(不倒序)。

设置取模方式为 C51 格式,生成字模,如图 3-29 所示。

设置生成的字模为 C51 格式,即可生成字模。

重复以上步骤,生成其他简单汉字的点阵。

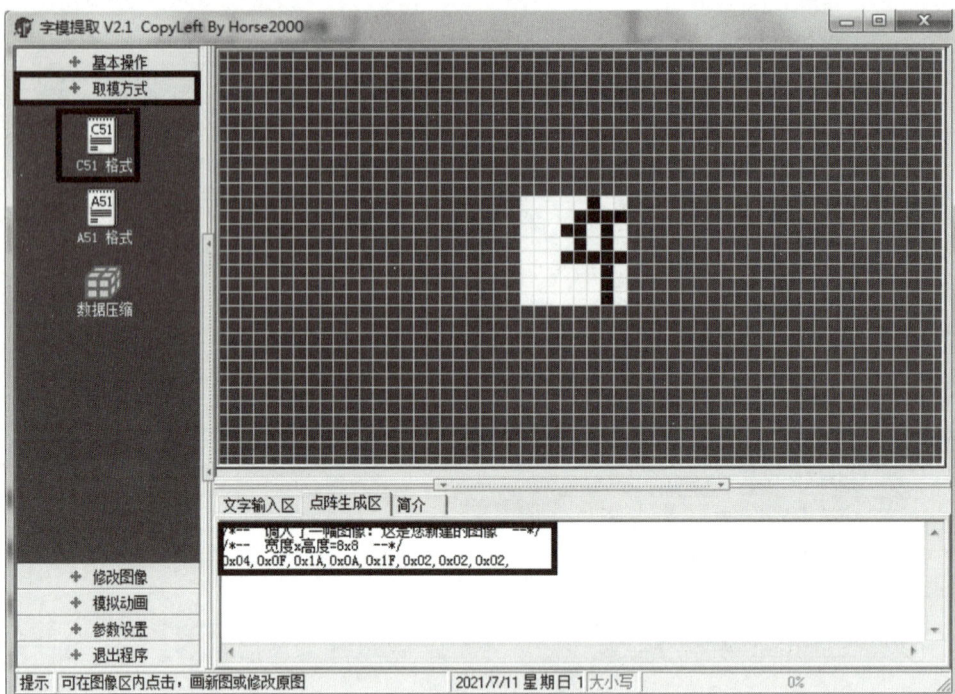

图 3-29　按取模方式生成字模

"年、月、日、六、℃"这 5 个汉字的点阵如下：

```
0x04,0x0F,0x12,0x0F,0x0A,0x1F,0x02,0x00,//年
0x0F,0x09,0x0F,0x09,0x0F,0x09,0x0B,0x00,//月
0x0F,0x09,0x09,0x0F,0x09,0x09,0x0F,0x00,//日
0x04,0x00,0x1F,0x00,0x0A,0x11,0x11,0x00,//六
0x10,0x06,0x08,0x08,0x08,0x08,0x06,0x00 };//℃
```

第 2 步：编写程序代码。

```c
#include "reg52.h"
#include "LCD1602.h"
unsigned char code hz1_5X7[]={
    0x04,0x0F,0x12,0x0F,0x0A,0x1F,0x02,0x00,//年
    0x0F,0x09,0x0F,0x09,0x0F,0x09,0x0B,0x00,//月
    0x0F,0x09,0x09,0x0F,0x09,0x09,0x0F,0x00,//日
    0x04,0x00,0x1F,0x00,0x0A,0x11,0x11,0x00,//六
    0x10,0x06,0x08,0x08,0x08,0x08,0x06,0x00 };//℃
/* 主函数* /
void main()
{
    unsigned char temp=0;
    LCD1602_Enable();
```

```
    Lcd1602Set();
    Lcd1602WriteCom(0x40);                      //CGRAM 的地址
    for(temp=0;temp<48;temp++)//写入 CGRAM,6 个自造的 5×7 点阵{
        Lcd1602WriteData(hz1_5X7[temp]);        //每个汉字占 8 个字节
    }
    LcdShowStr(0,0," 12:30:00 week: ",16);      //显示字符串
    LcdShowStr(0,1," 2018 05 04 30",14);
    LcdSetCursor(15,0);                         //自造汉字的显示
    Lcd1602WriteData(3);                        //显示"六"
    LcdSetCursor(5,1);
    Lcd1602WriteData(0);                        //显示"年"
    LcdSetCursor(8,1);
    Lcd1602WriteData(1);                        //显示"月"
    LcdSetCursor(11,1);
    Lcd1602WriteData(2);                        //显示"日"
    LcdSetCursor(14,1);
    Lcd1602WriteData(4);                        //显示"℃"
    while(1);
}
```

程序解读

CGRAM 就是用户自定义的设置字符图形的 RAM,从 CGROM 的对应图中可以看到,在图的最左边是允许用户自定义 CGRAM,总共 16 个,实际只有 8 个字节可用。接下来介绍如何操作 8 个用户自定义的字符,比如先自定义一个心形的字符,然后将字符显示在开发板上,操作步骤如下。

先写指令,设置 CGRAM 的地址。

所设参数格式如表 3-7 所示。

表 3-7   液晶屏相关指令

序号	指令	RS	WR	DB7	DB6	DB5	DB4	DB3	DB2	DB1	DB0
7	设置字符发生器 CGRAM/CGROM 地址	0	0	0	1	字符发生存储器地址					
10	写数据到 CGRAM 或 DDRAM	1	0	要写的数据内容							

指令 7:设置字符发生器 CGRAM/CGROM 地址,分为两部分:一个是 CGRAM,是供用户自己造字的 8 个字节的可擦写地址空间;另一个是保存了 LCD1602 自带的 160 个不同点阵字库。

这里需要注意一点,CGRAM 的地址前两位 DB7、DB6 为固定的"0"和"1",因此,CGRAM 的起始地址为 0x40。

指令 10:写数据到 CGRAM 或 DDRAM,写数据时,要先设置 RS=1,WR=0,然后才能写数据。

需要说明的是,CGRAM 的地址码共有 8 个,可以设置为 00H～07H。每一个地址对应一个自造字符的地址码,后面要显示自造字符的时候,只需要向液晶屏的 CGRAM 中写入这 8 个地址码 00H～07H 中的一个,对应的自造字符就会显示在液晶屏上。

需要调用液晶屏写命令函数,设置自造字符的存储地址。

向 CGRAM 写入自造字符的点阵图形码。

设置了 CGRAM 的地址后,就要用写数据命令连续写入自造字符的 8 个点阵字节数据。

需要调用液晶屏写数据函数,设置自造字符点阵数据写到指定的造字库里。

设置要显示位置。

写入 DDRAM 写地址指令。假如要显示到第 1 行第 4 列,那么 DDRAM 的地址就为 0x83。

需要调用液晶屏设置位置函数,定位需要显示的起始位置。

显示自造字符。

将自造字符的地址码送到 DDRAM。自造字符在 CGROM 中的编号是 0～7,所以直接写数据 0 就可以显示出第 1 个自造字符。同样只需要向液晶屏的 DDRAM 中写入这 8 个地址码 00H～07H 中的一个,对应的自造字符就会显示在液晶屏上。

需要调用液晶屏写数据函数,显示指定的自造汉字。LCD1602 移动显示字符串程序流程图如图 3-30 所示。

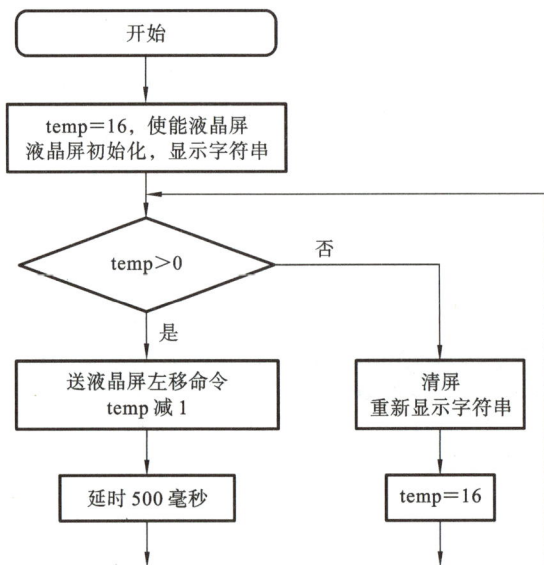

图 3-30 LCD1602 移动显示字符串程序流程图

(3) LCD1602.c 和 LCD1602.h 文件见任务 3-4 例程。

总结——液晶屏显示简单汉字步骤

汉字取模→设置 CGRAM 的地址→向 CGRAM 写入自造字符的点阵图形码→设置要显示位置→显示自造字符。

拓展思维

本节完成了 LCD1602 液晶屏左移设计,总感觉不完美,如果能够来回移动显示就好了。即左移 16 次后,变为右移,右移 16 次后,再变为左移,不断重复。请完成应用程序设计。

任务小结

通过基础任务和进阶任务的训练,由简到难,学习了用 LCD1602 字符液晶屏显示字符串,让字符串移动显示,显示简单的汉字。学会了这些技能,后面应用程序就可以使用液晶屏作为显示器了。LCD1602 可以显示更多的字符,让系统与用户交互变得更加方便。

知 识 链 接

3.6　LCD1602 引脚功能

LCD1602 液晶是字符液晶,用来显示字符。其内部有 5×7 和 5×10 的字符点阵字库;可以显示 2 行,每行 16 个字符。它的工作电压是 $4.5 \sim 5.5$ V,开发板用 5 V 供电。在 5 V 工作电压下,它的工作电流是 2 mA,加上背光灯的话,LCD1602 总的电流在 20 mA 左右。

1. LCD1602 接口电路

LCD1602 接口电路如图 3-31 所示。

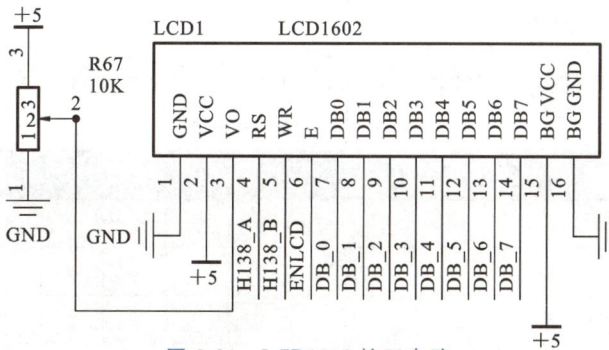

图 3-31　LCD1602 接口电路

2. LCD1602 引脚功能

LCD1602 采用标准的 16 脚接口,各引脚接口说明如表 3-8 所示。

3. 引脚功能说明

第 1 脚:GND 为电源地。

表 3-8　LCD1602 引脚功能

编号	符号	引脚说明	编号	符号	引脚说明
1	GND	电源地	9	DB2	数据
2	VCC	电源正极	10	DB3	数据
3	VO	液晶显示偏压	11	DB4	数据
4	RS	数据/命令选择	12	DB5	数据
5	WR	读/写选择	13	DB6	数据
6	E	使能信号	14	DB7	数据
7	DB0	数据	15	BG VCC	背光源正极
8	DB1	数据	16	BG GND	背光源负极

第 2 脚:VCC 接 5 V 正电源。

第 3 脚:VO 为液晶显示器对比度调整端,接正电源时对比度最弱,接地时对比度最高,对比度过低时不能显示字符,使用时可以通过一个 10 kΩ 的电位器调整对比度。

第 4 脚:RS 为命令和数据寄存器选择,高电平时选择数据寄存器,低电平时选择指令寄存器。

第 5 脚:WR 为读/写控制信号线,高电平时进行读操作,低电平时进行写操作。

第 6 脚:E 端为使能端,当 E 端由高电平跳变成低电平时,液晶模块执行命令。

第 7~14 脚:DB0~DB7 为 8 位双向数据线。

第 15 脚:背光源正极,通常接在 VCC 上。

第 16 脚:背光源负极,通常接在 GND 上。

3.7　LCD1602 控制指令

1. LCD1602 控制指令

LCD1602 液晶模块内部的控制器共有 11 条控制指令,如表 3-9 所示。

表 3-9　LCD1602 控制指令

序号	指令	RS	WR	DB7	DB6	DB5	DB4	DB3	DB2	DB1	DB0
1	清显示	0	0	0	0	0	0	0	0	0	1
2	光标复位	0	0	0	0	0	0	0	0	1	*
3	设置输入模式	0	0	0	0	0	0	0	1	I/D	S
4	显示开/关控制	0	0	0	0	0	0	1	D	C	B
5	光标或字符移位	0	0	0	0	0	1	S/C	R/L	*	*
6	功能设置	0	0	0	0	1	DL	N	F	*	*
7	设置字符发生器 CGRAM/CGROM 地址	0	0	0	1	字符发生存储器地址					
8	设置数据存储器 DDRAM 地址	0	0	1	显示数据存储器地址						

序号	指令	RS	WR	DB7	DB6	DB5	DB4	DB3	DB2	DB1	DB0
9	读忙信号或地址	0	1	BF	计数器地址						
10	写数据到 CGRAM 或 DDRAM	1	0	要写的数据内容							
11	从 CGRAM 或 DDRAM 读数据	1	1	读出的数据内容							

2. LCD1602 控制指令说明

LCD1602 液晶模块的读/写操作、屏幕和光标的操作都是通过指令编程来实现的。需要说明的是表中 1 为高电平、0 为低电平。

指令 1:清显示,指令码 01H,清除液晶屏上的显示数据,光标复位到地址 00H 位置。

指令 2:光标复位,光标返回到地址 00H。指令码 02H。

指令 3:设置输入模式。

I/D=1 表示读或者写一个字符后,指针自动加 1,光标自动加 1,I/D=0 表示读或者写一个字符后指针自动减 1,光标自动减 1;和指令 5 配合使用,来设置输入模式;S=1 表示写一个字符后,字符不动,而整屏显示左移(I/D=1)或右移(I/D=0),以达到光标不移动而屏幕移动的效果,而 S=0 表示写一个字符后,整屏显示不移动。

指令 4:显示开/关控制。D:控制整体显示的开与关,高电平表示开显示,低电平表示关显示;C:控制光标的开与关,高电平表示有光标,低电平表示无光标;B:控制光标是否闪烁,高电平闪烁,低电平不闪烁。

指令 5:光标或字符移位。S/C:高电平时移动显示的文字,低电平时移动光标。R/L 为高电平时,字符或者光标向右移动;R/L 为低电平时,字符或者光标向左移动。

指令 6:功能设置。DL:低电平时为 4 位总线,高电平时为 8 位总线;N:低电平时为单行显示,高电平时为双行显示;F:低电平时显示 5×7 的点阵字符,高电平时显示 5×10 的点阵字符。

指令 7:设置字符发生器 CGRAM/CGROM 地址,这分为两部分:一部分是 CGRAM,是供用户自己造字的 8 个字节的可擦写地址空间;另一部分是保存了 LCD1602 自带的 160 个不同点阵字库。

指令 8:设置数据存储器 DDRAM 地址。这个指令用于设置要显示字符的位置。通常在显示字符前,都要先设置字符的显示位置,然后才把要显示的字符送到 DDRAM 中,LCD1602 会自动在指定的位置开始显示字符。

指令 9:读忙信号或地址。BF:为忙标志位,高电平表示忙,此时模块不能接收命令或者数据;如果为低电平,则表示不忙。

指令 10:写数据到 CGRAM 或 DDRAM,写数据时,要先设置 RS=1,WR=0,然后才能写数据。

指令 11：从 CGRAM 或 DDRAM 读数据。

3.8 LCD1602 的读/写时序

1. LCD1602 时序

LCD1602 时序如表 3-10 所示。

表 3-10　LCD1602 时序表

读状态	输入	RS＝L,WR＝H,E＝H	输出	DB0～DB7＝状态字
写指令	输入	RS＝L,WR＝L,D0～D7＝指令码,E＝高脉冲	输出	无
读数据	输入	RS＝H,WR＝H,E＝H	输出	DB0～DB7＝数据
写数据	输入	RS＝H,WR＝L,D0～D7＝数据,E＝高脉冲	输出	无

2. 时序说明

（1）读状态：RS＝0,WR＝1,E＝1。

```
LCD1602_DB=0xFF;
LCD1602_RS=0;
LCD1602_RW=1;
do {
    LCD1602_E=1;
    sta=LCD1602_DB;        //读取状态字
    LCD1602_E=0;           //读完撤销使能,防止液晶输出数据干扰 P0 总线
} while (sta & 0x80);
```

bit7 等于 1 表示液晶正忙,重复检测直到其等于 0 为止,这样就把当前液晶的状态字读到 sta 变量中,通过判断 sta 最高位的值来了解当前液晶是否处于"忙"状态,也可以得知当前数据的指针位置。如果当前读到的状态是"不忙",那么程序可以进行读/写操作;如果当前状态是"忙",还得继续等待,重新判断液晶的状态。所以读完了状态,通常要把这个引脚拉低来释放总线。

（2）读数据：RS＝1,WR＝0,E＝1。

读数据不常用,大家了解一下就可以了。

（3）写指令：RS＝0,WR＝0,DB0～DB7＝指令码,E＝高脉冲。

E＝高脉冲,意思就是 E 使能引脚先从低拉高,再从高拉低,形成一个高脉冲。实际上写数据时,首先要保证 E 引脚是低电平状态,E 使能引脚从低电平到高电平变化,然后 E 使能引脚再从高电平到低电平出现一个下降沿,LCD1602 液晶内部一旦检测到这个下降沿后,并且检测到 RS＝0,WR＝0,就马上来读取 DB0～DB7 的数据,完成单片机写 LCD1602 指令过程。

（4）写数据：RS＝1,WR＝0,DB0～DB7＝数据,E＝高脉冲。

写数据和写指令是类似的,就是令 RS＝1,把总线改成数据即可。

3.9 LCD1602 的 RAM 和 ROM 地址

1. LCD1602 的 DDRAM 地址映射

液晶显示模块是一个慢显示器件,所以在执行每条指令之前一定要确认模块的忙标志为低电平,表示不忙,否则此指令失效。显示字符时要先输入显示字符地址,也就是告诉模块在哪里显示字符,图 3-32 所示的是 LCD1602 的内部显示地址。

地址操作说明:

例如,第二行第一个字符的地址是 40H,那么是否直接写入 40H 就可以将光标定位在第二行第一个字符的位置呢?这样不行,因为写入显示地址时要求最高位 DB7 恒定为高电平 1,所以实际写入的数据应该是 01000000B(40H)+10000000B(80H)=11000000B(C0H)。

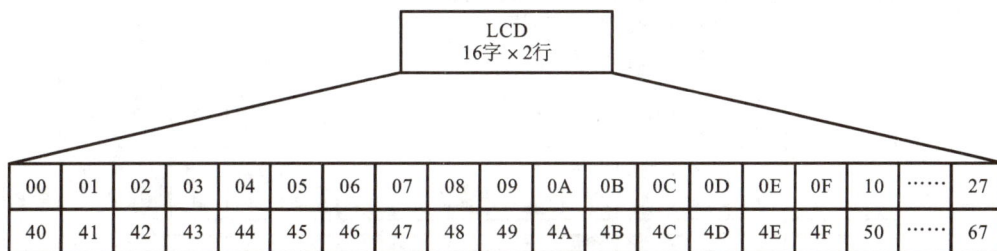

00	01	02	03	04	05	06	07	08	09	0A	0B	0C	0D	0E	0F	10 ……	27
40	41	42	43	44	45	46	47	48	49	4A	4B	4C	4D	4E	4F	50 ……	67

图 3-32 LCD1602 RAM 地址映射图

在对液晶模块的初始化中要先设置其显示模式,在液晶模块显示字符时光标是自动右移的,无需人工干预。每次输入指令前都要判断液晶模块是否处于忙的状态。

2. 字符发生存储器 CGROM

LCD1602 液晶模块内部的字符发生存储器(CGROM)已经存储了 160 个不同的点阵字符图形,如图 3-33 所示。

这些字符有阿拉伯数字、英文字母的大小写、常用的符号和日文假名等,每一个字符都有一个固定的代码。例如,大写的英文字母"A"的代码是 01000001B(41H),显示时模块通过地址 41H 可以找到 A 对应的点阵字符图形,送到液晶屏进行显示,这样就能看到字母"A"。

其实这个地址码和 PC 中字符对应的 ASCII 码是一样的。因此,显示时只需往液晶屏的 DDRAM 中送入字符的 ASCII 码,字符就会显示在液晶屏上。

3. 自造字符存储器 CGRAM

这部分内部将在后面 LCD1602 显示简单汉字应用程序设计中介绍。

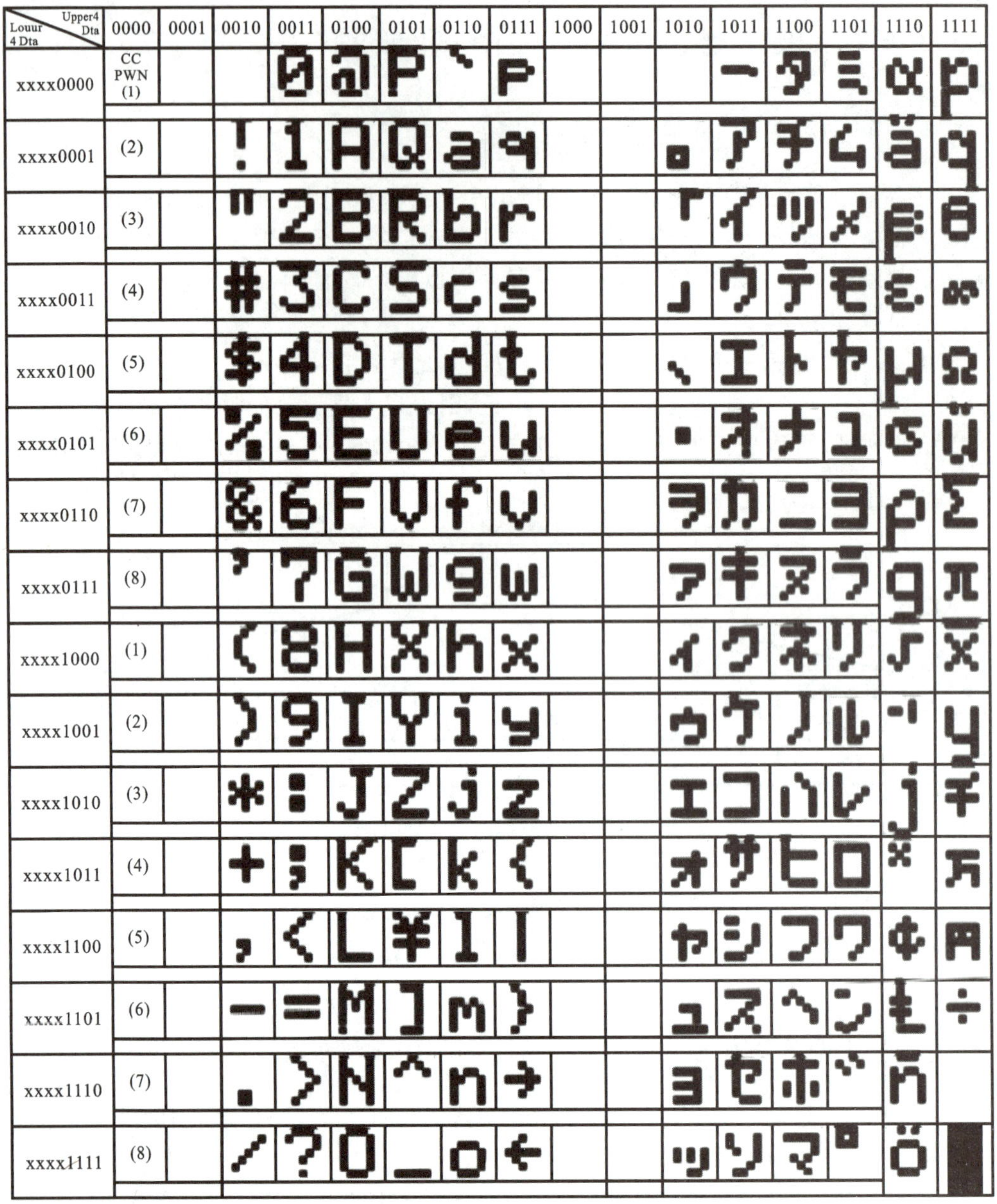

图 3-33　LCD1602 内部 CGROM 图

思考与练习题 3

3.1　单项选择题

（1）对于共阳数码管来说，7 对应的字型码是（　　　）。

A. 0xF8　　　　　　B. 0x3F　　　　　　C. 0x06　　　　　　D. 0x6D

（2）对于共阳数码管来说，8 对应的字型码是（　　　）。

A. 0x7D　　　　　　B. 0x80　　　　　　C. 0x06　　　　　　D. 0x6D

（3）设置 LCD1602 清屏指令为（　　　）。

A. 0x01　　　　　　B. 0x02　　　　　　C. 0x38　　　　　　D. 0x06

（4）设置 LCD1602 打开显示，光标不显示，光标不闪烁的指令为（　　　）。

A. 0x01　　　　　　B. 0x0C　　　　　　C. 0x38　　　　　　D. 0x06

（5）设置 LCD1602 数据长度为 8，两行显示，5×7 点阵的指令为（　　　）。

A. 0x01　　　　　　B. 0x02　　　　　　C. 0x38　　　　　　D. 0x06

（6）要在 LCD1602 第一行第一列显示字符，设置地址指令为（　　　）。

A. 0x80　　　　　　B. 0x81　　　　　　C. 0xC0　　　　　　D. 0xC1

（7）要让 LCD1602 显示字符‘1’，发送的显示字符地址编码为（　　　）。

A. 0x30　　　　　　B. 0x31　　　　　　C. 0x40　　　　　　D. 0x41

（8）对于共阴数码管来说，5 对应的字型码是（　　　）。

A. 0x00　　　　　　B. 0x3F　　　　　　C. 0x06　　　　　　D. 0x6D

3.2 多项选择题

（1）四位共阳数码管 3661BS 的数码管元件符号图如下图所示，它的位选端引脚有
（　　　）。

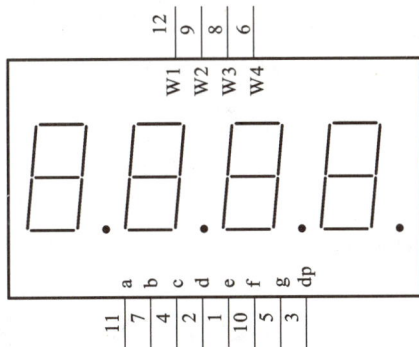

A. 12 脚　　　　　　B. 9 脚　　　　　　C. 8 脚　　　　　　D. 6 脚

（2）关于 LCD1602 的 RS 引脚功能，下面说法正确的是（　　　）。

A. RS 为命令和数据寄存器选择　　　B. 高电平时选择数据寄存器

C. 低电平时选择指令寄存器　　　　　D. RS 为读/写选择

（3）关于 LCD1602 的 WR 引脚功能，下面说法正确的是（　　　）。

A. WR 为命令和数据寄存器选择　　　B. 高电平时进行读操作

C. 低电平时选择指令寄存器　　　　　D. WR 为读/写控制信号线

（4）关于 LCD1602 的 E 引脚功能，下面说法正确的是（　　　）。

A. E 端为使能端

B. 当 E 端由高电平跳变成低电平时，液晶模块执行命令

C. 当 E 端为高电平时，可以读液晶模块
D. E 为读/写控制信号线

3.3 填空题

（1）数码管实际上是由 7 个_____形发光管组成"8"字形构成的，加上圆点形发光二极管，用于显示_____，一个数码管共有_____个发光二极管。

（2）数码管分为_____和共阴两种，共阴数码管就是 8 只 LED 小灯的_____极连接在一起，阴极是_____端，由阳极来控制单个小灯的亮灭。

（3）人眼的分辨能力是有限的，当物体的变化频率超过_____ Hz 时，人眼就分辨不出变化了。这就是视觉惰性。

（4）所谓动态扫描就是指利用人眼的视觉_____和_____效应，如八位数码管显示 12345678 时，先让第 1 个数码管显示 1，再让第 2 个数码管显示 2，接着让第 3 个数码管显示 3，依次进行，最后让第 8 个数码管显示 8。显示的时间间隔为 1 毫秒，这样完整显示八位数字的频率约为_____ Hz。由于显示刷新的频率远远大于人眼的_____，虽然这些字符是在不同的时刻分别显示，但由于人眼存在视觉暂留效应，只要每位显示间隔足够短就可以给人_____显示的感觉。这和动画片的原理一样。

（5）LCD1602 液晶可以显示_____行，每行_____个字符。

（6）输入模式设置中，N=1 表示读或者写一个字符后，指针自动加_____，光标自动加，N=0 表示读或者写一个字符后指针自动减_____，光标自动减_____；

3.4 简答题

请分析数码管动态显示中残影产生的原因。

3.5 编程练习题

编程实现八位数码管动态显示 12345678。

匠 心 育 人

1. 工匠精神：洪家光，毫厘之间精心雕琢
2. 团队精神：三个皮匠和三个和尚的故事
3. 创新精神：杂交水稻之父——袁隆平
4. 民族自豪感：北斗卫星导航系统科技创新

项目 4 定时器与中断技术应用

定时器和中断都是单片机最重要的内部功能单元,也是单片机学习的重点和难点。本项目共有两个任务:简易数字钟系统设计、火箭发射倒计时器设计。通过任务学习,掌握单片机定时和中断的应用。

任务 4-1 简易数字钟设计

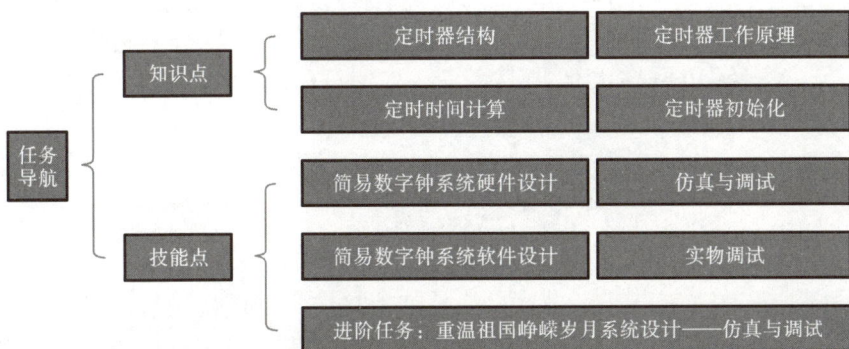

任务目标	知识目标	了解定时器的概念 掌握定时器的结构和工作原理; 掌握定时器相关寄存器的设置方法
	能力目标	会根据任务实际需求初始化定时器; 会编写定时器应用程序; 会用 Keil_C51 软件编写数码管显示时间程序; 能进行仿真、软硬件联调,实现数码管静态显示功能
	素质目标	通过重温祖国峥嵘岁月任务,讲述国家从贫穷走向富强,培养学生爱国情怀; 通过定时器工作方式设置及程序编写调试,培养学生不积跬步,无以至千里,不积小流,无以成江海

定时器是单片机的重要资源,也是课程的重点和难点,定时器的主要作用是定时和计数。当定时器用于定时功能时,可以产生精确的定时;当定时器用于计数功能时,可以测量脉冲的宽度、频率、周期、数量。

任 务 实 施

【基础任务】 简易数字钟设计

任务描述

基础任务:简易数字钟系统设计,八位数码管显示当前时间,显示格式:08.30.00,前两个数码管显示时,第4、5个数码管显示分,最后两个数码管显示秒,第3、6个数码管显示分隔符'.'。每秒更新显示,时间显示15秒后切换显示日期5秒,不断循环。本任务掌握定时器的结构、定时器相关的寄存器和定时器的初始化;完成系统硬件和软件设计,仿真与调试,下载到实物开发板上测试。

1. 电路及元件

电路及元件同任务 3-2。

2. 源程序设计

(1) 定时器驱动程序源文件 Timer.c。

```c
#include "Timer.h"
unsigned int   THL0_NUM,THL1_NUM;
//定时器 Timer0 初始化
void   Timer0Init(unsigned int time)
{
    unsigned long temp;                    //临时变量
    temp=11059200/12;                      //定时器计数频率
    THL0_NUM= (temp*time)/1000000;         //计算所需的计数值
    TMOD &=0xF0;                           //设置定时器模式
    TMOD |=0x01;
    TH0= (65536-THL0_NUM)/256;             //设置定时初值
    TL0= (65536-THL0_NUM)% 256;            //设置定时初值
    TF0=0;                                 //清除 TF0 标志
    ET0=0;                                 //使能定时器 T0 中断
    EA=0;                                  //打开总中断
    TR0=1;                                 //定时器 0 开始计时
}
//定时器 Timer1 初始化
void   Timer1Init(unsigned int time)
{
```

```
        unsigned long temp;                    //临时变量
        temp=11059200/12;                      //定时器计数频率
        THL1_NUM= (temp* time)/1000000;        //计算所需的计数值
        TMOD &= 0x0F;                          //设置定时器模式
        TMOD |= 0x10;
        TH1= (65536-THL1_NUM)/256;             //设置定时初值
        TL1= (65536-THL1_NUM)% 256;            //设置定时初值
        TF1= 0;                                //清除 TF0 标志
        ET1= 0;                                //使能定时器 T0 中断
        EA= 0;                                 //打开总中断
        TR1= 1;                                //定时器 0 开始计时
    }
```

程序解读

定时器驱动程序源文件中包含两个定时器的初始化函数。

定时器的初始化函数功能：初始化函数设置了系统时钟是 11.0592 MHz，定时器工作在方式 2,16 位定时器，根据代入参数，设置定时器的初始值，即设置了定时时间，关闭定时器中断和总中断，开启定时器。

定时器初始化函数应用：

两个定时器 Timer0 和 Timer1 在使用时要调用不同的初始化函数；

函数无返回值，代入的实参是定时时间，单位为毫秒；

由于定时器初始化时，设定了定时器工作在方式 2,关闭中断，因此在使用时，必须采用查询方式，并且在应用程序中要重新设置定时器的初始值。

（2）定时器驱动程序头文件 Timer.h。

```
# ifndef __TIMER_H_
    # define __TIMER_H_
    # include "reg52.h"
    extern void   Timer0Init(unsigned int time);
    extern void   Timer1Init(unsigned int time);
# endif
```

程序解读

声明了两个定时器的初始化函数。应用程序中用到定时器时，需要包含定时器驱动的头文件。

（3）数码管驱动程序。

对数码管驱动进行了改造，不再采用软件延时 2 毫秒，而是用定时器产生 2 毫秒，每 2 毫秒对数码管进行刷新。

SGM.c 和 SMG.h 文件见任务 3-3。

（4）main. c 源文件。

```c
#include "reg52.h"
#include "SMG.h"
#include "Timer.h"
/* 函数功能:主函数* /
void main()
{
    //定义局部变量
    unsigned char shi=8,fen=30,miao=0;
    unsigned int num1;
    SMG_Enable();                           //数码管使能
    Timer0Init(2000);                       //定时器 Timer0 初始化
    Timer1Init(2000);                       //定时器 Timer1 初始化
    SMG_BUF[0]=shi/10;                      //显示时间初始化
    SMG_BUF[1]=shi% 10;
    SMG_BUF[2]=18;
    SMG_BUF[3]=fen/10;
    SMG_BUF[4]=fen% 10;
    SMG_BUF[5]=18;
    SMG_BUF[6]=miao/10;
    SMG_BUF[7]=miao% 10;
    while(1)
    {
        if(TF0==1)      //定时器 Timer0 时间到,数码管动态刷新
        {
            TH0= (65536-THL0_NUM)/256;      //设置定时初值
            TL0= (65536-THL0_NUM)% 256;     //设置定时初值
            Flag_2ms=1;
            SMG_Disp();
            TF0=0;
        }
        if(TF1==1)      //定时器 Timer1 时间到,更新时间
        {
            TH1= (65536-THL1_NUM)/256;      //设置定时初值
            TL1= (65536-THL1_NUM)% 256;     //设置定时初值
            num1++;
            if(num1++>500)                  //1秒时间到
            {
                num1=0;
                if(miao++>59)               //分时间到
                {
                    miao=0;
                    if(fen++>59)                        //时时间到
                    {
```

```
                          fen=0;
                          if(shi++> 23)              //24 小时溢出
                              shi=0;
                          }
                      }
                  SMG_BUF[0]=shi/10;                 //更新显示
                  SMG_BUF[1]=shi% 10;
                  SMG_BUF[3]=fen/10;
                  SMG_BUF[4]=fen% 10;
                  SMG_BUF[6]=miao/10;
                  SMG_BUF[7]=miao% 10;
              }
          TF1=0;
          }
      }
  }
```

程序解读

本程序的逻辑并不复杂,在编写应用程序前,首先要编写定时器的驱动程序。简易数字钟程序流程图如图 4-1 所示。

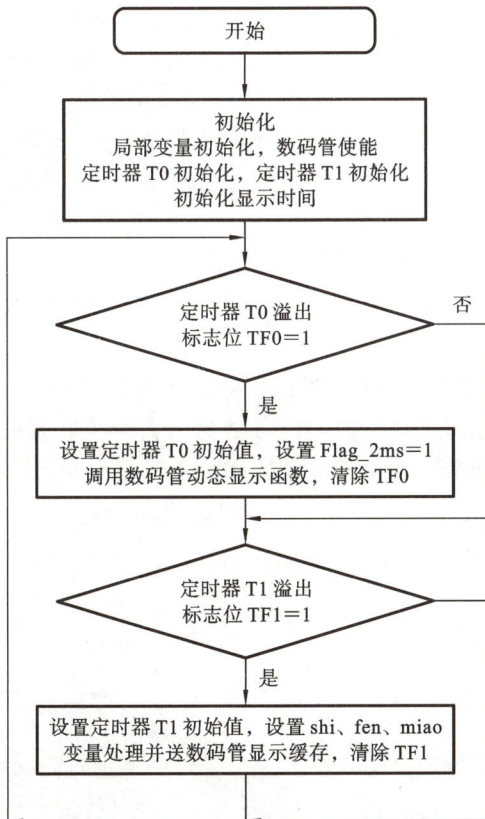

图 4-1　简易数字钟程序流程图

首先进行初始化:数码管使能,定时器 Timer0、Timer1 初始化,数码管显示内容为初始时间。

定时器 Timer0 时间到:采用查询的方法判断定时器 Timer0 定时时间是否到。

如果时间到,首先要重新设置定时器的初始值,这一点非常重要,因为定时器 Timer0 工作在方式 2,16 位定时器,当定时器发生溢出时,定时器的初始值归零。如果不重置定时器的初始值,定时器就会以 65535 作为初始值,那样定时时间就变成约 65 毫秒。

标志位 Flag_2ms 置位,数码管动态显示函数要用到这个标志位;

调用数码管动态显示函数,数码管显示刷新;

最后清除定时器 Timer0 溢出标志位。

> 总结——定时器 Timer0 溢出后,程序执行顺序
>
> 重新设置定时器的初始值→标志位 Flag_2ms 置位→调用数码管动态显示函数→最后清除定时器 Timer0 溢出标志位。

定时器 Timer1 时间到:采用查询的方法判断定时器 Timer1 定时时间是否到。

重新设置定时器 Timer1 的初始值。

判断 1 秒时间是否到,若到,则秒加 1,判断秒是否大于 59,若是,则分加 1;判断分是否大于 59,若是,则时加 1;判断时是否大于 23,若是,则时归 0。

更新时间显示。

清除定时器 Timer0 溢出标志位。

> 总结——定时器 Timer0 和 Timer1 功能逻辑
>
> 定时器 Timer0 主要用于数码管动态显示刷新,定时器 Timer1 主要用于时间更新。

【进阶任务】 重温祖国峥嵘岁月系统设计

任务描述

进阶任务:重温祖国峥嵘岁月系统设计,八位数码管显示中华人民共和国第 1 个生日 1949.10.01 到现在的生日 2023.10.01,每秒更新一个生日显示,当显示到生日 2023.10.01 后,中间两个数码管一直显示 74,其他数码管不显示数字,所有数码管的边缘流动显示,表示祝贺中华人民共和国今天的生日。完成仿真、调试与实物联调。

1. 电路及元件

电路及元件同基础任务。

2. 源程序设计

(1) main.c 源文件。

```
#include "reg52.h"
#include "SMG.h"
```

```c
#include "Timer.h"
/* 函数功能:主函数* /
void main()
{
    unsigned char yue= 10,ri= 01;          //变量初始化
    unsigned int nian=1949;
    unsigned int num1;
    unsigned char i;
    SMG_Enable();                          //数码管使能
    Timer0Init(2000);                      //定时器 Timer0 初始化
    Timer1Init(2000);                      //定时器 Timer1 初始化
    SMG_BUF[0]=nian/1000% 10;              //初始化显示
    SMG_BUF[1]=nian/100% 10;
    SMG_BUF[2]=nian/10% 10;
    SMG_BUF[3]=nian% 10;
    SMG_BUF[4]=yue/10;
    SMG_BUF[5]=yue% 10;
    SMG_BUF[6]=ri/10;
    SMG_BUF[7]=ri% 10;
    DOT[3]=1;
    DOT[5]=1;
    while(1)
    {
        if(TF0==1)                         //定时器 Timer0 时间到,数码管动态刷新
        {
            TH0= (65536-THL0_NUM)/256;     //设置定时初值
            TL0= (65536-THL0_NUM)% 256;    //设置定时初值
            Flag_2ms=1;
            SMG_Disp();
            TF0=0;
        }
        if(TF1==1)                         //定时器 Timer1 时间到,更新日期
        {
            TH1= (65536-THL1_NUM)/256;     //设置定时初值
            TL1= (65536-THL1_NUM)% 256;    //设置定时初值
            num1++;
            if(num1++>500)                 //1 秒时间到
            {
                num1=0;
              flag_s=1;
            }
            TF1=0;
        }
        if((flag_s==1)&(nian<2023)){       //每秒更新中华人民共和国生日
```

```
                        flag_s=0;
                        nian++;
                        SMG_BUF[0]=nian/1000%10;
                        SMG_BUF[1]=nian/100%10;
                        SMG_BUF[2]=nian/10%10;
                        SMG_BUF[3]=nian%10;
                }
        else if((flag_s==1)&(nian==2023)){  //2023年10月1日时间到
                        flag_s=0;
                        i++;
                        DOT[3]=0;
                        DOT[4]=0;
                        DOT[5]=0;
                        if((i%2)==0){                      //偶数秒,不显示-
                                SMG_BUF[0]=16;
                            SMG_BUF[1]=16;
                            SMG_BUF[2]=16;
                            SMG_BUF[3]=74/10;
                            SMG_BUF[4]=74%10;
                            SMG_BUF[5]=16;
                            SMG_BUF[6]=16;
                            SMG_BUF[7]=16;
                        }else{                             //奇数秒,显示-
                            SMG_BUF[0]=17;
                            SMG_BUF[1]=17;
                            SMG_BUF[2]=17;
                            SMG_BUF[3]=74/10;
                            SMG_BUF[4]=74%10;
                            SMG_BUF[5]=17;
                            SMG_BUF[6]=17;
                            SMG_BUF[7]=17;
                        }
                }
            }
        }
```

程序解读

首先进行初始化:

局部变量初始化,起始日期为 1949 年 10 月 1 日,数码管使能,定时器 Timer0、Timer1 初始化,数码管显示内容为初始日期。

定时器 Timer0 时间到:数码管显示刷新。

定时器 Timer1 时间到:设置标志位 flag_s。

1 秒时间到:每秒增加 1 年,显示中华人民共和国生日。

当日期到达 2023 年 10 月 1 日时,中间两个数码管显示 74,即祖国已经 74 岁了。其他数码管显示'-',并且每秒闪烁。

（2）定时器驱动程序。

定时器程序源码与基础任务基本相同,Timer.c 和 Timer.h 文件少许修改之处参见任务 4-1 进阶任务程序源码。

（3）数码管驱动程序。

数码管驱动同基础任务,详细代码见任务 4-1 进阶任务程序源码。

任务小结

通过学习简易数字钟设计,掌握单片机定时器的结构和工作原理,学会编写并调试定时器应用程序,同时优化了数码管驱动程序,编写定时器的驱动程序,进一步巩固了模块化编程思想,可以看出模块编程大大提高了程序的利用率。

知 识 链 接

4.1　定时/计数器的结构

1. 51 单片机定时器内部结构

STC89C52RC 单片机内部有 3 个 16 位的定时/计数器,即 T0、T1 和 T2。这三个定时/计数器工作原理差不多,只要弄懂了一个,以后需用到其他定时器,再查看官方的 STC89C52 系列手册,使用起来也不是问题。并且后面的例程中,STC89C52RC 单片机所有的定时器都会用到。

在此,首先介绍 T0 和 T1,其结构框图如图 4-2 所示,TL0、TH0 是定时/计数器 T0 的低 8 位、高 8 位状态值,TL1、TH1 是定时/计数器 T1 的低 8 位、高 8 位状态值。这两个寄存器就是定时器的计数器,它们存放的是定时器当前的计数值。当作为定时功能使用时,要根据定时时间设置定时器的计数器的初始值。

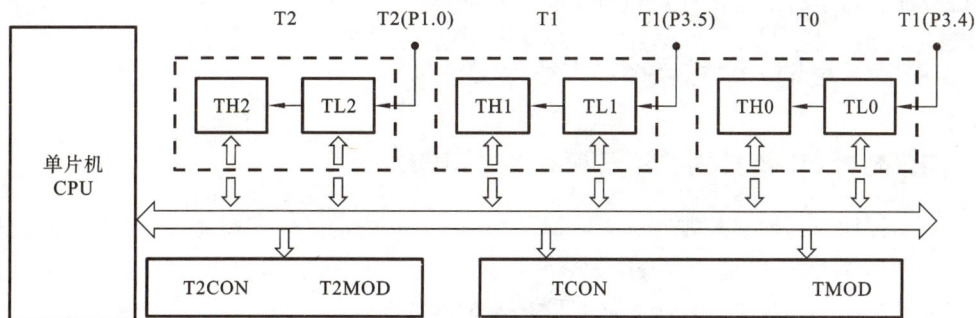

图 4-2　定时器内部结构框图

TMOD 是 T0、T1 定时/计数器的工作方式寄存器,由它确定定时/计数器的工作方式和功能(定时或计数);TCON 用于控制 T0、T1 的启动与停止,以及记录 T0、T1 的计满溢出标志;当使用定时器时,就要先设置这两个寄存器,让定时器工作在指定的工作方式。

T0(P3.4)、T1(P3.5)是外部计数脉冲输入端。单片机的定时器不仅可以定时,还可以作为计数器使用。

2. 定时功能

当脉冲源为系统时钟 12 分频信号时,由于计数脉冲为一时间基准,脉冲数乘以计数脉冲周期就是定时时间。即当系统时钟确定时,计数器的计数值就确定了时间。

3. 计数功能

当脉冲源为单片机外部引脚的输入脉冲时,就是外部事件的计数器。如定时/计数器 T0,在其对应的计数输入端 T0(P3.4)有一个负跳变时,T0 计数器的状态值加 1。外部输入信号的速率是不受限制的。

定时/计数器此时工作在计数器模式,可以测量外部输入的频率,还可以测量外部输入脉冲宽度。

定时器就是用来进行定时的。定时器内部有一个加 1 计数器寄存器,当启动定时器工作时,每一个机器周期,计数寄存器的值就会自动加 1,单片机的机器周期是固定的,因此定时器每次加 1 的时间也是固定的。就像我们的钟表,每经过一秒,数字自动加 1,而这个定时器就是每经过一个机器周期的时间,也就是 12/fosc 秒,数字自动加 1。还有一个要特别注意的地方,就是钟表加到 60 后,秒就自动变成 0,这种情况在单片机里称为溢出。那么定时器加到多少才会溢出呢？假如是 16 位的定时器,也就是 2 个字节,最大值就是 65535,那么加到 65535 后,再加 1 就算溢出,对于 51 单片机来说,溢出后,这个值会直接变成 0。

从某一个初始值开始,经过确定的时间后溢出,这个过程就是定时的含义。

51 单片机的定时器内部有一个溢出标志位,还可以产生溢出中断,在程序中,我们就是通过判断溢出标志位是否置位或者是否发生了溢出中断,来判断定时时间是否到来。

比如说要定时 100 个机器周期,那么就设定定时器的初始值为 65436;然后启动定时器,那么当定时器溢出标志位置 1 时,说明定时时间到来。

4.2 定时/计数器相关寄存器

1. 定时/计数器模式控制寄存器 TMOD

定时/计数器模式控制寄存器 TMOD 是一个逐位定义的 8 位寄存器,但只能使用字节寻址,其字节地址为 89H,如表 4-1 所示。其格式为:低四位定义定时/计数器 C/T0,高四位定义定时器/计数器 C/T1,各位的说明:

表 4-1 定时/计数器模式控制寄存器(TIMER/COUNTER MODE CONTROL REGISTER)

位序号	D7	D6	D5	D4	D3	D2	D1	D0
位符号	GATE	C/$\overline{\text{T}}$	M1	M0	GATE	C/$\overline{\text{T}}$	M1	M0

(1) GATE——门控制位。

当 GATE＝1 时,由外部中断引脚 INT0、INT1 来启动定时器 T0、T1。当 INT0 引脚为高电平时,TR0 置位,启动定时器 T0;当 INT1 引脚为高电平时,TR1 置位,启动定时器 T1。当 GATE＝0 时,仅由 TR0、TR1 置位分别启动定时器 T0、T1。

(2) C/$\overline{T}$——功能选择位。

当 C/$\overline{T}$＝0 时,为定时功能;当 C/T＝1 时,为计数功能。置位时选择计数功能,清零时选择定时功能。

(3) M0、M1——方式选择功能。

由于有 2 位,因此有 4 种工作方式,如表 4-2 所示。

表 4-2　定时/计数器的 4 种工作方式

M1	M0	工作方式	功能
0	0	方式 0	TLi 的低 5 位与 THi 的 8 位构成 13 位计数器
0	1	方式 1	TLi 和 THi 构成 16 位计数器
1	0	方式 2	自动重装 8 位计数器,TLi 溢出,THi 内容自动送入 TLi
1	1	方式 3	定时器 T0 分成两个 8 位计数器,T1 停止工作

这里一定要知道,TMOD 的 T 是 TIMER/COUNTER 的意思,MOD 是 MODE 的意思。至于每位上的功能,你只要记住图表,并知道每个英文缩写的原型就可以了。

在程序中用到 TMOD 时,先立即回忆图表,并根据缩写的单词原形理出每位的意义,如果意义不是很清楚,查数据手册。

7 位 GATE 位:本身是门的意思;

6 位 C/T:Counter/Timer;

5 位 M1:Mode 1;

4 位 M0:Mode 0。

2. 定时/计数器控制寄存器 TCON

TMOD 分成 2 段,而 TCON 控制更加精细,分成四段,在本书中只用到高四段,如表 4-3 所示。

表 4-3　定时/计数器控制寄存器(TIMER/COUNTER CONTROL REGISTER)

位地址	8F	8E	8D	8C	8B	8A	89	88
位符号	TF1	TR1	TF0	TR0	IE1	IT1	IE0	IT0

(1) 高四位功能。

TF0(TF1)——计数溢出标志位,当计数器计数溢出时,该位置 1。

TR0(TR1)——定时器运行控制位。

当 TR0(TR1)＝0 时,停止定时/计数器工作。

当 TR0(TR1)＝1 时,启动定时/计数器工作。

当计数器产生计数溢出时,此位由硬件置 1。当转向中断服务时,硬件自动清零。计数溢出的标志位的使用有两种情况:采用中断方式时,作中断请求标志位来使用;采用查询方式时,作查询状态位来使用。注意记忆方法,理解单词原形,就绝对不会把 TF 和 TR 搞混。TF 的 F 也就是溢出 Over Flow 的 F。TR 的 R 就是运行 Run。默认是 0 不运行,要置 1 才运行。

(2) 低四位功能。

当 CPU 采样到 P3.2(P3.3)出现有效中断请求时,此位由硬件置 1。在中断响应完成后转向中断服务时,再由硬件自动清零。

IT0(IT1)——外部中断请求信号方式控制位。

当 IT0(IT1)=1 时,脉冲方式(后沿负跳有效)。

当 IT0(IT1)=0 时,电平方式(低电平有效),此位由软件置 1 或清零。

IE0(IE1)——外部中断标志位。

当外部中断发生时,此位由硬件置 1。当转向中断服务时,硬件自动清零。

4.3   定时器工作原理

系统时钟输入定时器,系统时钟 12 分频后作为定时器的计数时钟信号。我们设置定时/计数器为定时功能,因此 $C/\overline{T}=0$,暂时先不管 GATE 和 INT0 的作用,可以先理解为 TR0=1,定时器开始计数,TR0=0,定时器停止计数。要启动定时器工作,很显然 TR0=1,这样系统时钟 SYSCLK 就送到加 1 计数器,每个时钟周期,计数器就会加 1,为了让定时器定时时间受控,会先给 TH0 和 TL0 设置一个初始值,当计数器的值加到 65535 时,再加 1,定时器就溢出了,溢出标志位 TF0=1,如果使能中断,会触发定时器 T0 中断。定时器工作原理框图如图 4-3 所示。

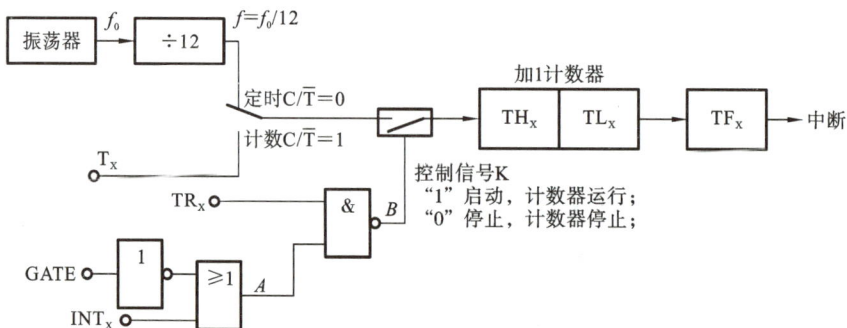

图 4-3   定时器工作原理框图

特别要说的是,当 T0 工作在方式 1,16 位定时器模式时,定时器溢出后,需要把以前的初始值赋给 TH0 和 TL0,这样 T0 始终会在固定的时间发生溢出。这对于定时来说,是非常重要的。试想,如果 T0 每 1 毫秒溢出一次,每次溢出的时候都让一个变量加 1,那么当这个变量等于 1000 时,是不是就是定时 1 秒了呢?是的,我们在程序中,定时 1 秒就是这样得来的。

4.4   定时时间的计算

延时时间要根据晶振频率计算。课程教学平台上,晶振频率是 11.0592 MHz,也就是时钟周期是 1/11059200 s,STC89C52RC 一个机器周期是 12 个时钟周期,机器周期就是 12/11059200 s。

1. 单次定时最长时间

如果是 16 位的计数器,16 位最大值是 65535,共可计数 65536 次。基本的常数一定要记住,还要记住 8 位最大值是 255,共可计数 256 次,还要记住这 8 位的每位代表的数值。12×65536/11059200＝0.0711 s,也就是,71 ms 内的定时可以单次定时来完成。如果定时时间超过 71 ms,则要采用循环方式了。

2. 一次定时需要几次机器周期

当使用 11.0592 MHz 的晶振时,机器周期＝12/11059200 s;也就是说定时器每加 1,就是一个机器周期时间 12/11059200 s,那么设要定时 X 秒,需要定时器加 1 的次数为 Y,那么 Y 又是多少呢?

用公式来表达:$Y(12/11059200)＝X$,即 $Y＝X×11059200/12$;注意此时 X 的单位是秒。

如果 X 单位换成微秒,则 $Y＝X×11059200/12000000$。

假定现在要定时 1 ms 即 1000 μs,那么 $Y＝1000×11059200/12000000＝921$;也就是说需要定时器加 921 次 1,才能产生精确的 1 毫秒时间。

4.5　定时器初始值的确定

1. 动手计算定时器初始值

51 单片机的定时器实际上就是加 1 计数器,对于方式 1 来说,当计数值为 65535 时,再加 1 才会发生溢出。所以说要加 921 次发生溢出,产生精确的 1 毫秒时间,就必须有个初始值,在这个初始值的基础上加 921 次 1 后,达到 65536,发生溢出。

因此,定时器的初值就为:$65536－X×11059200/12000000$;

对于定时 1 毫秒的初值就为:$65536－921$;

计算计数器的高位和低位:

定时器的初始值是存在 TH0 和 TL0 这两个寄存器里,因此要把(65536－921)分成两个高低字节分别存放在 TH0 和 TL0 中,8 位的最大计数次数是 256。

所以, TH0＝初始值/256,TL0＝初始值%256。

对于定时 1 ms 来说,TH0＝(65536－921)/256;TL0＝(65536－921)%256。

2. 用 ISP 软件计算定时器初始值

在 ISP 软件中,选择"定时器计算器"功能,输入系统频率、选择定时器、定时器模式、定时器时钟、定时长度(单位微秒),然后单击"生成 C 代码"按钮,软件会自动生成定时器对应的初始化函数,里面有定时器的初值,如图 4-4 所示。

生成的代码如下:

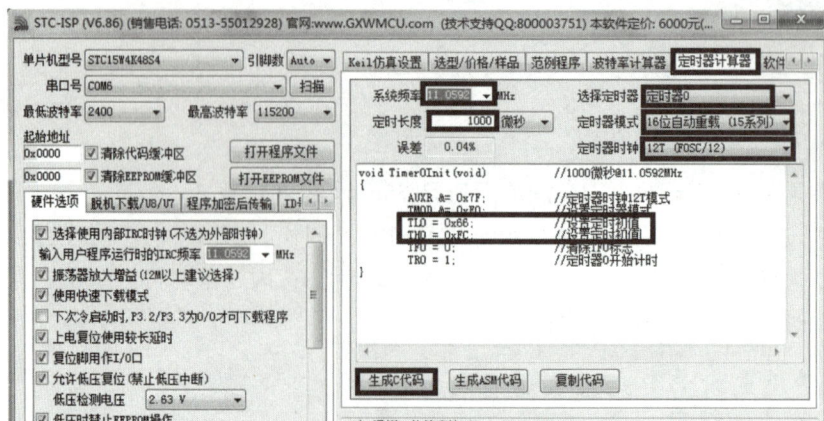

图 4-4 ISP 软件定时器计算器

```
void Timer0Init(void)//1000 微秒@ 11.0592 MHz
{
        AUXR &= 0x7F;      //定时器时钟 12T 模式
        TMOD &= 0xF0;      //设置定时器模式
        TL0=0x66;          //设置定时初值
        TH0=0xFC;          //设置定时初值
        TF0=0;             //清除 TF0 标志
        TR0=1;             //定时器 0 开始计时
}
```

我们定时 1 ms,时钟为 11.0592 MHz,12T 工作模式,定时器工作在方式 0(16 位自动重装载方式),那么定时器的初值为:TH0＝0xFC,TL0＝0x66;64614＝0xFC66＝65536－922,初值与我们前面算出来的一样。这种方法很方便,推荐大家使用这种方法,但计算初始值的原理还是应该熟练掌握。

4.6 定时器初始化

1. 定时器的初始化步骤

第 1 步:设置 TMOD 寄存器,选择定时器工作方式。

例如,TMOD＝0x01;//定时器 1 工作方式 1

第 2 步:设置 TH0 和 TL0 寄存器,设置定时器的初始值。

例如,TH0＝(65536－1000×11059200/12000000)/256;//设置 T0 的初始值

确定定时周期 TL0＝(65536－1000×11059200/12000000)%256;//为 1 ms

第 3 步:设置 IE 寄存器的 EA 位,关总中断。

例如,EA＝0; //总中断关闭

第 4 步:设置 IE 寄存器的 ET0 位,关闭定时器 T0 中断。

例如,ET0＝0; //关闭定时器 T0 中断

第 5 步:设置 TCON 寄存器的 TR0 位,启动定时器。

例如,TR0＝1;//启动定时器 T0

2. 定时器 T0 初始函数

```
/*    定时器 T0、T1 初始化 */
void Timer0Init()                    //T0 初始化函数
{
    TMOD= 0x01;                     //定时器 1 工作方式 1
    TH0= (65536-921)/256;          //设置 T0 的初始值,确定定时周期约为 1 ms
    TL0= (65536-921)% 256;
    EA= 0;                          //总中断关闭
    ET0= 0;                         //关闭定时器 T0 中断
    TR0= 1;                         //启动定时器 T0
}
```

任务 4-2　火箭发射倒计时器设计

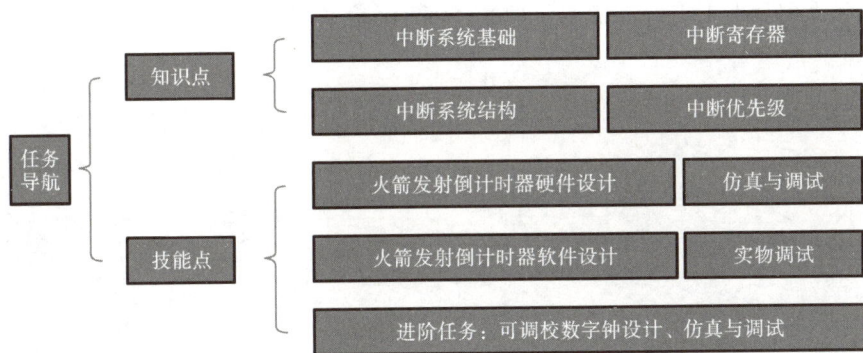

任务目标	知识目标	了解单片机中断系统的概念; 掌握单片机中断系统结构; 掌握中断相关的寄存器; 掌握中断优先级作用和设置方法; 掌握中断系统的响应流程
	能力目标	会设置单片机中断系统; 会设计定时/计数器中断应用系统; 会设计外部中断应用系统; 会用 Keil_C51 软件编写火箭发射倒计时器程序; 会用 Keil_C51 软件编写可调校数字钟程序; 能进行仿真、软硬件联调,实现火箭发射倒计时器和可调校数字钟系统功能
	素质目标	通过引入梦天实验仓发射升空火箭倒计时系统视频,培养学生科技报国的意志和使命感; 通过中断系统程序调试,培养学生安全意识;通过中断系统的作用,培养科学的方法论

中断系统是单片机非常重要的功能单元,它确保了单片机在正常执行任务时,当发生了紧急事件时,单片机会跳转到优先级最高的事务,处理完毕后转回继续处理以前的任务。单片机有了并行处理事务的能力,就能提高单片机的工作效率。

任 务 实 施

【基础任务】 火箭发射倒计时器设计

任务描述

基础任务:完成火箭发射倒计时器设计。掌握单片机中断基础知识、中断系统结构、中断寄存器、中断优先级和定时器中断初始化;任务要求用一位数码管显示倒计时时间,用24只LED灯,每3个一行,共8行,其中4行模拟火箭的箭体。当系统开始运行时,数码管初始值为5,每秒减1,当减到0时,4行LED灯模拟的火箭体每秒向上移动一行,模拟火箭发射升空,4秒后,发射完成。同时完成系统硬件和软件设计,仿真与调试。

1. 电路及元件

火箭发射倒时器电路如图4-5所示。元件清单如表4-4所示。

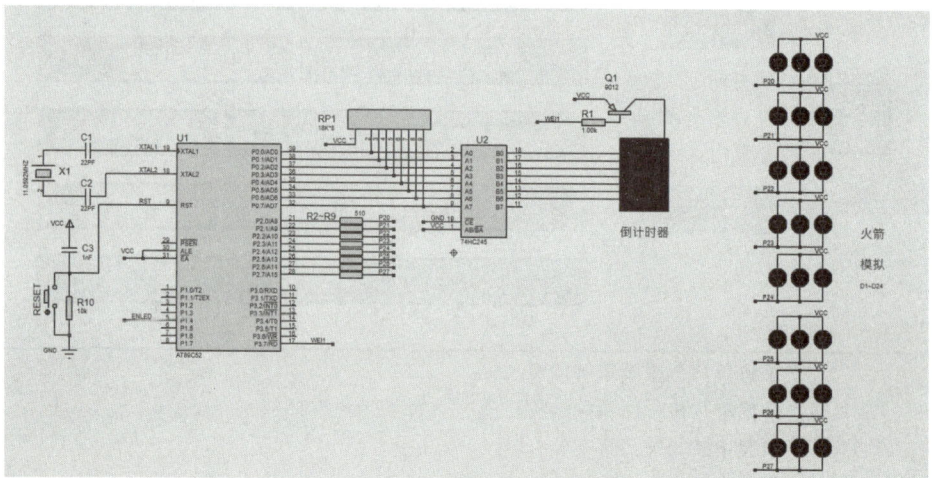

图 4-5　火箭发射倒计时器电路

表 4-4　元件清单

序号	元件名称	参数	数量	Proteus 中的名称
1	单片机	DIP40 封装	1	AT89C52
2	晶振	11.0592 MHz	1	CRYSTAL
3	电容	22 pF	2	CAP
4	电容	0.1 μF	1	CAP
5	电阻	10 kΩ,1 kΩ,470 Ω	10	RES
6	按键开关	按键	1	BUTTON

序号	元件名称	参数	数量	Proteus 中的名称
7	排阻	10 kΩ	1	RESPACK-8
8	三极管	PNP 型	1	PNP
9	发光二极管	LED 灯	24	LED-YELLOW
10	数码管	共阳数码管	1	7SEG-COM-ANODE
11	双向缓冲器	74HC245D	1	74HC245

电路解读

数码管显示部分同一位数码管静态显示电路,火箭箭体用 24 只 LED 灯模拟,3 只 LED 灯为一行,共 8 行,受单片机 P2.0～P2.7 控制。

2. 源程序设计

(1) 定时器驱动程序源文件 Timer.c。

```c
#include "Timer.h"
#include "SMG.h"
extern unsigned char miao,up;
extern bit flag_5s;
bit flag_1s;
unsigned int THL0_NUM,THL1_NUM;
//定时器 T0 初始化函数
void Timer0Init(unsigned int time)
{
    unsigned long temp;                //临时变量
    temp=11059200/12;                  //定时器计数频率
    THL0_NUM=(temp*time)/1000000;      //计算所需的计数值
    TMOD &=0xF0;                       //设置定时器模式
    TMOD |=0x01;
    TH0=(65536-THL0_NUM)/256;          //设置定时初值
    TL0=(65536-THL0_NUM)%256;          //设置定时初值
    TF0=0;                             //清除 TF0 标志
    ET0=1;                             //使能定时器 T0 中断
    EA=1;                              //打开总中断
    TR0=1;                             //定时器开始计时
}
//定时器 T1 初始化函数
void Timer1Init(unsigned int time)
{
    unsigned long temp;                //临时变量
    temp=11059200/12;                  //定时器计数频率
```

```
        THL1_NUM= (temp*time)/1000000;              //计算所需的计数值
        TMOD &= 0x0F;                               //设置定时器模式
        TMOD |=0x10;
        TH1= (65536-THL1_NUM)/256;                  //设置定时初值
        TL1= (65536-THL1_NUM)% 256;                 //设置定时初值
        TF1=0;                                      //清除 TF0 标志
        ET1=1;                                      //使能定时器 T0 中断
        EA=1;                                       //打开总中断
        TR1=1;                                      //定时器 0 开始计时
    }
    //函数功能:定时器 T0 中断服务函数
    void Timer0Interrupt(void) interrupt 1
    {
        static unsigned char num1,num2,num3;
        TH0= (65536-THL0_NUM)/256;                  //设置定时初值
        TL0= (65536-THL0_NUM)% 256;                 //设置定时初值
        num1++;num2++;num3++;
    }
    //函数功能:定时器 T0 中断服务函数
    void Timer1Interrupt(void) interrupt 3
    {
        static unsigned char num2,num3;
        static unsigned int num1;
        TH1= (65536-THL1_NUM)/256;                  //设置定时初值
        TL1= (65536-THL1_NUM)% 256;                 //设置定时初值
        num1++;num2++;num3++;
        if(num1++>500) //1 秒时间到
        {
            num1=0;
            flag_1s=1;
        }
    }
```

程序解读

定时器驱动程序源代码包含定义了两个定时器 Timer0、Timer1 的初始化函数和两个定时器的中断服务函数。

定时器初始化函数:定时器 Timer0、Timer1 的初始化函数与基础任务的相比,主要不同点在于开启了定时器中断和总中断,其他地方与基础任务的相同。

定时器中断服务函数:

void Timer0Interrupt(void)　interrupt 1 是定时器 Timer0 的中断服务函数;

void Timer1Interrupt(void)　interrupt 3 是定时器 Timer1 的中断服务函数;

中断服务函数都无返回值,无参数;

中断服务函数后面跟着 interrupt n,其中 interrupt 是关键字,n 是中断自然优先级的序号。

在定时器 Timer1 的中断服务程序里,当 1 秒时间到时,设置标志位 flag_1s。可见,这个标志位由定时器中断自动置位,在应用程序中要手动清零。

(2) 定时器驱动程序头文件 Timer.h。

定时器驱动程序头文件同基础任务。

(3) 一位数码管静态显示驱动程序源文件。

数码管静态显示前面已经学习过,在此不再赘述。

(4) main.c 文件。

```c
#include "reg52.h"
#include "SMG.h"
#include "Timer.h"
unsigned char miao=5,up;
bit flag_5s=0;
unsigned char move[]={0x87,0xC3,0xE1,0xF0};
/* 函数功能:主函数* /
void main()
{
    unsigned char i=0;
    Timer0Init(2000);
    Timer1Init(2000);
    LEDDATA=0X0F;
    while(1)
    {
        switch(i)
        {
            case 0:{    //倒计时显示
                if(flag_1s==1)
                {   flag_1s=0;
                    WEI1=0;
                    SMGDATA=Smg_Table[miao];
                    if(miao--==0)    //倒计时时间到
                    {
                        i=1;
                    }
                }
                break;
            }
            case 1:{//火箭发射升空
                if(flag_1s==1)
                {   flag_1s=0;
                    if(up++<4)
```

```
        {
                LEDDATA=move[up-1];
        }
        else{ //火箭发射成功,复位参数
                up=0;
                miao=5;
                LEDDATA=0X0F;
                i= 2;
        }
    }
    break;
  }
  default:break;
    }
  }
}
```

程序解读

首先进行初始化:局部变量初始化,定时器 Timer0、Timer1 初始化,所有 LED 灯熄灭。

倒计时模式:数码管显示每秒减 1;当显示 0 时,转到火箭发射模式。

火箭发射模式:每秒模拟火箭箭体上升一格,上升结束后,发射结束。

【进阶任务】 可调校数字钟系统设计

进阶任务:可调校数字钟系统设计。掌握单片机外部中断应用方法,会编写外部中断应用程序。任务要求在任务 4-1 简易数字钟的基础上,加入调校时间功能,按下 Key1 调时,按下 Key2 调分。完成任务的仿真、调试与实物联调。

1. 电路及元件

可调校数字钟电路如图 4-6 所示。元件清单如表 4-5 所示。

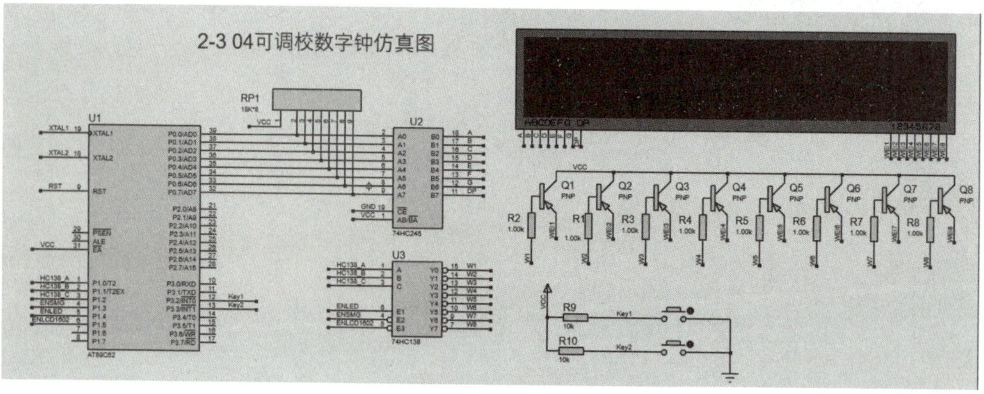

图 4-6 可调校数字钟电路

表 4-5　元件清单

序号	元件名称	参数	数量	Proteus 中的名称
1	单片机	DIP40 封装	1	AT89C52
2	电阻	10 kΩ,1 kΩ	10	RES
3	按键开关	按键	2	BUTTON
4	排阻	10 kΩ	1	RESPACK-8
5	三极管	PNP 型	8	PNP
6	数码管	八位共阳数码管	1	7SEG-MPX8-CC-BLUE
7	三八译码器	74HC138	1	74HC138
8	双向缓冲器	74HC245D	1	74HC245

电路解读

可调校数字钟电路是在八位数码管电路基础上,增加了两个独立按键电路,两个按键分别接在单片机的 P3.2 和 P3.3 引脚,这两个引脚是单片机的外部中断引脚。

2. 源程序设计

(1) 外部中断驱动源文件 ExtInt.c。

```
#include "ExtInt.h"
extern unsigned char shi,fen;
//外部中断初始化
void ExtInt_Init(void)
{
    IT0=1;
    IT1=1;
    EX0=1;
    EX1=1;
}
//软件延时函数
static void  DelayNms(unsigned int ms)
{
    unsigned int x,y;
    for(x=0;x<ms;x++)
        for(y=0;y<113;y++);
}
//外部中断 0 中断服务程序
void ExtInt0(void)  interrupt 0
{
    ET1=0;              //关闭定时器 Timer1 中断
    DelayNms(10);       //消抖
```

```
            if(Key1==0)        //调时
            {
                if(shi++>23)
                    shi=0;
            }
            ET1=1;
    }
    //外部中断 1 中断服务程序
    void ExtInt1(void)   interrupt 2
    {
            ET1=0;                      //关闭定时器 Timer1 中断
            DelayNms(10);               //消抖
            if(Key2==0)                 //调分
            {
                if(fen++>59)
                    fen=0;
            }
            ET1=1;
    }
```

程序解读

软件延时函数:定义了一个软件延时函数,用于对按键消抖,防止按一次按键数值变化多次。

该函数前面进行了 static 声明,说明是一个局部静态函数,只能在本程序内使用。

外部中断初始化函数:设置外部中断 0 和外部中断 1 的触发方式为下跳沿触发,使能外部中断 0 和外部中断 1。

外部中断服务函数:在外部中断 0 中,按键经过消抖后,对时进行调校;在外部中断 1 中,按键经过消抖后,对分进行调校;

(2)外部中断驱动头文件 ExtInt.h。

```
#ifndef __EXTINT__
    #define __EXTINT__
    #include "reg52.h"
    //引脚声明
    sbit Key1=P3^2;
    sbit Key2=P3^3;
    extern void ExtInt_Init(void);
#endif
```

程序解读

在头文件中,完成了外部中断引脚声明和外部中断初始化函数声明。

（3）定时器驱动程序源文件。

```c
#include "Timer.h"
#include "SMG.h"
extern unsigned char shi,fen,miao;
unsigned int   THL0_NUM,THL1_NUM;
//定时器 Timer0 初始化函数
void   Timer0Init(unsigned int time)
{
        unsigned long temp;                     //临时变量
        temp=11059200/12;                       //定时器计数频率
        THL0_NUM= (temp* time)/1000000;         //计算所需的计数值
        TMOD &=0xF0;                            //设置定时器模式
        TMOD |=0x01;
        TH0= (65536-THL0_NUM)/256;              //设置定时初值
        TL0= (65536-THL0_NUM)% 256;             //设置定时初值
        TF0=0;                                  //清除 TF0 标志
        ET0=1;                                  //使能定时器 T0 中断
        EA=1;                                   //打开总中断
        TR0=1;                                  //定时器 0 开始计时
}
//定时器 Timer1 初始化函数
void   Timer1Init(unsigned int time)
{
        unsigned long temp;                     //临时变量
        temp=11059200/12;                       //定时器计数频率
        THL1_NUM= (temp* time)/1000000;         //计算所需的计数值
        TMOD &=0x0F;                            //设置定时器模式
        TMOD |=0x10;
        TH1= (65536-THL1_NUM)/256;              //设置定时初值
        TL1= (65536-THL1_NUM)% 256;             //设置定时初值
        TF1=0;                                  //清除 TF0 标志
        ET1=1;                                  //使能定时器 T0 中断
        EA=1;                                   //打开总中断
        TR1=1;                                  //定时器 0 开始计时
}


/* 函数功能:定时器 T0 中断服务函数* /
void Timer0Interrupt(void)   interrupt 1
{
        static unsigned char num1,num2,num3;
```

```
        TH0= (65536-THL0_NUM)/256;                     //设置定时初值
        TL0= (65536-THL0_NUM)% 256;                    //设置定时初值
        Flag_2ms=1;
        SMG_Disp();
        num1++;num2++;num3++;
}
/* 函数功能:定时器 T1 中断服务函数* /
void Timer1Interrupt(void)    interrupt 3
{
        static unsigned char num2,num3;
        static unsigned int num1;
        TH1= (65536-THL1_NUM)/256;                     //设置定时初值
        TL1= (65536-THL1_NUM)% 256;                    //设置定时初值
        num1++;num2++;num3++;
        if(num1++>500)                                 //1秒时间到
        {
                num1=0;
                if(miao++>59)                          //分时间到
                {
                    miao=0;
                    if(fen++>59)                       //时时间到
                    {
                      fen=0;
                      if(shi++>23)                     //24小时溢出
                        shi=0;
                    }
                }
                SMG_BUF[0]=shi/10;                      //更新显示
                SMG_BUF[1]=shi% 10;
                SMG_BUF[3]=fen/10;
                SMG_BUF[4]=fen% 10;
                SMG_BUF[6]=miao/10;
                SMG_BUF[7]=miao% 10;
        }
}
```

程序解读

定时器初始化函数:定时器初始化函数与任务 4-1 的基本相同,不同之处是开启了定时器 T0 和 T1 的中断、总中断。

定时器中断服务函数:在定时器 T0 中断服务函数中,主要完成数码管动态刷新;

在定时器 T1 中断服务函数中,主要完成时间的更新,数码管显示内容的更新。

（4）定时器驱动程序头文件。

定时器初始化函数与任务 4-1 的基本相同,详见任务 4-2 拓展任务例程。

（5）数码管驱动程序源码。

数码管驱动程序与任务 4-1 的基本相同,详见任务 4-2 拓展任务例程。

（6）main. c 文件。

```c
# include "reg52.h"
# include "SMG.h"
# include "Timer.h"
# include "ExtInt.h"
//定义外部变量
unsigned char shi= 8,fen= 30,miao= 0;
/* 函数功能:主函数* /
void main()
{
    SMG_Enable();              //数码管使能
    Timer0Init(2000);          //定时器 Timer0 初始化
    Timer1Init(2000);          //定时器 Timer1 初始化
    ExtInt_Init();             //外部中断初始化
    SMG_BUF[0]=shi/10;         //显示时间初始化
    SMG_BUF[1]=shi% 10;
    SMG_BUF[2]=18;
    SMG_BUF[3]=fen/10;
    MG_BUF[4]=fen% 10;
    SMG_BUF[5]=18;
    SMG_BUF[6]=miao/10;
    SMG_BUF[7]=miao% 10;
    while(1);
}
```

程序解读

进行初始化:数码管使能,定时器 Timer0、Timer1 初始化,外部中断初始化,初始化数码管显示时间。

等待外部中断,进入外部中断服务。

应用程序把时间调校任务放在外部中断中进行处理。Key1 接在单片机外部中断 0 引脚 P3.2,用于对分进行调校;Key2 接在单片机外部中断 1 引脚 P3.3,用于对时进行调校。可调数字钟程序流程图如图 4-7 所示。

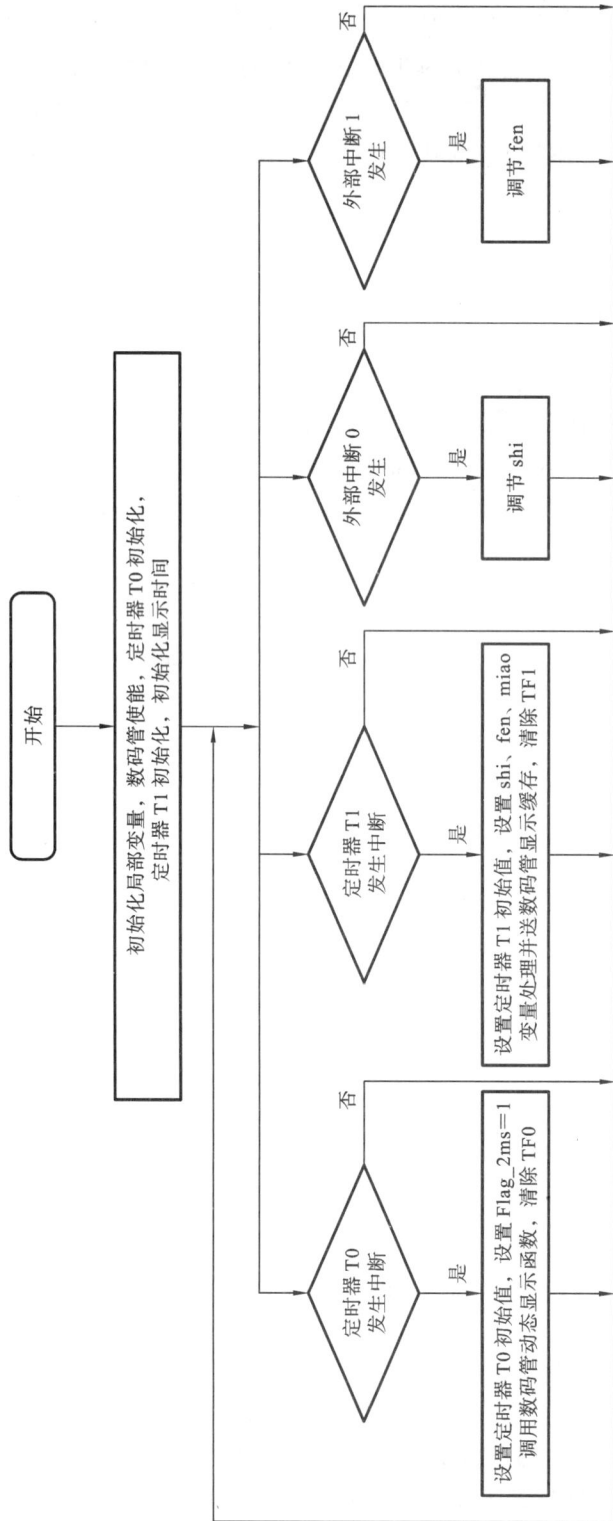

图 4-7 可调数字钟程序流程图

拓展思维

本任务完成了火箭发射倒计时器的设计与制作,明白了定时器及中断的应用方法,如果用定时器中断编写八路流水灯,原程序需要做哪些修改?

任务小结

在本任务中,用到了两个定时器中断,定时器 T0 用于产生 2 毫秒定时,每次发生中断时,数码管就刷新,实现动态显示;定时器 T1 用于产生 1 秒定时,用于火箭发射倒计时和火箭升空。通过学习,读者对中断系统应该有更深入的理解。

知 识 链 接

4.7　单片机中断系统基础

中断系统是为使 CPU 具有对外界应急事件的实时处理能力而设置的。正是由于单片机有了中断系统,才使得它既可以按顺序执行程序,还可以实时地处理突发事件,保障了单片机有条不紊地工作。

单片机在程序执行过程中,大多数都按顺序执行的。有了中断,就可以中止顺序执行的程序,转而执行更加紧急的事件,处理完毕后,再回到顺序结构程序中执行,这就使得单片机有了并发处理的能力。

1. 中断的概念

当中央处理器 CPU 正在处理某件事时,外界发生了紧急事件请求,要求 CPU 暂停当前的工作,转而去处理这个紧急事件,这个过程称为中断。

日常生活中有很多中断的影子,当我正在上课,讲到中断系统时,这时学生的辅导员来了,要给学生们宣讲一下学校的一些急事(中断请求)。既然是学校的急事,我就停下来(中断地址),让辅导员先讲(中断响应),当她讲完后,我接着讲中断系统(恢复到中断前的状态)。

这种情况下,单片机的中断系统就该发挥它的强大作用了,合理巧妙地利用中断,不仅可以使我们获得处理突发状况的能力,而且可以使单片机能够"同时"完成多项任务。

2. 中断系统

实现中断功能的单元称为中断系统。中断系统包括中断源、中断屏蔽、中断优先级的设定、中断的断点保护、中断服务、中断返回等。在程序中,用中断相关的寄存器实现对中断的控制。

3. 中断源

请示 CPU 中断的请求源称为中断源。51 单片机有 5 种中断源,后面将会详细介绍。

4. 中断的优先级

单片机的中断系统一般允许有多个中断源,当几个中断源同时向 CPU 请求中断,要求为它服务的时候,这就存在 CPU 优先响应哪一个中断源请求的问题。通常根据中断源的轻重缓急排队,优先处理最紧急事件的中断请求源,即规定每一个中断源有一个优先级别。CPU 总是先响应优先级别最高的中断请求。

生活中也存在中断优先级问题,例如,我在家里看电视,同时又烧开水,当水烧开了正在报警时,这时电话也响了,那开水壶报警优先级更高一些,我会先把烧开水的电断了,然后再去接电话。

5. 中断嵌套

当 CPU 正在处理一个中断源请求时(执行相应的中断服务程序),发生了另外一个优先级比它还高的中断源请求;如果 CPU 能够暂停对原来中断源的服务程序,转而去处理更高的中断请求源,处理完后,再回到原低级中断服务程序,这样的过程称为中断嵌套。

这样的中断系统称为多级中断系统,如图 4-8(b)所示;没有中断嵌套功能的中断系统称为单级中断系统,如图 4-8(a)所示。

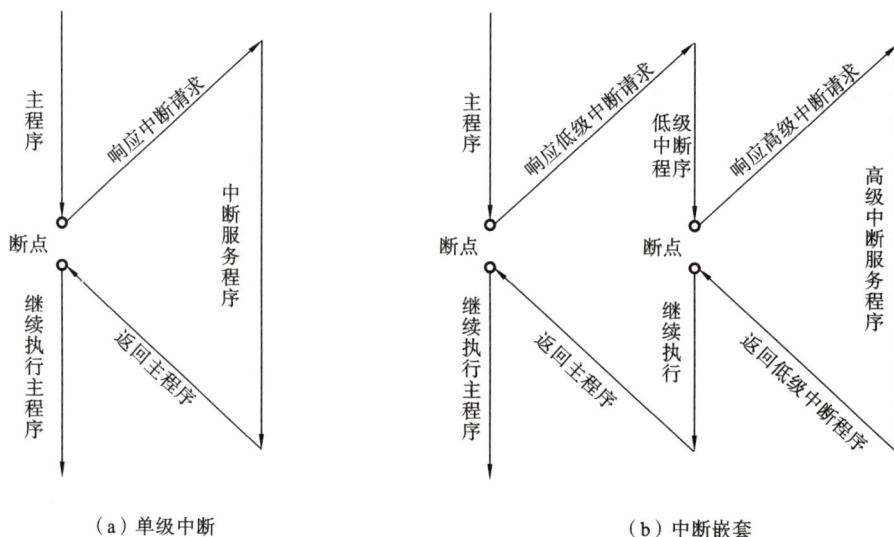

(a)单级中断　　　　　　　　　　　　(b)中断嵌套

图 4-8　中断响应示意图

同样,生活中也有中断嵌套的例子,例如,我在家里看电视,同时又烧开水,这时电话也响了,一看是朋友小张来电,我先把电视暂停,接听朋友的电话,在打电话中水烧开了,开始报警,那开水壶报警优先级更高一些,不处理会出安全事故,我会给朋友说,不好意思,等一下,我先把烧开水的电断了再和你聊,等我把烧开水的线拔下后,又和朋友聊天,聊完后,我继续看电视。这就是一个典型的中断嵌套。高优先级的中断可以打断低优先级的中断。这种处理方法保障了关键事件的优先处理。

4.8　中断系统结构

51 单片机的中断系统包括中断源、中断屏蔽、中断优先级的设定、中断的断点保护、中断服务、中断返回等。

1. 中断源及中断标志位

51 单片机提供了 5 个中断请求源,如图 4-9 所示,它们分别是:外部中断 0(INT0)、定时器 0 中断、外部中断 1(INT1)、定时器 1 中断、串口 1 中断。中断都具有 2 个中断优先级。

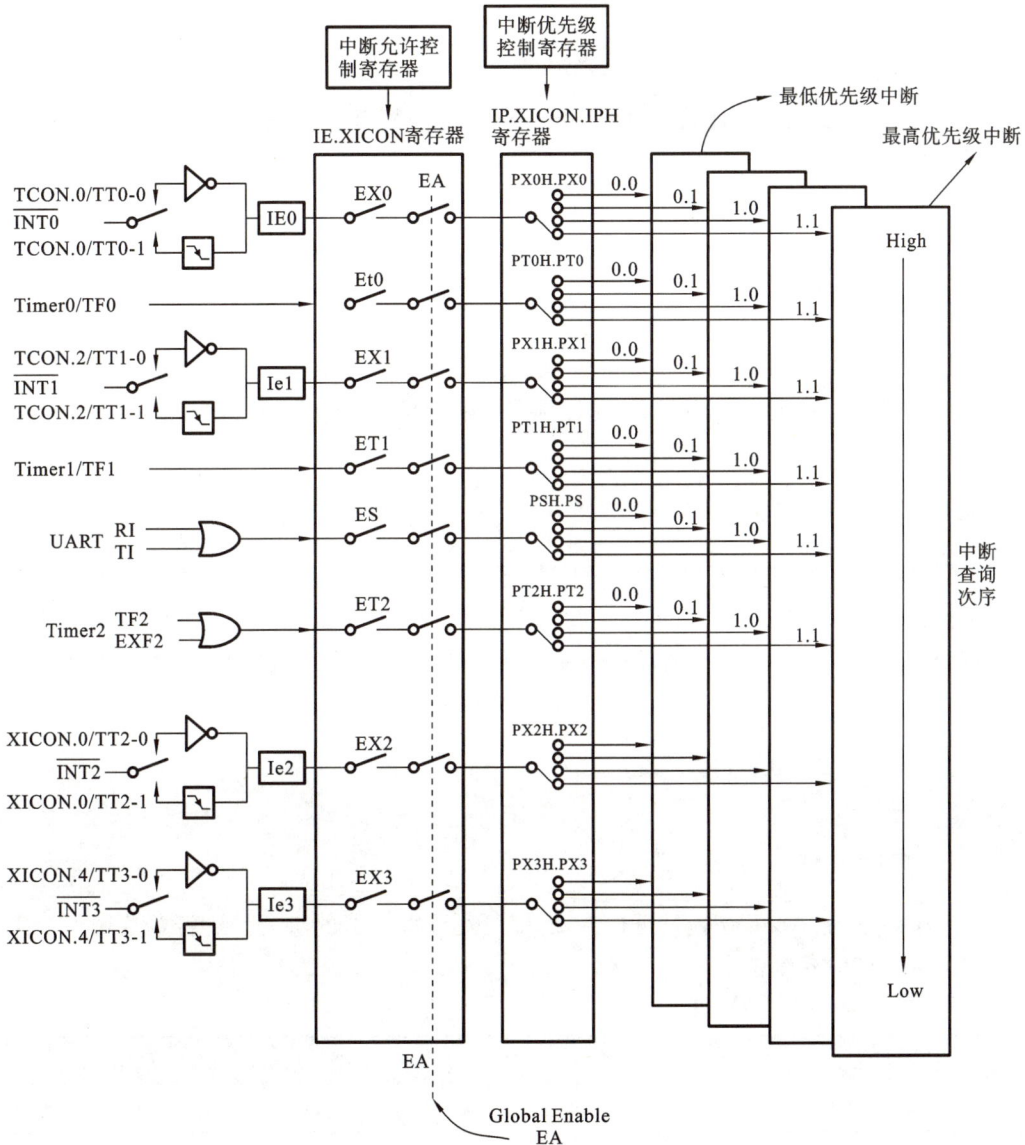

图 4-9　单片机中断系统示意图

（1）外部中断 0（INT0）：中断请求信号由 P3.2 引脚输入。

通过 IT0 来设置中断请求的触发方式，当 IT0 为"1"时，外部中断 0 为下降沿触发；当 IT0 为"0"时，低电平触发外部中断 0，一旦输入信号有效，则置位 IE0 标志位，继而向 CPU 申请中断。

（2）外部中断 1（INT1）：中断请求信号由 P3.3 引脚输入。

通过 IT1 来设置中断请求的触发方式，当 IT1 为"1"时，外部中断 0 为下降沿触发；当 IT1 为"0"时，低电平触发外部中断 1，一旦输入信号有效，则置位 IE1 标志位，继而向 CPU 申请中断。

（3）定时/计数器 T0 溢出中断。

当定时/计数器 T0 计数产生溢出时，定时/计数器 T0 中断请求标志位 TF0 置位，向 CPU 申请中断。

（4）定时/计数器 T1 溢出中断。

当定时/计数器 T1 计数产生溢出时，定时/计数器 T1 中断请求标志位 TF1 置位，向 CPU 申请中断。

（5）串口 1 中断。

当串口 1 接收完一串数据帧时，置位 RI；当发送完一串数据帧时，置位 TI，无论 RI/TI 都可向 CPU 发出中断请求。

2. 中断屏蔽

STC89C52RC 有五个中断源，允许哪个中断发生、禁止哪个中断发生、总中断的开与关都受中断屏蔽寄存器的控制。

3. 中断的优先级

51 单片机有两级中断优先级，低优先级为 0，高优先级为 1。高优先级的中断可以打断低优先级的中断，反之则不行。CPU 同时接收多个中断时，首先响应优先级最高的中断请求。正在进行的中断过程不能被新的同级或低优先级的中断请求所中断。正在进行的低优先级的中断服务，能够被高优先级的中断所中断。

4.9 中断系统寄存器

1. 中断允许寄存器 IE

字节地址为：A8H，该地址可位寻址，即可对该寄存器的每一位进行单独操作。IE 复位值为：0x00，各个位定义如下。

IE：中断允许寄存器（可位寻址）。

DB7	DB6	DB5	DB4	DB3	DB2	DB1	DB0
EA	—	ET2	ES	ET1	EX1	ET0	EX0

（1）EA：CPU 的总中断允许控制位。

EA=1，CPU 开放总中断；EA=0，CPU 屏蔽所有中断申请。

（2）ET2:定时/计数器 T2 的溢出中断允许位。

ET2＝1,允许 T2 中断;ET2＝0,禁止 T2 中断。

（3）ES:串口中断允许位。

ES＝1,允许串口中断;ES＝0,禁止串口中断。

（4）ET1:定时/计数器 T1 的溢出中断允许位。

ET1＝1,允许 T1 中断;ET1＝0,禁止 T1 中断。

（5）EX1:外部中断 1 允许位。

EX1＝1,允许外部中断 1 中断;EX1＝0,禁止外部中断 1 中断。

（6）ET0:定时/计数器 T0 的溢出中断允许位。

ET0＝1,允许 T0 中断;ET0＝0,禁止 T0 中断。

（7）EX0:外部中断 0 允许位。

EX0＝1,允许外部中断 0 中断;EX0＝0,禁止外部中断 0 中断。

2. 中断优先级控制寄存器 IP

传统 8051 单片机具有两个中断优先级,即高优先级和低优先级,可以实现两级中断嵌套。STC89C52RC 系列单片机通过设置特殊功能寄存器(IP)中的相应位,所有中断请求源可编程为 2 个优先级中断。一个正在执行的低优先级中断能被高优先级中断所中断,但不能被另一个低优先级中断所中断,一直执行到结束,遇到返回指令 RETI,返回主程序后再执行一条指令才能响应新的中断申请。

以上所述可归纳为下面两条基本规则:

（1）低优先级中断可被高优先级中断所中断,反之不能。

（2）任何一种中断(不管是高级还是低级),一旦得到响应,不会再被它的同级中断所中断。

STC89C52RC 系列单片机的片内各优先级控制寄存器的格式如下。

IP:中断优先级控制寄存器（可位寻址）。

DB7	DB6	DB5	DB4	DB3	DB2	DB1	DB0
—	—	PT2	PS	PT1	PX1	PT0	PX0

（1）PT2:定时器 2 中断优先级控制位。

当 PT2＝0 时,定时器 2 中断为最低优先级中断(优先级 0);当 PT2＝1 时,定时器 2 中断为最高优先级中断(优先级 1)

（2）PS:串口 1 中断优先级控制位。

当 PS＝0 时,串口 1 中断为最低优先级中断(优先级 0);当 PS＝1 时,串口 1 中断为最高优先级中断(优先级 1)

（3）PT1:定时器 1 中断优先级控制位。

当 PT1＝0 时,定时器 1 中断为最低优先级中断(优先级 0);当 PT1＝1 时,定时器 1 中断为最高优先级中断(优先级 1)

（4）PX1:外部中断 1 优先级控制位。

当 PX1＝0 时,外部中断 1 为最低优先级中断(优先级 0);当 PX1＝1 时,外部中断

1 为最高优先级中断(优先级 1)

(5) PT0：定时器 0 中断优先级控制位。

当 PT0＝0 时,定时器 0 中断为最低优先级中断(优先级 0)；当 PT0＝1 时,定时器 0 中断为最高优先级中断(优先级 1)

(6) PX0：外部中断 0 优先级控制位。

当 PX0＝0 时,外部中断 0 为最低优先级中断(优先级 0)。

IP 这个寄存器的每一位,表示对应中断的抢占优先级,每一位的复位值都是 0,当把某一位设置为 1 时,这一位的优先级就比其他位的优先级高。例如,设置了 PT0 位为 1 后,当单片机在主循环或者任何其他中断服务程序中执行时,一旦定时器 T0 发生中断,作为更高的优先级,程序马上就会跑到 T0 的中断服务程序中来执行。反过来,当单片机正在 T0 中断服务程序中执行时,如果有其他中断发生了,还是会继续执行 T0 中断服务程序,直到把 T0 的中断服务程序执行完毕以后,才会去执行其他中断服务程序。

以上 6 个中断优先级控制位分别为"0"时为低级中断,为"1"时为高级中断。如果几个同一优先级的中断源同时向 CPU 申请中断,CPU 通过内部顺序查询逻辑电路,按自然优先级顺序确定该响应哪个中断请求。

4.10　固定优先级与抢占优先级

自然优先级又称为固定优先级,由硬件形成,其优先级别从高到低为外部中断 0 固定优先级为 0、定时器/计数器 T0 中断的固定优先级为 1、外部中断 1 固定优先级为 2、定时/计数器 T1 中断的固定优先级为 3、串口中断的固定优先级为 4、定时/计数器 T2 中断的固定优先级为 5。

当进入低优先级中断中执行时,若又发生了高优先级的中断,则立刻进入高优先级中断执行,处理完高优先级中断后,再返回处理低优先级中断,这个过程称为中断嵌套,也称为抢占。所以抢占优先级的概念是,优先级高的中断可以打断优先级低的中断的执行,从而形成嵌套。当然反过来,优先级低的中断是不能打断优先级高的中断。

那么既然有抢占优先级,自然也就有非抢占优先级了,也称为固有优先级。请注意,在中断优先级的编号中,一般都是数字越小优先级越高。一共有 5 级优先级,这里的优先级与抢占优先级的一个不同点就是,它不具有抢占的特性,也就是说即使在低优先级中断执行过程中又发生了高优先级的中断,那么这个高优先级的中断也只能等到低优先级中断执行完后才能得到响应。既然不能抢占,那么这个优先级有什么用呢？答案是多个中断同时存在时的仲裁。比如说有多个中断同时发生了,当然实际上发生这种情况的概率很低,但另外一种情况就较常见,那就是出于某种原因我们暂时关闭了总中断,即 EA＝0,执行完一段代码后又重新使能总中断,即 EA＝1,那么在这段时间里可能就有多个中断发生,但因为总中断是关闭的,所以它们当时都得不到响应,而当总中断再次使能后,它们就会同时请求响应,很明显,这时也必须有个先后顺序才行,这就是非抢占优先级的作用。谁优先级最高先响应谁,然后按编号排队,依次得到响应。

抢占优先级和非抢占优先级的协同,可以使单片机中断系统有条不紊地工作,既不会无休止的嵌套,又可以保证必要时紧急任务得到优先处理。在后续的学习过程中,中断系统会与我们如影随形,处处都有它的身影,随着学习的深入,相信你对中断会有更深入的理解。

> 总结——固定优先级与抢占优先级
>
> 　　固定优先级是由硬件决定的,有顺序的,编号为 0～5,数字越小,固定优先级越高,当抢占优先级相同时,固定优先级高的中断不能打断固定优先级低的中断,不能嵌套。
>
> 　　抢占优先级是由 IP 寄存器设置的,它有 0 和 1 两种级别,1 是高抢占优先级,0 是低抢占优先级,默认情况下都是低抢占优先级,只有抢占优先级高的中断,才能打断抢占优先级低的中断。

4.11　定时器中断初始化

1. 定时器中断初始化的使用步骤

第 1 步:设置 TMOD 寄存器,选择定时器工作方式。

例如,TMOD＝0x01;//定时器 1 工作方式 1

第 2 步:设置 TH0 和 TL0 寄存器,设置定时器的初始值。

例如,TH0＝(65536－1000)/256;　//设置 T0 的初始值,确定定时周期约为 1 ms,

TL0＝(65536－1000)%256;

第 3 步:设置 IE 寄存器的 EA 位,开总中断。

例如,EA＝1;//总中断开启

第 4 步:设置 IE 寄存器的 ET0 位,开定时器 0 中断。

例如,ET0＝1;//开启定时器 T0 中断

第 5 步:设置 TCON 寄存器的 TR0 位,启动定时器。

例如,TR0＝1;//启动定时器 T0

2. 定时器 T0 中断初始化函数

```
/*定时器 T0\T1 初始化 */
void Timer0Init()                      //T0 初始化函数
{
    TMOD= 0x01;                         //定时器 1 工作方式 1
    TH0= (65536-1000)/256;             //设置 T0 的初始值,确定定时周期约为 1 ms
    TL0= (65536-1000)% 256;
    EA=1;                              //总中断开启
    ET0=1;                             //开启定时器 T0 中断
    TR0=1;                             //启动定时器 T0
}
```

3. 定时器中断服务函数的编写

在中断服务函数里面要把初始值再次赋给 TH0 和 TL0,在里面编写相关的功能,完成对中断的处理。

```
/*T0中断服务函数,完成1秒定时*/
void InterruptTimer0() interrupt 1
{   //设置为静态变量,使中断结束后变量的值仍然不变
    static unsigned int tmr1ms=0;
    TH0=(65536-1000)/256;           // 把初始值再次赋给 TH0 和 TL0
    TL0=(65536-1000)% 256;
    tmr1ms++;                       //每毫秒加1
    if (tmr1ms >=1000)              //定时 1 s
    {
        tmr1ms=0;                   //1 s 时间到,毫秒清零;
        Flag1s=1;                   //设置秒标志位为1;
    }
}
```

定时器中断服务函数说明:

(1) 中断服务函数的返回值为 void;

(2) 形参也是 void;

(3) 在中断服务函数后面加 interrupt 1 修饰,其中 1 表示中断的固定优先级编号,interrupt 是关键字;

(4) 在定时器中断服务函数里,一定要重新给定时器赋初始值。

思考与练习题 4

4.1　单项选择题

(1) 定时与计数功能选择由 TMOD 寄存器中的(　　)位控制。

A. GATE　　　　B. C/$\overline{T}$　　　　C. M1　　　　D. M0

(2) 将 T0 设定为计数器方式,软件启动,按方式 0 工作,TMOD 应赋值为(　　)。

A. 0x00　　　　B. 0x40　　　　C. 0x04　　　　D. 0x21

(3) TCON 的第 4 位 DB4 称为(　　),它是定时器 T0 的启动控制位,该位置 1 启动定时器 T0 工作,T0 开始计数,该位置 0 关闭定时器工作,T0 停止计数。

A. TR0　　　　B. TR1　　　　C. TF0　　　　D. TF1

(4) 定时器 T0 从某个初值开始加 1 计数,计数值递增,当 T0 计满了,如果再来 1 个计数脉冲,会怎么样呢? T0 计数器的 16 位计数位都会变成 0,同时它会向高处产生一个进位,这个进位标志是(　　),它是定时器 T0 的溢出中断请求标志位。

A. TR0　　　　　　B. TR1　　　　　　C. TF0　　　　　　D. TF1

（5）要使单片机能够响应定时器 T0 对应的中断,应执行的指令是(　　)。

A. ET0＝1;EA＝1　　　　　　　　B. ET0＝0;EA＝1

C. ET0＝1;EA＝0　　　　　　　　D. ET0＝0;EA＝0

（6）设置定时器 T0 的中断优先级高,则(　　)。

A. PT0＝1　　　　B. PT0＝0　　　　C. PT1＝1　　　　D. PT1＝0

（7）单片机中断源全部编程为同级时,自然优先级最高的是(　　)。

A. 外部中断 1　　B. T1 溢出中断　　C. T0 溢出中断　　D. 外部中断 0

（8）启动定时器 T0 工作,执行指令(　　)。

A. TR0＝1　　　　B. TR0＝0　　　　C. TR1＝1　　　　D. TR1＝0

（9）要使单片机能够总中断允许,应执行的指令是(　　)。

A. ES＝1　　　　B. ET1＝1　　　　C. EA＝1　　　　D. EX0＝1

（10）要使单片机能够响应定时器 T1 中断、串行接口中断,它的中断允许寄存器 IE 的内容应是(　　)。

A. 0x98　　　　B. 0x84　　　　C. 0x42　　　　D. 0x22

4.2　填空题

（1）定义 T0 工作方式 1,由 TH＿＿＿＿＿和 TL＿＿＿＿＿构成一个＿＿＿＿＿位的定时器。

（2）TCON 是单片机内部的一个特殊功能寄存器,它的字节地址是＿＿＿＿ H。它是一个＿＿＿＿＿位的寄存器。

（3）STC89C52RC 单片机内部有＿＿＿＿＿个＿＿＿＿＿位的定时/计数器,即＿＿＿＿＿。

（4）＿＿＿＿＿和 TH0 用来保存定时/计数器 T0 的低 8 位、高 8 位状态值,＿＿＿＿＿和 TH1 用来保存定时/计数器 T1 的低 8 位、高 8 位状态值。这两个寄存器就是定时器的计数器,它们存放的是定时器当前的＿＿＿＿＿值。当作为定时功能使用时,要根据定时时间设置定时器的计数器的初始值。

（5）＿＿＿＿＿寄存器是 T0、T1 定时/计数器的工作方式寄存器,由它确定定时/计数器的工作方式和功能;＿＿＿＿＿寄存器用于控制 T0、T1 的启动与停止以及记录 T0、T1 的计满溢出标志;当使用定时器时,就要先设置这两个寄存器,让定时器工作在指定的工作方式。

（6）对于一个 16 位的定时器来说,当时钟为 11.0592 MHz 时,工作在 12T 模式时,最长的定时时间就是定时器从 0 开始时,到计数器发生溢出的时间段。最长的定时时间为＿＿＿＿＿s(保留小数后面 4 位效数字),也就是约＿＿＿＿＿ms(保留整数)。如果定时时间超过这个时间,定时器就溢出了。

（7）定时/计数器 T0 作定时器来使用,工作方式 1,晶振为 12.000 MHz,12T 模式,定时时间 10 ms,则 T0 的初值是＿＿＿＿＿,TH0＝0x＿＿＿＿＿,TL0＝0x＿＿＿＿＿。

（8）开定时器 0 中断,对应的指令为:ET0＝＿＿＿＿＿;

（9）当系统时钟为 12.000 MHz,12T 模式,设置 TH0 和 TL0 寄存器,设置定时器的初始值,假定定时 1 ms,则 TH0＝0x＿＿＿＿＿,TL0＝0x＿＿＿＿＿。

4.3　简答题

51 单片机的定时/计数器内部结构如下图所示,请简要分析定时/计数器作为定时器使用时的工作原理。

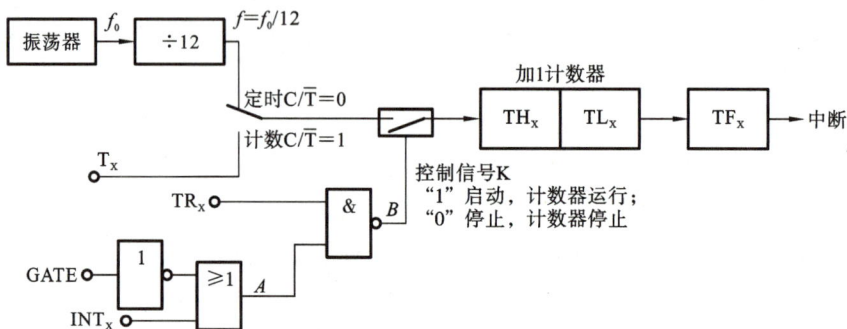

4.4　编程练习题

(1) 请编写定时/计数器 T0 初始函数,定时/计数器 T0 工作在方式 1,定时时间为 2 ms,开启定时/计数器 T0 中断。

(2) 编程实现基于定时器的数码管动态显示应用程序设计,数码管动态显示,显示初始值为 00000000,每秒加 1。

匠 心 育 人

1. 工匠精神:高凤林,专注坚守和匠心
2. 民族自豪感:新中国从积贫积弱到繁荣富强
3. 爱国情怀:梦天仓发射成功
4. 科学方法:巧用统筹方法提高工作效率

项目 5　键盘接口技术应用

　　键盘接口技术是单片机重要的技术之一,常用于人机交互,即用户输入控制信息到单片机,单片机会根据用户的要求而做出相应的回应。常用的单片机键盘接口有独立按键、矩阵按键。本项目共有两个任务:八路抢答器设计、数字密码锁设计。通过两个任务训练,学习按键及应用技术。

任务 5-1　八路抢答器设计

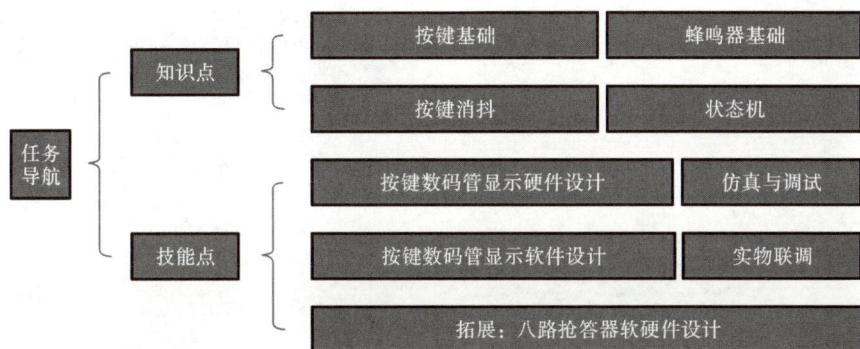

任务导航	知识点			
		按键基础		蜂鸣器基础
		按键消抖		状态机
	技能点	按键数码管显示硬件设计		仿真与调试
		按键数码管显示软件设计		实物联调
		拓展:八路抢答器软硬件设计		

任务目标	知识目标	了解按键的基础知识; 了解蜂鸣器基础知识; 掌握消除按键抖动的方法; 掌握状态机分析按键状态的方法
	能力目标	会用 Proteus 仿真软件绘制独立按键数码管显示和八路抢答器电路; 会用 Keil_C51 软件设计并调试独立按键数码管显示和八路抢答器应用程序; 能进行仿真调试、实物联调,实现独立按键数码管显示和八路抢答器系统功能

任务目标	素质目标	通过编写与调试八路抢答器程序,强调代码编写规范,培养认真细致、精益求精的工匠精神; 通过按键的抖动与消除演示,让学生养成科学的探究精神,培养学生分析问题、解决问题的能力; 通过引入状态机解决问题,培养学生创新精神

按键是单片机控制系统人机交互常用的输入设备,蜂鸣器用于发出提示或者报警声,是人机交互常用的输出设备。合理地使用按键和蜂鸣器,可以增强单片机控制系统的友好性。

任 务 实 施

【基本任务】 独立按键数码管显示设计

任务描述

本任务主要介绍按键和蜂鸣器基础知识,按键抖动产生的原因与消除方法,状态机及其应用。基本任务:独立按键数码管显示,系统设计有 4 个独立按键 KEY1～KEY4,编号 1～4;当按下按键时,数码管显示按键编号。完成系统硬件和软件设计,仿真与调试,下载到实物开发板上测试。

1. 电路及元件

独立按键数码管显示电路如图 5-1 所示。元件清单如表 5-1 所示。

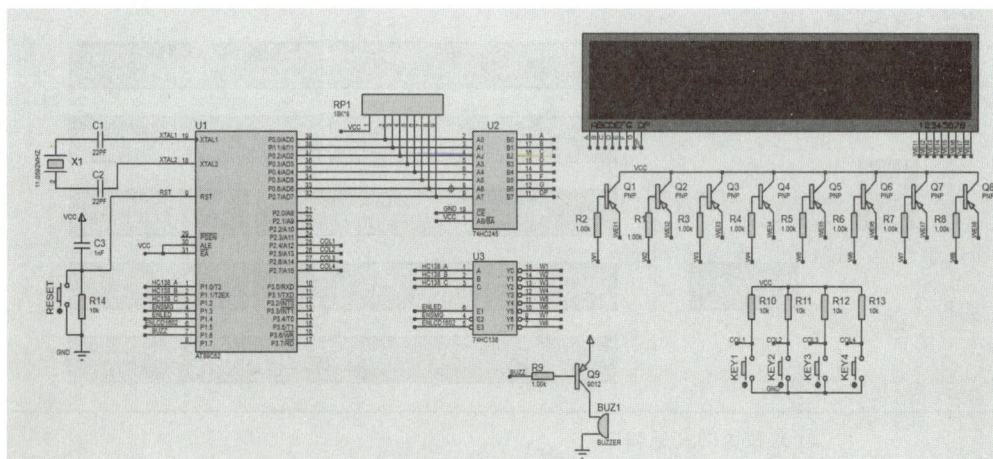

图 5-1　独立按键数码管显示电路图

表 5-1　元件清单

序号	元件名称	参数	数量	Proteus 中的名称
1	单片机	DIP40 封装	1	AT89C52
2	晶振	11.0592 MHz	1	CRYSTAL

序号	元件名称	参数	数量	Proteus 中的名称
3	电容	22 pF	2	CAP
4	电容	0.1 μF	1	CAP
5	电阻	10 kΩ	5	RES
6	电阻	1 kΩ	9	RES
7	按键开关	按键	5	BUTTON
8	排阻	10 kΩ	1	RESPACK-8
9	三极管	PNP 型	9	PNP
10	蜂鸣器	无源蜂鸣器	1	BUZZER
11	数码管	八位共阳数码管	1	7SEG-MPX8-CC-BLUE
12	双向缓冲器	74HC245D	1	74HC245D
13	三八译码管	74HC138	1	74HC138

电路解读

该电路是在八位数码动态显示电路的基础上增加了四个独立按键电路和蜂鸣器驱动电路。

按键采用机械按键,上面通过 10 kΩ 上拉电阻接电源,下面接地。四个按键分别接在单片机的 P2.4～ P2.7。当按键弹起时,单片机 I/O 口检测到高电平,当按键按下时,单片机 I/O 口检测到低电平。应用程序就是通过检测按键引脚的高低电平的变化,来判断按键的状态。

蜂鸣器驱动电路由一个 PNP 型三极管和一个 1 kΩ 的电阻构成,蜂鸣器采用压电蜂鸣器,蜂鸣器控制引脚接在单片机的 P1.6,当控制端口输出低电平时,三极管导通,蜂鸣器响,当控制端口输出高电平时,三极管截止,蜂鸣器不响。

2. 源程序设计

(1) 按键驱动源文件 KEY4.c 设计。

第 1 种算法:软件延时消抖。

```
#include "KEY4.h"
unsigned char keynum=0;
/*函数功能:软件延时 N毫秒
输入参数:unsigned int ms   延时的时间,单位是毫秒*/
static void   DelayNms(unsigned int ms)
{
  unsigned int x,y;
  for (x=0;x<ms;x++)
      for(y=0;y<110;y++);
}
```

```
/* 函数功能:四个独立按键扫描
输入变量:无
返回变量:unsigned char 型按键值,当有按键按下时,并且松手后,返回 1,2,3,4,当没有
按键按下时,返回 0;
外部变量:无,用到 DelayNms 延时函数。
函数算法:采用软件延时的方法来实现对四个独立按键的扫描。每 16 ms 扫描一次,来消
抖。            */
unsigned char KeyScan(void)
{
    static unsigned char temp= 0;                              //保存按键的值
    KeyOut1=0;
    KEY1=KEY2=KEY3=KEY4=1;                      //读取按键前,一定要先给 I/O 口高电平
    DelayNms(1);                                               //等待信号稳定
  if((KEY1==0)||(KEY2==0)||(KEY3==0)||(KEY4==0))              //是否有按键按下
    {
        temp=0;
        DelayNms(16);                                          //软件延时消抖
        if((KEY1==0)||(KEY2==0)||(KEY3==0)||(KEY4==0))   //是否按下
        {
            if(KEY1==0)                                        //KEY1 按下
            {
                temp=1;
            }
            else if(KEY2==0)                                   //KEY2 按下
            {
                temp=2;
            }
                else if(KEY3==0)                               //KEY3 按下
            {
                temp=3;
            }
            else if(KEY4==0)                                   //KEY4 按下
            {
                temp=4;
            }
            else
            {temp=0;return 0;}                                 //等待松手
            while((KEY1==0)||(KEY2==0)||(KEY3==0)||(KEY4==0))
            {BUZZ=0;}
            BUZZ=1;
            return temp;                                       //返回键值
        }
```

```
            return 0;                    //干扰则返回 0
    }
    return 0;                            //无按键按下,则返回 0
}
/* 函数功能:按键功能解析
输入参数:无
输出参数:无
外部变量:keynum 用于数码管显示。
相关函数:keyScan()按键扫描函数*/
void Key_Function(void)
{ unsigned char temp1,j=0;
    temp1=KeyScan();
    if(temp1! =0)                        //当有按键按下时
    {
        TR0= 0;                          //按按键功能处理时,关闭定时器
        switch(temp1)                    //根据不同的按键进行不同的功能处理
        {
            case 1:{
                keynum=1;
                break;
            }
            case 2:{
                keynum=2;
                break;
            }
            case 3:{
                keynum=3;
                break;
            }
            case 4:{
                keynum=4;
                break;
            }
            default:keynum=0; break;
        }
        TR0=1;                           //按按键功能处理完毕时,打开定时器
    }
}
```

程序解读

外部变量定义

```
    unsigned char keynum=0;
```

独立按键驱动源文件中,定义了一个外部变量,用于存入键值。

当无按键按下时,该值为 0;当有按键按下并松开时,KEY1 按下,keynum＝1;KEY2 按下,keynum＝2；KEY3 按下,keynum＝3；KEY4 按下,keynum＝4。

软件延时函数 static void　DelayNms(unsigned int ms):该函数是一个局部静态函数,只能在本程序中应用。用在按键扫描中软件延时消抖。

独立按键扫描函数 unsigned char KeyScan(void):该函数无形参,函数有返回值,返回键值。当有按键按下并松开时,KEY1 按下返回 1；KEY2 按下返回 2；KEY3 按下返回 3；KEY4 按下返回 4；该函数按键采用软件延时消抖；按键在读取前,需要先置 1,这样读出来的端口状态才是正确的;该函数需要不断被调用才行。

按键功能解析函数 void Key_Function(void):该函数调用按键扫描函数,当有按键按下并松开时,修改外部变量的值。KEY1 按下,keynum＝1;KEY2 按下,keynum＝2；KEY3 按下,keynum＝3；KEY4 按下,keynum＝4。

第 2 种算法:用定时器精确定时实现消抖。

程序解读

需要定时器支持:用定时器精确定时实现消抖算法的独立按键驱动需要有定时器驱动程序支持,并且在定时器驱动源程序中实现 Flag_16ms 标志位的置位,即当定时器定时时间到达 16 毫秒时,Flag_16ms 标志位置位。

按键扫描函数需要 Flag_16ms 标志位实现状态切换,从而消除按键抖动。

独立按键扫描函数 unsigned char KeyScan(void):该函数除了采用 Flag_16ms 标志位来消抖外,程序逻辑和软件延时消抖算法一样。

按键功能解析函数 void Key_Function(void):该函数代码与软件延时消抖算法中的函数完全相同。

(2) 按键驱动头文件 KEY4.h 设计。

```
#ifndef __KEY4_H_
    #define __KEY4_H_
    #include "reg52.h"
    sbit BUZZ=P1^6;        //高电平有效
    sbit KEY1=P2^4;
    sbit KEY2=P2^5;
    sbit KEY3=P2^6;
    sbit KEY4=P2^7;
    sbit KeyOut1=P2^3;
    extern unsigned char keynum;
    extern void Key_Functoin();
#endif
```

程序解读

声明按键和蜂鸣器相关引脚。

声明外部变量。

声明按键驱动外部函数。

只声明了按键解析函数 Key_Function()，在应用程序中只能调用按键解析函数 Key_Function()，而不能单独调用按键扫描函数。

> **总结——独立按键驱动程序应用**
>
> 独立按键驱动程序可移植到其他 51 单片机开发板或仿真电路，只需要根据实际的电路，修改按键驱动头文件中相关引脚声明即可。
>
> 应用程序需要不断调用按键功能解析函数 Key_Function() 才行。
>
> 应用程序可不断查询外部变量 keynum 的值，当 keynum 为不零时，说明有按键按下，可根据键值做不同的处理。

（3）数码管驱动程序设计。

程序源码同基础任务，详见任务 5-1 例程。

（4）定时器驱动程序设计。

程序源码同基础任务，详见任务 5-1 例程。

（5）应用程序 main. c 设计。

```c
#include "reg52.h"
#include "SMG.h"
#include "Timer.h"
#include "KEY4.h"
/*函数功能:主函数*/
void main()
{
    int i=0;
    SMG_Enable();
    Timer0Init(2000);
    while(1)
    {
        Key_Function();
        if(keynum!=0){
            for(i=0;i<8;i++)
            {
                SMG_BUF[i]=keynum;
            }
            keynum=0;
        }
    }
}
```

程序解读

初始化：局部变量定义，数码管使能，定时器 T0 初始化。

逻辑代码：程序中不断调用独立按键功能解析函数；当有按键按下时，让 8 个数码管都显示键码。

【进阶任务】 八路抢答器设计

任务描述

进阶任务：八路抢答器设计，系统要求用 8 个独立按键作为抢答输入按键，序号分别为 1~8，当某一参赛者率先按下抢答按钮时，在数码管会显示抢答成功的参赛者序号，同时抢答器不再接收其他输入，直到按下开始抢答按钮，系统再次接受下一轮的抢答。完成系统硬件和软件设计，仿真与调试。

拓展制作：完成八路抢答器实物制作，参考设计文档和视频课后自行练习。

1. 电路及元件

八路抢答器电路原理图如图 5-2 所示。元件清单如表 5-2 所示。

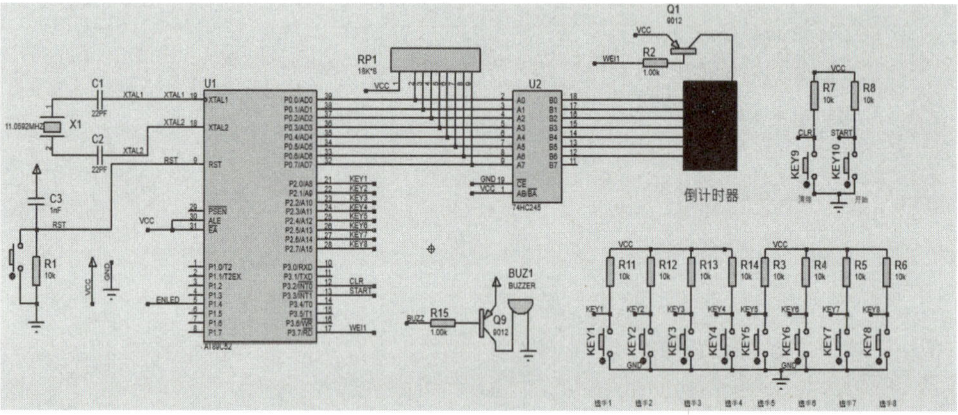

图 5-2　八路抢答器电路原理图

表 5-2　元件清单

序号	元件名称	参数	数量	Proteus 中的名称
1	单片机	DIP40 封装	1	AT89C52
2	晶振	11.0592 MHz	1	CRYSTAL
3	电容	22 pF	2	CAP
4	电容	0.1 μF	1	CAP
5	电阻	10 kΩ	11	RES
6	电阻	1 kΩ	2	RES

序号	元件名称	参数	数量	Proteus 中的名称
6	按键开关	按键	11	BUTTON
7	排阻	10 kΩ	1	RESPACK-8
8	三极管	PNP 型	2	PNP
9	蜂鸣器	无源蜂鸣器	1	BUZZER
10	双向缓冲器	74HC245D	1	74HC245
11	数码管	一位共阳数码管	1	7SEG-COM-ANODE

电路解读

数码管静态显示电路：八路抢答器采用一位数码管静态显示，单片机的 P0 口控制段选，P3.7 口控制位选。电路原理前面已经讲过，不再赘述。

按键电路：电路由 10 个按键组成，其中 8 个按键用于选手抢答，这 8 个按键接在单片机的 P2.0～P2.7 口，另外两个由主持人控制，一个是清除按键，接在单片机的 P3.2 口；另一个是开始抢答按键，接在单片机的 P3.3 口。

蜂鸣器电路：电路原理前面已经讲过，不再赘述。

2. 源程序设计

（1）应用程序 main.c 设计

```
#include "reg52.h"
#include "SMG.h"
#include "Timer.h"
#include "KEY4.h"
bit flag_answer=0;              //抢答成功标志
bit flag_start=0;               //开始抢答标志
bit flag_clear=0;               //清除抢答标志
/* 函数功能:主函数* /
void main()
{
    unsigned char i=0;
    Timer0Init(2000);           //定时器初始化
    WEI1=0;                     //数码管熄灭
    SMGDATA=0xFF;
    while(1)
    {
        if(keynum !=0)          //有按键按下
        {
```

```
        if(keynum==10){                                    //启动按键按下
            flag_start=1;
            flag_clear=0;
            keynum=0;
        }else if(keynum==9){                                //清除按键按下
            flag_clear=1;
            flag_start=0;
            keynum=0;
        }
        //主持人按下了开始抢答键,并且以前没有人抢答
        if((flag_start==1)&(flag_answer==0))
        {
            if((keynum>=1)&(keynum<9)){                     //按下了抢答键
                SMGDATA=Smg_Table[keynum];                  //显示编号
                keynum=0;                                   //键值清零
                flag_answer=1;
            }else if(flag_clear==1){                        //主持人按下了清除键
                SMGDATA=0xFF;                               //熄灭数码管
                flag_answer=0;
            }
        }
    }
  }
}
```

程序解读

程序流程图(见图 5-3):八路抢答器上电后,数码管熄灭,选手按键不起作用。等候主持人发抢答指令。当主持人按下开始抢答键后,选手才开始抢答,抢答成功后,选手按键被锁定,同时数码管显示抢答成功选手编号。当主持人按下开始清除键后,数码管熄灭,清除抢答数据。

(2)独立按键驱动程序设计。

程序源码同基础任务,详见任务 5-1 例程。

(3)定时器驱动程序设计。

程序源码同基础任务,详见任务 5-1 例程。

拓展思维

本节介绍了按键及应用程序的设计,如果改造简易广告灯,用按键控制广告灯的花式,那么程序需要做哪些修改?

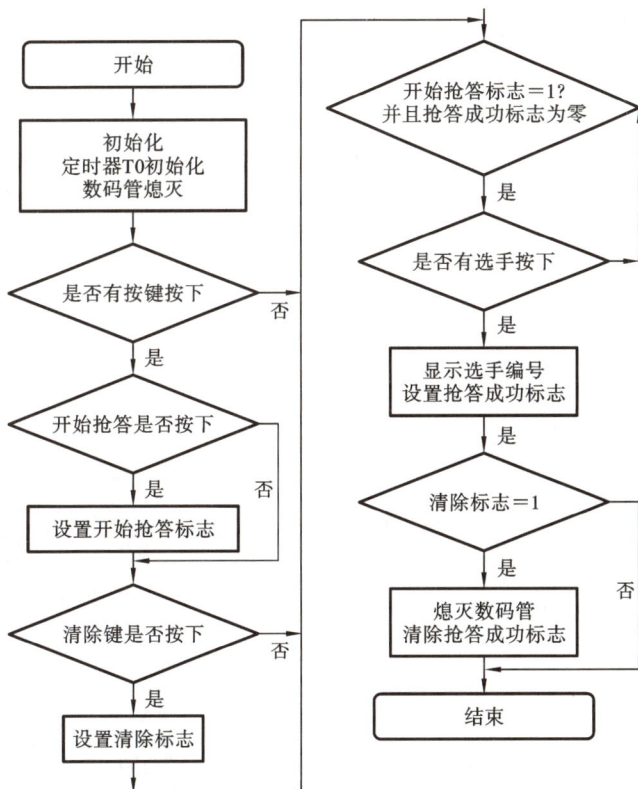

图 5-3　八路抢答器程序流程图

任务总结

通过数码管显示按键值设计和八路抢答器设计,掌握了独立按键扫描和功能解析算法、按键的抖动及消除方法,为后续任务打下了坚实的基础。

知 识 链 接

5.1　独立按键

1. 按键分类

单片机开发板上通常配置了独立按键和矩阵按键。

有些开发板还有计算机键盘接口,而计算机的键盘属于编码键盘,按键状态的识别由专用的硬件编码器实现,当按键动作时,产生键码或键值输出。单片机可以通过解析键码来判断键盘上哪个按键发生了动作。

有些单片机开发板上配置了触摸按键和 ADC 按键。

2. 独立按键电路原理图

本开发板上的四个独立接键电路原理图如图 5-4 所示,按键的一端接地,另一端通过 4.7 kΩ 的电阻接在电源上。按键的输出信号是从按键与电阻的连接处输出的,送往单片机的 I/O 口进行处理。可以看出每个独立按键占用单片机的一个 I/O 口。

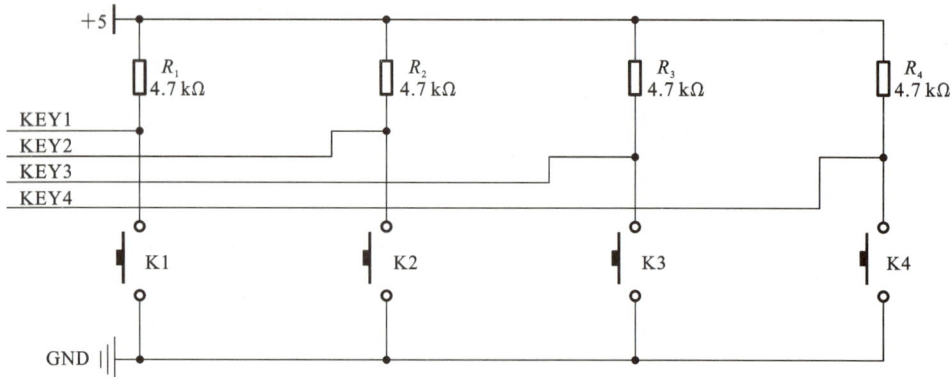

图 5-4　独立按键原理图

3. 独立按键工作原理

按键有两种状态:按下和弹起。当按键 K1 按下时,按键闭合,相当于一个闭合的开关,此时按键接地,输出信号 KeyIin1 通过按键 K1 连接到地上,因此 KeyIin1 为低电平;当按键 K1 弹起时,按键断开,相当于一个断开的开关,输出信号 KeyIin1 通过电阻连接在电源 VCC 上,所以 KeyIin1 为高电平。

可以这样说,按键按下时,输出 0,按键弹起时,输出 1。这样我们就可以通过检测单片机的 I/O 口的电平高低来判断按键的状态。

5.2　按键的抖动及消除

1. 按键的抖动

通常的按键所用开关为机械弹性开关,当机械触点断开、闭合时,电压信号如图 5-5 所示。由于机械触点的弹性作用,一个按键开关在闭合时不会马上稳定地接通,而是伴随着 3~5 次的高低电平的快速变化;在断开时也不会一下子断开。因而在闭合及断开的瞬间均伴随有一连串的抖动,如图 5-5 所示。抖动时间的长短由按键的机械特性决定,一般为 16 ms 左右。这是一个很重要的时间参数,在很多场合都要用到。

这就是抖动产生的原因,那么如何来解决这个问题呢? 其实这也是用键盘需要注意的地方。

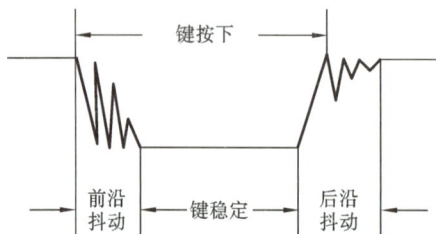

图 5-5　按键抖动状态图

2. 按键的消抖

按键消抖的方法有两种:一种是硬件方法;另一种是软件的方法。硬件方法就是在按键两端并联一个小电容,通常采用 0.1 μF

的瓷片电容。软件方法就是通过程序解决,通常更侧重于后者,因为这样可以节约成本。记住,能用软件实现的绝不用硬件实现。

所谓软件消抖,即检测出键闭合后执行一个延时程序,产生 16 ms 左右的延时,避开前沿抖动,再一次检测键的状态,如果仍保持闭合状态电平,则确认为真正有键按下。当检测到按键释放后,也要给 16 ms 左右的延时,待后沿抖动消失后才能转入该键的处理程序。

5.3　蜂鸣器

1. 蜂鸣器的分类

开发板上常用的蜂鸣器分为有源蜂鸣器和无源蜂鸣器。

简单地说,只要有源蜂鸣器两端加上正电压,其内部音频发生器就会工作,蜂鸣器就会响,蜂鸣器两端没有加电压,则蜂鸣器就不响。有源蜂鸣器有正负极,接的时候一定要注意。蜂鸣器实物上面标有＋的那一端为正极,同时长引脚的那一端为正极。

而无源蜂鸣器要想响,就需要加载音频电流,也就是说,如果用单片机去控制无源蜂鸣器发声,单片机就要自己产生一个音频信号给无源蜂鸣器的驱动电路。

2. 蜂鸣器驱动电路

我们开发板上搭载的是有源蜂鸣器。蜂鸣器的正极接到 VCC(＋5V)电源上面,蜂鸣器的负极接到三极管的发射极 E,三极管的基极 B 经过限流电阻 R35 后由单片机的 I/O 口 fmq 引脚控制,当 fmq 输出高电平时,三极管 T1 截止,没有电流流过线圈,蜂鸣器不发声;当 fmq 输出低电平时,三极管导通,这样蜂鸣器的电流形成回路,发出声音。因此,我们可以通过程序控制 fmq 脚的电平来使蜂鸣器发出声音和关闭。二极管 VD9 为续流二极管,用于保护三极管。电容 C42 为退耦电容,起到抗干扰的作用。

5.4　按键扫描

1. 独立按键扫描程序流程图

独立按键扫描程序流程图如图 5-6 所示。

2. 带消抖的独立按键扫描算法

第 1 步:首先检测按键所接 I/O 口的电平是否为低电平,如果是,说明有按键按下,转下一步,如果没有按键按下,返回,再从第 1 步开始;

第 2 步:消抖,即采用软件延时 16 ms;

第 3 步:再检测按键所接 I/O 口的电平是否还为低电平,如果是,说明确实有按键按下,转下一步,如果没有按键按下,说明是干扰,则返回,再从第 1 步开始;

第 4 步:等待按键弹起,即等待松手;没松手,继续第 4 步,松手,返回按键键码。

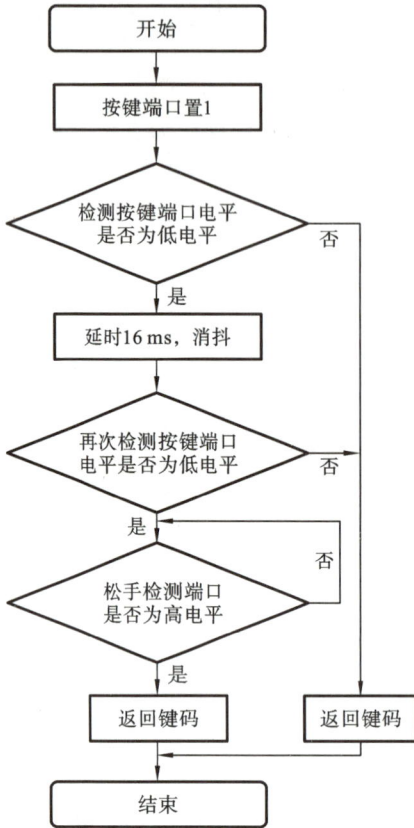

图 5-6　独立按键扫描程序流程图

当检测到一个按键被真正按下时，会返回该键的键码，否则返回 0。在应用程序中，我们只需要看返回的键码是否为 0，就知道有没有按键按下。如果返回值不为零，说明有按键按下，则根据键码做不同的处理。

5.5　按键与状态机

1. 软件延时法实现按键扫描的缺点

（1）在前面的按键扫描驱动中，消抖采用的是延时 16 ms 来避开按键抖动，抖动是消除了，但也带来了新的问题，就是单片机因此会在这条语句处等 16 ms，后面的其他语句也陪着都要等 16 ms，因为除了中断外，单片机的程序是顺序执行的。

（2）判断按键释放是用 while（（KEY1＝＝0）||（KEY2＝＝0）||（KEY3＝＝0）||（KEY4＝＝0））来检测的，松手才会执行后面的语句。如果用户长时间按着，不松手，程序会死在这里，导致程序不正常。

通过以上两点可以看出，采用软件延时或等待，会导致程序的不正常运行。如果只是教学，学生作为例程练习一下是可以的，但如果是产品，绝不允许出现这样的现象。

使用状态机，可以有效地解决上面的问题。

2. 状态机

现态、条件、动作、次态是状态机的四要素。这样主要是为了理解状态机内在的因果关系。其中"现态""条件"是因，"动作""次态"是果。

（1）现态：指当前所处的状态。

（2）条件：又称"事件"，触发状态转变的原因。

（3）动作：条件满足后执行的动作。

（4）次态：条件满足后要迁往的新状态。

假如按键有三种状态：无按键的初始状态、确认按键按下状态、松手检测状态。无按键的初始状态（初始状态），检测到按键引脚电平跳变（条件），为 0 跳到下一步（动作），确认有按键按下（次态），检测哪个按键按下（条件），找到跳下一步（动作），等待按键释放（次态），检测松手（条件），松手跳转一步（动作），回到初始状态（次态）。这样反复进行状态之间的转换。

3. 独立按键的状态机实现机制

我们先来看一下按键的状态机图,如图 5-7 所示。

按键的状态机图说明:

(1) 现态、次态是相对的。

例如,初始态相对于确认态是现态,相对于按键松手检测状态就是次态。

(2) 图中的三个圈表示三种状态,也即按键就这三种有限状态。

(3) 带箭头的方向线指示状态转换的方向。

当方向线的起点和终点都在同一个圆圈上时,表示状态不变。

(4) 标在方向线旁左、右两侧的二进制数分别表示状态转换前输入信号的逻辑值和相应的输出逻辑值。

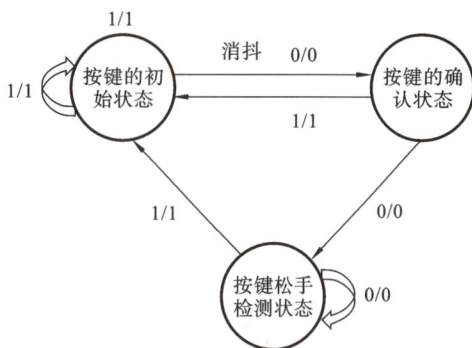

图 5-7　按键的状态机图

图中斜线前的 0 表示按键按下,1 表示按键未按下(或者释放);斜线后的 0 表示按键按下后的电平状态为低电平,相反,1 表示高电平,也即按键未按下。

按键的状态机图分析:程序开始运行时,首先处于初始态(无按键按下),这时若按键未按下,则状态不变,一直处于初始态。若此时按键状态值变为 0(低电平),说明有按键按下,则进入第二个稳定的状态按键确认状态,此时再次判断是否有按键按下,仍为 0,表示确有按键按下,转入第三个状态,若为 1,表示为干扰信号,返回到状态一。进入状态三后,不断判断是否松手,若为 0,说明未松手,仍然处于状态三,若为 1,说明已松手,转到状态一。

在这种状态机中,我们每隔 16 ms 来判断一下状态机的转换条件,根据条件进行状态转换。这样既实现了消抖,又避免了软件延时而带来的程序不稳定,大大提高了程序的健壮性。

任务 5-2　数字密码锁设计

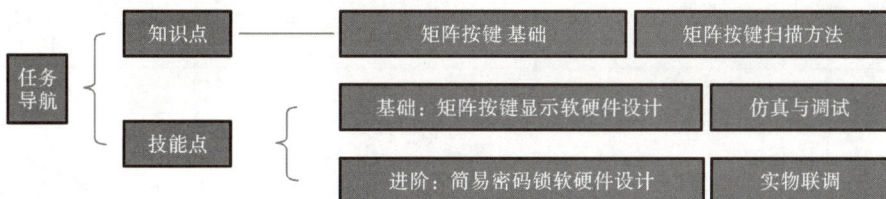

	知识目标	掌握矩阵按键行列扫描法； 掌握矩阵按键翻转扫描法
任务目标	能力目标	会用 Proteus 仿真软件绘制矩阵按键数码管显示和简易密码锁电路； 会用 Keil_C51 软件设计并调试矩阵按键数码管显示和简易密码锁应用程序； 能进行仿真调试、实物联调，实现矩阵按键数码管显示和简易密码锁系统功能
	素质目标	通过学习密码安全视频，培养学生法治意识； 通过编写和调试数字密码锁程序，培养学生程序编写规范、程序调试能力和科学思维与分析能力； 通过从矩阵按键行列扫描法，改进到翻转扫描法，培养学生创新意识； 通过小组 PK 赛，培养学生竞争意识、团队协作能力和沟通能力

当单片机控制系统人机交互需要用户输入复杂信息时，如计算器和密码锁，输入信息既包括 0~9 阿拉伯数字，还有其他符号，这时就会用矩阵按键作为系统的人机交互设备。

任 务 实 施

【基础任务】 矩阵按键数码管显示设计

任务描述

本任务主要介绍矩阵按键基础知识、矩阵按键的扫描方法。基础任务：完成矩阵按键数码管显示设计。系统共有 16 个按键 KEY1~KEY16，编号为 1~16，开机后，八位数码管不显示；当有按键按下时，数码管显示按键编号。完成系统硬件和软件设计，仿真与调试。

1. 电路及元件

矩阵按键数码管显示电路原理图如图 5-8 所示。元件清单如表 5-3 所示。

表 5-3　元件清单

序号	元件名称	参数	数量	Proteus 中的名称
1	单片机	DIP40 封装	1	AT89C52
2	晶振	11.0592 MHz	1	CRYSTAL
3	电容	22 pF	2	CAP
4	电容	0.1 μF	1	CAP
5	电阻	10 kΩ	5	RES
6	电阻	1 kΩ	9	RES
7	按键开关	按键	17	BUTTON
8	排阻	10 kΩ	1	RESPACK-8

序号	元件名称	参数	数量	Proteus 中的名称
9	三极管	PNP 型	9	PNP
10	蜂鸣器	无源蜂鸣器	1	BUZZER
11	数码管	八位共阳数码管	1	7SEG-MPX8-CC-BLUE
12	双向缓冲器	74HC245D	1	74HC245D
13	三八译码管	74HC138	1	74HC138

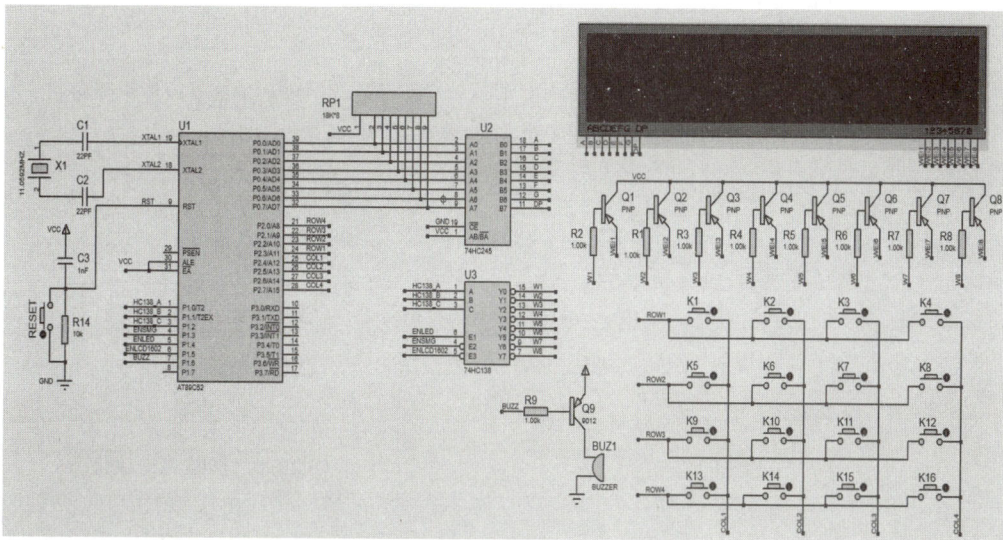

图 5-8　矩阵按键数码管显示电路原理图

电路解读

矩阵按键电路:4×4 矩阵按键共有四个行控制信号线和四个列控制信号线,按键放置在行线与列线之间。按键的一端与行线相连,另一端与列线相连。列线及行线都接在单片机的 I/O 口上,4×4 矩阵按键由单片机的 P2 端口共 8 个引脚控制。

与独立按键相比,矩阵按键提高了单片机 I/O 口的利用率。

在实物开发板的矩阵电路中,行控制信号线或列控制信号线通常串接一个几百欧的电阻,起到限流的作用。

数码管显示、蜂鸣器电路前面已讲过,此处不再赘述。

2. 源程序设计

(1)矩阵按键驱动源文件 key4x4.c 设计。

```
#include "KEY4X4.h"
#include "SMG.h"
```

```
bit Flag_16ms=0;
unsigned char keynum=0;
/*函数功能:按键检测*/
unsigned char Key4x4_Scan()
{
    static unsigned char k1=0,temp=0;          //局部静态变量
    if(Flag_16ms==1)
    {
        Flag_16ms=0;
        switch(k1)
        {
            case 0: {                          //状态一:按键的初始状态
                KEY4X4_PORT=0xF0;
                if(KEY4X4_PORT!=0xF0)          //是否有按键按下
                {
                    k1=1;temp=0;return 0;      //有,转状态二
                }else {
                    k1=0; temp=0;return 0;     //无,继续在状态一
                }
                break;
            }
            case 1:                            //状态二:按键的确认状态
            {
                KEY4X4_PORT=0xF0;
                //delay_us(10);
                if(KEY4X4_PORT!=0xF0)          //按键确认按下
                {
                    KEY4X4_PORT=0xF7;          //检测第四行的按键
                    switch(KEY4X4_PORT)
                    {
                        case 0x77:{temp=4; break;}
                        case 0xB7:{temp=3; break;}
                        case 0xD7:{temp=2; break;}
                        case 0xE7:{temp=1; break;}
                    }
                    KEY4X4_PORT=0xFB;          //检测第三行的按键
                    switch(KEY4X4_PORT)
                    {
                        case 0x7B:{temp=8; break;}
                        case 0xBB:{temp=7; break;}
                        case 0xDB:{temp=6; break;}
                        case 0xEB:{temp=5; break;}
```

```
                }
            KEY4X4_PORT=0xFD;                    //检测第二行的按键
            switch(KEY4X4_PORT)
            {
                case 0x7D:{temp=12; break;}
                case 0xBD:{temp=11; break;}
                case 0xDD:{temp=10; break;}
                case 0xED:{temp=9; break;}
            }
            KEY4X4_PORT= 0xFE;                   //检测第一行的按键
            switch(KEY4X4_PORT)
            {
                case 0x7E:{temp=16; break;}
                case 0xBE:{temp=15; break;}
                case 0xDE:{temp=14; break;}
                case 0xEE:{temp=13; break;}
            }
            k1=2;return 0;                        //按键松手检测状态
          } else {
            //无按键按下,是干扰,第一步
            k1=0; temp=0;BEEP=1;return 0;}
          break;
        }
        case 2:                                  //第三步:按键松手检测状态
        {
          KEY4X4_PORT=0xF0;
          if(KEY4X4_PORT!=0xF0)                  //未松手,返回第三步
          {  k1=2;
             BEEP=0;
             return 0;
          } else{                                //松手,返回第一步
             k1=0;BEEP=1;return temp;            //返回键码
          }
          Break;
        }
        default:k1=0;BEEP=1;return 0;            //无按键按下
    }
  }
  return 0;
}
/*函数功能:按键功能解析*/
void Key4x4_Function()
```

```
{   unsigned char temp1;
    unsigned char tmpbuf[3]="   ";
    temp1=Key4x4_Scan();
    if(temp1!=0)           //根据按键的值,进行不同的操作
    {
        switch(temp1)
        {
        case 1:{
            keynum=1;
            break;
        }
        case 2:{
            keynum=2;
            break;
        }
        case 3:{
            keynum=3;
            break;
        }
        case 4:{
            keynum=4;
        break;
        }
        case 5:{
            keynum=5;
            break;
        }
        case 6:{
            keynum=6;
            break;
        }
        case 7:{
            keynum=7;
            break;
        }
        case 8:{
            keynum=8;
            break;
        }
        case 9:{
            keynum=9;
            break;
        }
```

```
        case 10:{
            keynum=10;
            break;
        }
        case 11:{
            keynum=11;
            break;
        }
        case 12:{
            keynum=12;
            break;
        }
        case 13:{
            keynum=13;
            break;
        }
        case 14:{
            keynum=14;
            break;
        }
        case 15:{
            keynum=15;
            break;
        }
        case 16:{
            keynum=16;
            break;
        }
        default:keynum= 0; break;
        }
    }
    }
```

程序解读

外部变量定义：

```
    bit Flag_16ms=0;
    unsigned char keynum=0;
```

Flag_16ms 标志位在定时器中断服务函数中被置位,用于切换按键状态,实现消抖。

keynum 用于存放键值,当无按键按下时,keynum＝0,当有按键按下并松开时,keynum 保存的是矩阵键值 0~16。

矩阵按键扫描函数 unsigned char Key4x4_Scan()：

该函数无形参，函数有返回值，返回键值。当有按键按下并松开时，KEY1～KEY16按下，返回1～16。

该函数按键采用Flag_16ms标志位切换按键状态，实现消抖。

该函数在应用程序中需要不断被调用才行。

矩阵按键功能解析函数void Key4x4_Function()：

该函数调用矩阵按键扫描函数，当有按键按下并松开时，键值保存在外部变量keynum里。KEY1按下，keynum＝1；KEY2按下，keynum＝2；同理KEY16按下，keynum＝16。KEY1～KEY16按下，keynum的值为1～16。

（2）矩阵按键驱动头文件key4x4.h设计。

```c
#ifndef __KEY4X4_H_
    #define __KEY4X4_H_
    #include "reg52.h"
    #define KEY4X4_PORT P2      //数据端口宏定义
    sbit KeyIn1=P2^4;
    sbit KeyIn2=P2^5;
    sbit KeyIn3=P2^6;
    sbit KeyIn4=P2^7;
    sbit KeyOut1=P2^3;
    sbit KeyOut2=P2^2;
    sbit KeyOut3=P2^1;
    sbit KeyOut4=P2^0;
    sbit BEEP=P1^6;
    extern bit Flag_16ms;
    extern unsigned char keynum;
    extern void Key4x4_Function();
#endif
```

程序解读

声明矩阵按键和蜂鸣器相关引脚。

声明外部变量。

声明矩阵按键驱动外部函数。

只声明了按键解析函数Key4x4_Function()。在应用程序中只能调用矩阵按键解析函数Key4x4_Function()，而不能单独调用矩阵按键扫描函数。

> **总结——矩阵按键驱动程序应用**
>
> 矩阵按键驱动程序可移植到其他51单片机开发板或仿真电路，只需要根据实际的电路，修改矩阵按键驱动头文件中相关引脚声明即可。
>
> 应用程序需要不断调用矩阵按键功能解析函数Key4x4_Function()才行。
>
> 应用程序可不断查询外部变量keynum的值，当keynum为不零时，说明矩阵按键有按键按下，可根据键值做不同的处理。

（3）数码管驱动程序设计。

程序源码同基础任务，详见任务 5-2 例程。

（4）定时器驱动程序设计。

程序源码同基础任务，详见任务 5-2 例程。

（5）应用程序 main.c 设计。

```
#include "reg52.h"
#include "SMG.h"
#include "Timer.h"
#include "KEY4X4.h"
/*函数功能:主函数*/
void main()
{
    SMG_Enable();                //数码管使能
    Timer0Init(2000);            //定时器 T0 初始化
    SMG_BUF[0]=12;               //数码管初始化显示 CODE--
    SMG_BUF[1]=0;
    SMG_BUF[2]=13;
    SMG_BUF[3]=14;
    SMG_BUF[4]=17;
    SMG_BUF[5]=17;
    while(1)
    {
        Key4x4_Function();       //按键解析
        if(keynum!=0)            //有按键按下,送数码管后两位显示键值
        {
            SMG_BUF[6]=keynum/10;
            SMG_BUF[7]=keynum%10;
        }
    }
}
```

程序解读

程序逻辑比较简单，首先使能数码管，定时器 T0 初始化，定时时间 2 ms，数码管初始化显示 CODE--，在超级循环中不断调用矩阵按键解析函数，有按键按下时，数码管后面两位显示键值。

当程序中使用矩阵按键时，必须包含定时器的头文件，在主函数中对定时器初始化。矩阵按键需要定时器产生一个 Flag_16ms 的标志位，对按键进行状态切换，从而消除抖动。

【进阶任务】　简易数字密码锁设计

任务描述

进阶任务：完成简易密码锁设计。开机后，八位数码管显示 PE；初始密码为：

112233;输入 6 位数密码时,如果输入错误,则可以按向前删除键删除输入错误的数字。按开锁键,如果输入密码正确,继电器吸合,灯亮,同时,蜂鸣器响,表示开锁成功！否则,清除显示。按修改密码键,可以修改密码;修改完成后,按保存密码键,可以保存修改的密码。按密码复位键,可以恢复成初始密码 112233。完成系统硬件和软件设计,仿真与调试。

小制作:完成上面其中一个实验的实物制作,参考设计文档和视频课后自行练习。

1. 电路及元件

简易密码锁电路原理图如图 5-9 所示。元件清单如表 5-4 所示。

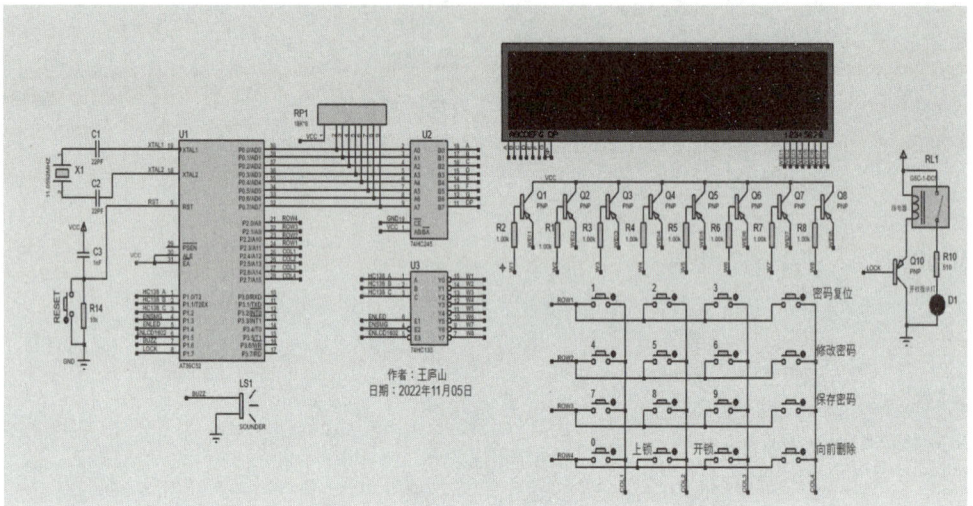

图 5-9　简易密码锁电路原理图

表 5-4　元件清单

序号	元件名称	参数	数量	Proteus 中的名称
1	单片机	DIP40 封装	1	AT89C52
2	晶振	11.0592 MHz	1	CRYSTAL
3	电容	22 pF	2	CAP
4	电容	0.1 μF	1	CAP
5	电阻	10 kΩ	5	RES
6	电阻	1 kΩ	9	RES
7	电阻	510 Ω	1	RES
8	按键开关	按键	17	BUTTON
9	排阻	10 kΩ	1	RESPACK-8
10	三极管	PNP 型	10	PNP
11	蜂鸣器	无源蜂鸣器	1	BUZZER

序号	元件名称	参数	数量	Proteus 中的名称
12	数码管	八位共阳数码管	1	7SEG-MPX8-CC-BLUE
13	双向缓冲器	74HC245D	1	74HC245D
14	三八译码管	74HC138	1	74HC138
15	LED 灯	LED 灯	1	LED-YELLOW
16	继电器	5 V 直流继电器	1	G5C-1-DC5

电路解读

按钮功能定义:简易数字密码锁电路与前面基础任务相比,增加了继电器驱动电路;对 4×4 矩阵按键的功能进行了重新定义,数字键 10 个,分别是 0~9;功能键 6 个,分别是上锁、开锁、密码复位、修改密码、保存密码、向前删除。

继电器驱动电路:继电器驱动电路由 PNP 型三极管、继电器、LED 指示灯和 510 Ω 限流电阻组成。控制引脚由单片机 P1.7 引脚控制。

2. 源程序设计

(1) 应用程序 main.c 设计。

```
# include "reg52.h"
# include "SMG.h"
# include "Timer.h"
# include "KEY4X4.h"
sbit LOCK=P1^7;
unsigned char password[]={1,1,2,2,3,3};        //初始密码
unsigned char inputPass[]={0,0,0,0,0,0};       //输入密码缓存
unsigned char tempPass[]={0,0,0,0,0,0};        //修改密码输入缓存
/*函数功能:主函数*/
void main()
{
    unsigned char count=0,i;
    bit flag_ok=0;
    bit flag_updata=0;
    SMG_Enable();
    Timer0Init(2000);
    while(1)
    {
        if(keynum !=0)
        {
            if(keynum<=10)                     //按下数字键
```

```
        {
          switch(count)
          {
            case 0: {   //输入第 1 位密码
                    if(flag_updata==1)
                    {
                      tempPass[0]=keynum% 10;
                    }else{
                      inputPass[0]=keynum% 10;
                    }
                    SMG_BUF[2]=17;
                    count=1;
                    break;
            }
            case 1: {   //输入第 2 位密码
                    if(flag_updata==1)
                    {
                        tempPass[1]=keynum% 10;
                    }else{
                        inputPass[1]=keynum% 10;
                    }
                    SMG_BUF[3]=17;
                    count=2;
                    break;
            }
            case 2 : {   //输入第 3 位密码
                    if(flag_updata==1)
                    {
                        tempPass[2]=keynum% 10;
                    }else{
                        inputPass[2]=keynum% 10;
                    }
                    SMG_BUF[4]=17;
                    count=3;
                    break;
            }
            case 3 : {   //输入第 4 位密码
                    if(flag_updata==1)
                    {
                        tempPass[3]=keynum% 10;
                    }else{
                        inputPass[3]=keynum% 10;
                    }
```

```
                              SMG_BUF[5]= ' 17;
                              count=4;
                              break;
                        }
                  case 4 : {   //输入第 5 位密码
                              if(flag_updata==1)
                              {
                                    tempPass[4]=keynum% 10;
                              }else{
                                    inputPass[4]=keynum% 10;
                              }
                              SMG_BUF[6]=   17;
                              count=5;
                              break;
                        }
                  case 5 : {   //输入第 6 位密码
                              if(flag_updata==1)
                              {
                                    tempPass[5]=keynum% 10;
                              }else{
                                    inputPass[5]=keynum% 10;
                              }
                              SMG_BUF[7]=17;
                              count=6;
                              break;
                        }
                  case 6 : {
                              count=0;
                              break;
                        }
            }
      }else {//按下功能键
            switch(keynum)
            {
            case 11:{   //上锁
                        flag_ok=0;
                        LOCK=1;
                        count=0;
                        for(i=0;i<6;i++)
                        {
                              inputPass[i]=0;
                              SMG_BUF[2+i]=16;
                        }
                        break;
```

```c
}
case 12:{//开锁
        for(i=0;i<6;i++)
        {
            if(password[i]!=inputPass[i])
            break;
        }
        if(i>=5)
        {
            flag_ok=1;          //开锁成功标志
            LOCK=0;             //开锁
            flag_Buzz=1;        //蜂鸣器响标志
        }else{
            flag_ok=0;
            LOCK=1;
            count=0;
            for(i=0;i<6;i++)
            {
                inputPass[i]=0;
                SMG_BUF[2+i]=16;
            }
        }
        break;
}
case 13:{//密码复位
        flag_ok=0;
        LOCK=1;
        count=0;
        for(i=0;i<6;i++)
        {
            inputPass[i]=0;
            SMG_BUF[2+i]=16;
        }
        password[0]=1;
        password[1]=1;
        password[2]=2;
        password[3]=2;
        password[4]=3;
        password[5]=3;
        break;
}
case 14:{   //修改密码
        flag_updata=1;
        flag_ok=0;
```

```
                        LOCK=1;
                        count=0;
                        for(i=0;i<6;i++)
                        {
                            inputPass[i]=0;
                            SMG_BUF[2+i]=16;
                        }
                        break;
                }
            case 15:{    //保存密码
                    if(flag_updata==1)
                    {
                        for(i=0;i<6;i++)
                        {
                            password[i]=tempPass[i];}
                        flag_updata=0;
                        flag_ok=0;
                        LOCK=1;
                        count=0;
                        for(i=0;i<6;i++)
                        {
                            inputPass[i]=0;
                            SMG_BUF[2+i]=16;
                        }
                    }
                    break;
                }
            case 16:{    //删除数字
                        if(count>0)
                            count--;
                        SMG_BUF[2+count]=16;
                        break;
                }
            }
        }
    keynum=0;
    }
    }
    }
```

程序解读

上电后,系统初始化。

当有按键按下时,如果是数字键 0～9,修改密码状态下,把数字保存到临时密码数组 tempPass[]中;输入密码状态下,把数字保存到输入密码数组 inputPass []中。

当按下功能按键时,根据不同的功能做不同的响应。

按下上锁按键,上锁,同时清除输入密码数组,熄灭数码管。

按下开锁按键,比较输入密码是否正确,正确则开锁成功标志位置 1,开锁,同时蜂鸣器响;否则,上锁,清除输入密码数组,熄灭数码管。

按下密码复位按键,清除输入密码,恢复系统原始密码,上锁,熄灭数码管。

按下修改密码按键,设置修改密码标志位,清除输入密码数组,上锁,熄灭数码管。

按下保存密码按键,修改系统密码,清除输入密码数组,上锁,熄灭数码管。

按下向前删除按键,删除前一个输入的数字。

简易密码锁程序流程图如图 5-10 所示。

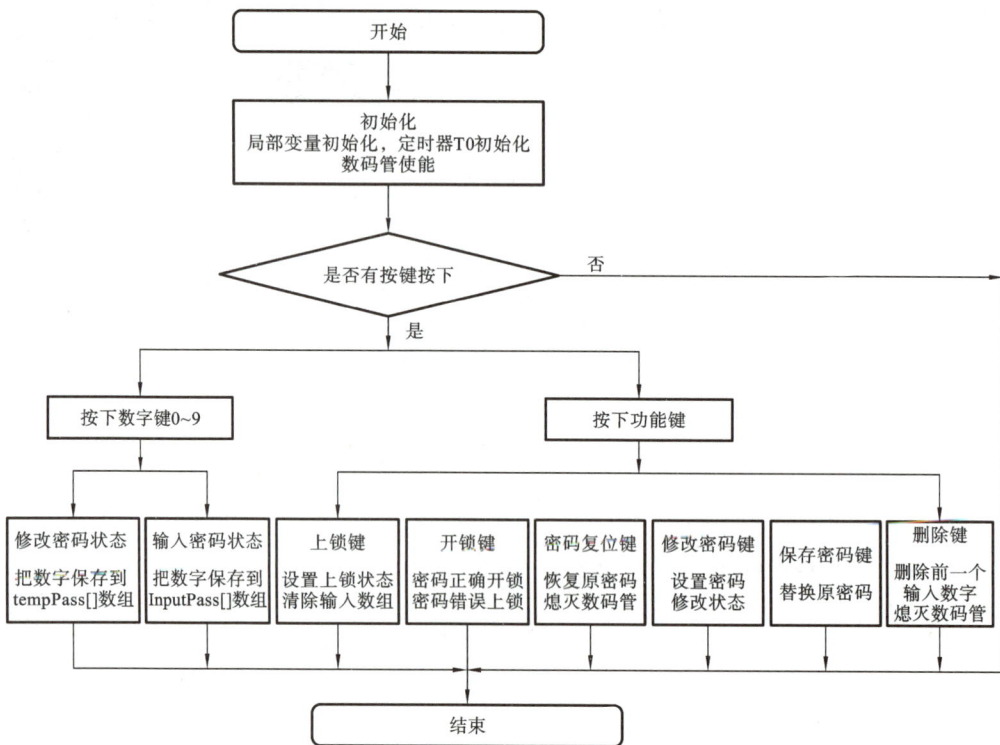

图 5-10　简易密码锁程序流程图

（2）矩阵按键驱动程序设计。

程序源码同基础任务,详见任务 5-2 例程。

（3）数码管驱动程序设计。

程序源码同基础任务,详见任务 5-2 例程。

（4）定时器驱动程序设计。

程序源码同基础任务,详见任务 5-2 例程。

拓展思维

本节介绍了矩阵按键及应用程序的设计,矩阵按键在很多场合都会用到,如果用矩阵按键编写一个简易的计算器,那么程序怎么写?

任务总结

通过矩阵按键数码管显示和简易密码锁设计两个任务训练,学习了矩阵按键扫描和解析的方法,为后续矩阵按键应用程序开发,打下了坚实的基础。

知 识 链 接

5.6 矩阵按键电路原理

4×4 矩阵按键电路原理图如图 5-11 所示。

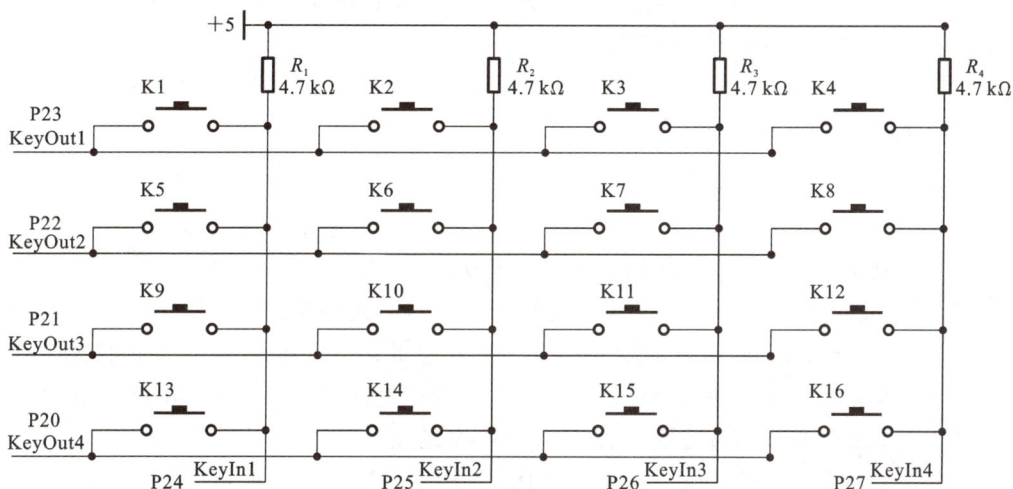

图 5-11 4×4 矩阵按键电路图

电路分析:4×4 矩阵按键共有四个行控制信号线和四个列控制信号线,按键放置在行线与列线之间。按键的一端与行线相连,另一端与列线相连。列线上端通过上拉电阻接在电源上,列线下端及行线都接在单片机的 I/O 口上,故 4×4 矩阵按键共需要 8 个 I/O 口,可见与独立按键相比,大大减少了 I/O 口的数量。

有些开发板的矩阵按键电路中,行控制信号线也串接一个 330 Ω 电阻,起到限流的作用。

5.7 矩阵按键行列扫描法

行扫描法就是先把 4 行中的一行设置为低电平,其他行全设置为高电平,然后检测列所对应的端口,若都为高电平,则没有按键按下,否则,说明有按键按下。

也可以先把 4 列中的一列设置为低电平,其他列全设置为高电平,然后检测行所对应的端口,若都为高电平,则表明没有按键按下,否则有按键按下。下面以行扫描法为例说明。

首先第一行 KeyOut1 置为低电平,其他行 KeyOut2 、KeyOut3、KeyOut4 为高电

平,当然也要先置所有的列都为1,因为单片机在读引脚的状态时,要先置高电平,读出来的数据才是正确的。即 P2＝0xF7,之后读取 P2 的状态,若 P2 口电平还是 0xF7,则没有按键按下,否则说明有按键按下,具体是哪个,由此时读到的值决定。如果 KeyIn1＝0,其他 KeyIn2、KeyIn3、KeyIn4 都为1,即 P2 值为 0xE7,表明按下的是第一行第一列按键,即 K1 被按下。若 P2 值为 0xD7,则表明按下的是第一行第二列按键,即 K2 被按下。若 P2 值为 0xB7,则表明按下的是第一行第三列按键,即 K3 被按下。若 P2 是 0x77,则表明按下的是第一行第四列按键,即 K4 被按下。

接下来第二行 KeyOut2 置为低电平,其他行 KeyOut1 、KeyOut3、KeyOut4 为高电平,检测第二行中的哪个按键被按下。

然后第三行 KeyOut3 置为低电平,其他行 KeyOut1 、KeyOut2、KeyOut4 为高电平,检测第三行中的哪个按键被按下。

最后第四行 KeyOut4 置为低电平,其他行 KeyOut1 、KeyOut2、KeyOut3 为高电平,检测第四行中的哪个按键被按下。

这样就逐行对按键进行了扫描,每行判断 4 个按键,4 行就完成 16 个按键的扫描。这种方法称为行列法按键扫描。

5.8 矩阵按键的翻转扫描法

首先让 P2 口高四位全为 1,低四位全为 0。若有按键按下,则高四位中会有一个 1 翻转为 0,低四位不会变,此时即可确定被按下的键的列位置。然后让 P2 口高四位全为 0,低四位全为 1。若有按键按下,则低四位中会有一个 1 翻转为 0,高四位不会变,此时即可确定被按下的键的行位置。通过上面两步,就可以判断出按键的行列值,最后将两次读到的数值进行或运算,从而确定是哪个键被按下了。

首先给 P2 口赋值 0xF0,接着读取 P2 口的状态值,若读到的值为 0xF0,则表明第一列有按键按下;接着给 P2 口赋值 0x0F 并读取 P2 口的状态值,若值为 0x0E,则表明第一行有按键按下,最后把 0xE0 和 0x0E 进行按位或运算,结果为 0xEE,这样,一个被按下键即在第一列,又在第一行,很显然是 K1 按下。采用同样的方法,就可以判断出其他按键被按下的值。

在翻转法中,要结合自己的矩阵键盘的电路图,分析组合得到的键码,正确地得到键值。

思考与练习题 5

5.1 多项选择题

(1)单片机开发板上通常配置的按键有(   )。
A. 独立按键   B. 矩阵按键   C. 触摸按键   D. ADC 按键

（2）独立按键的一端接地，另一端通过上拉电阻接电源，上拉电阻的阻值一般为（　　）。

A. 100 kΩ　　　　B. 10 kΩ　　　　C. 470 Ω　　　　D. 4.7 kΩ

（3）由于机械触点的弹性作用，一个按键开关在闭合时不会马上稳定地接通，而是伴随着 3～5 次的高低电平的快速变化；在断开时也不会一下子断开，因而在闭合及断开的瞬间均伴随有一连串的抖动，抖动时间的长短由按键的机械特性决定。这是一个很重要的时间参数，在很多场合都要用到。一般情况下，按键的抖动时间为（　　）。

A. 1 s　　　　B. 100 ms　　　　C. 10 s　　　　D. 10 ms

（4）状态机的四要素包括（　　）。

A. 现态　　　　B. 条件　　　　C. 动作　　　　D. 次态

5.2　填空题

（1）单片机开发板上通常配置了_____按键和矩阵按键。

（2）如下图所示，按键有两种状态：按下和弹起。当按键 K1 按下时，按键闭合，相当于一个闭合的开关，此时按键接地，输出信号 KeyIn1 通过按键 K1 连接到_____，因此 KeyIn1 为_____电平；当按键 K1 弹起时，按键断开，相当于一个_____的开关，输出信号 KeyIn1 通过电阻连接在_____，所以 KeyIn1 为_____电平。可以这样说，按键按下时，输出_____电平，按键弹起时，输出_____电平。这样我们就可以通过检测单片机的 I/O 口的_____高低来判断按键的状态。

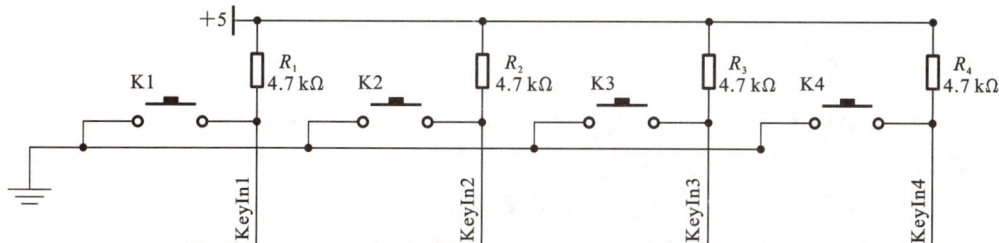

（3）通常的按键所用开关为机械弹性_____，当机械触点断开、闭合时，由于机械触点的弹性作用，一个按键开关在闭合时不会马上稳定地_____，而是伴随着 3～5 次的高低电平的_____变化；在断开时也不会一下子断开；因而在闭合及断开的瞬间均伴随有一连串的_____。

（4）按键消抖的方法有两种：一种是_____方法；另一种是_____的方法。硬件方法就是在按键两端并联一个小_____，通常采用 0.1 μF 的瓷片电容。软件方法就是通过程序解决，通常更侧重于后者。

（5）所谓软件消抖，即检测出按键闭合后执行一个延时程序，产生 16 ms 左右的_____，避开前沿_____，再一次检测按键的状态，如果仍保持_____状态电平，则确认为真正有键按下。当检测到按键释放后，也要给 16 ms 左右的延时，待后沿抖动消失后才能转入该键的处理程序。

（6）开发板上常用的蜂鸣器分为_____蜂鸣器和无源蜂鸣器。只要有源蜂鸣器两端加上_____电压，其内部音频发生器就会工作，蜂鸣器就会响。

（7）有源蜂鸣器有正负极，接的时候一定要注意。蜂鸣器实物上面标有＋的那一端为_____极，同时长引脚的那一端为_____极。

（8）_____：指当前所处的状态。条件：又称"事件"，触发状态_____的原因。动作：条件满足后_____的动作。次态：条件满足后要迁往的_____状态。

（9）矩阵按键行列扫描法算法中的行扫描法就是先把 4 行中的一行设置为_____电平，其他行全设置为_____电平，然后检测列所对应的端口，若都为_____电平，则没有按键按下，否则有按键按下。

5.3　简答题

（1）请画出带消抖的独立按键扫描程序流程图

（2）下图是按键的状态机图，请分析说明。

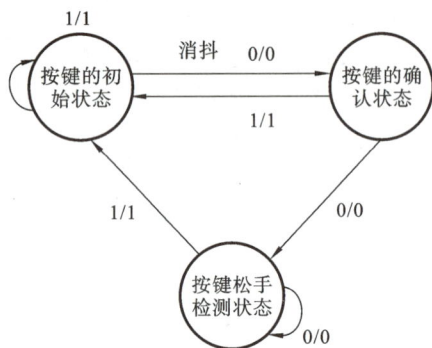

5.4　编程练习题

（1）编写程序，用状态机思想实现独立按键驱动程序的设计，用数码管显示按键的键值，当 KEY1 按下时，数码管显示 1，当 KEY2 按下时，数码管显示 2，当 KEY3 按下时，数码管显示 3，当 KEY4 按下时，数码管显示 4。

（2）请编程实现简单数字钟，用 LCD1602 液晶屏显示当前的时间和日期，并用三个按键：功能键、＋、－。按下功能键切换调节时间：年月日时分秒，按下＋键数据加 1，按下－键数据减 1。

匠 心 育 人

1. 科学思维：运用状态机的思想，创新完成任务
2. 创新精神："蛟龙闹海"突破深蓝极限
3. 学会沟通：英国首相丘吉尔

项目 6　串行口通信技术应用

串行口通信技术是单片机系统开发中常用的技术之一,串行口也是单片机常见的内部资源。近几年来,虽然新的通信技术、手段不断出现,但串行口通信技术由于技术成熟、开发方便而被广泛应用于工控领域。本项目共有三个工作任务:上位机与终端串行口通信设计、上位机控制终端数码管显示设计、终端温度上传系统设计。通过学习掌握单片机串行口的结构和用法,学会编写串行口通信的应用程序。

任务 6-1　上位机与终端串行口通信设计

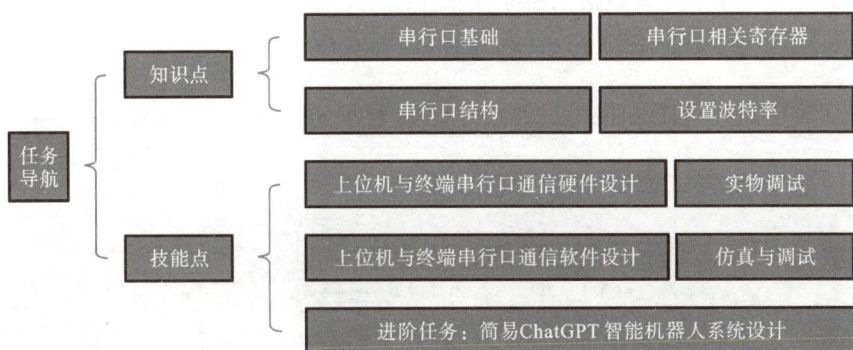

任务目标	知识目标	掌握串行口通信基础; 掌握串行口结构与工作原理; 掌握串行口相关的寄存器; 掌握设置波特率
	能力目标	会用 Proteus 仿真软件绘制串行口通信应用系统电路; 会用 Keil_C51 软件设计并调试串行口通信应用系统程序; 能进行仿真调试、实物联调,实现串行口通信应用系统功能

任务目标	素质目标	通过分析串行口协议,引导学生遵守协议,诚实守信,培养学生具备良好的职业素养; 通过简易 ChatGPT 智能机器人设计任务,培养学生爱国情怀; 通过实施任务,培养学生认真细致、精益求精的工匠精神和劳动精神

串行口通信技术是单片机系统开发中常用的技术之一,串行口也是单片机常见的内部功能单元。近几年来,虽然新的通信技术和手段不断出现,但串行口通信技术由于技术成熟、开发方便而被广泛应用于工控领域。

任 务 实 施

【基础任务】 上位机与终端串行口通信设计

任务描述

基础任务:完成上位机与终端串行口通信设计。任务功能:开机后,液晶屏第 1 行显示"Serial test!",第 2 行显示计算机串行口发来的字符串。当单片机接收到上位机发送的字符串后,立即把接收到的字符串回发给上位机,上位机实现显示终端发送回来的信息。

配置串行口,数据位:8 位,停止位:1 位,波特率:9600。完成系统硬件和软件设计,仿真与调试,下载到实物开发板上测试。

1. 电路及元件

(1)电路原理图。

上位机与终端串行口通信电路原理图如图 6-1 所示。

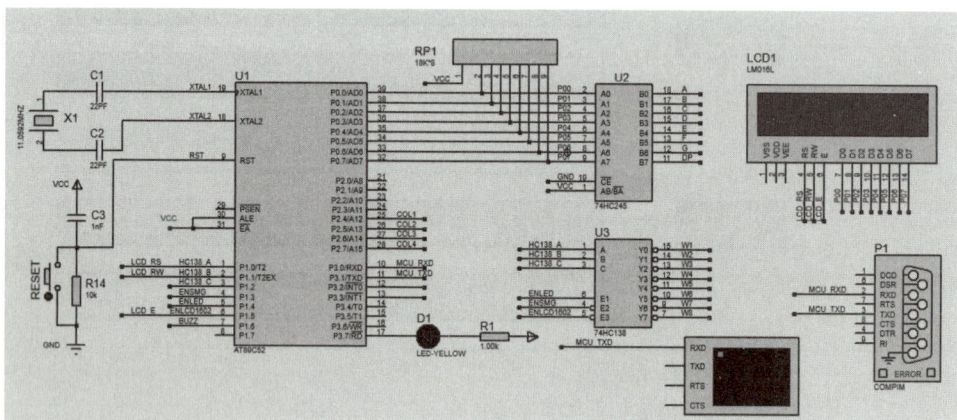

图 6-1　上位机与终端串行口通信电路图

(2)元件清单。

元件清单如表 6-1 所示。

表 6-1　元件清单

序号	元件名称	参数	数量	Proteus 中的名称
1	单片机	DIP40 封装	1	AT89C52
2	晶振	11.0592 MHz	1	CRYSTAL
3	电容	22 pF	2	CAP
4	电容	0.1 μF	1	CAP
5	电阻	10 kΩ	1	RES
6	电阻	1 kΩ	1	RES
6	按键开关	按键	1	BUTTON
7	排阻	10 kΩ	1	RESPACK-8
8	发光二极管	LED 灯	1	LED-YELLOW
9	双向缓冲器	74HC245D	1	74HC245
10	三八译码器	74HC138	1	74HC138
11	液晶屏	LCD1602	1	LM016L
12	串行口 COM 口	DB9	1	COMPIM
13	虚拟串行口	虚拟串行口	1	VIRTUAL TERMINAL

电路解读

上位机与终端通信仿真电路采用虚拟串行口通信,电路中 COM 口 P1 为 9 针梯形串行接口,模拟实现 TTL 电平转 RS-232 电平,P1 口的一端通信虚拟串行口与计算机连接,另一端通过两根线 TXD 和 RXD 与单片机串行口相连。

电路中的虚拟串行口的 RXD 接在单片机的 TXD 引脚,因此它显示的是单片机发送给计算机的数据。

电路中增加了 LCD1602 液晶显示电路,液晶屏的控制端口 RS 接在单片机 P1.0口,WR 接在单片机 P1.1 口,E 接在单片机 P1.5 口,数据端口接在单片机 P0 口。

> **经验之谈——仿真 COM 口**
>
> 仿真元件 COM 口内部已经实现了交叉,因此 COM 口的 RXD 与单片机的 RXD 相连,COM 口的 TXD 与单片机的 TXD 相连。
>
> 仿真元件 COM 口不需要外接电平转换电路也能工作,但在实物开发板上是需要 RS-232 电平转换电路的。

(3)虚拟串行口使用说明。

第 1 次安装好虚拟串行口软件后,需要添加一对虚拟串行口。打开虚拟串行口软件,因为一般的计算机最多有两个串行口,在这个界面上,设置端口一为 COM3,端口二为 COM4,单击“添加端口”按钮就可以增加一对虚拟串口(见图 6-2)。这两对端口是通过软件物理连接的,并且是 RS-232 电平连接。

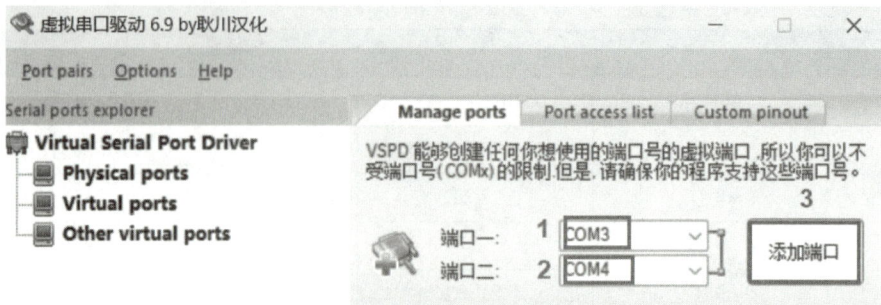

图 6-2　添加虚拟串行口

这样就完成了串行口的设置，在计算机的虚拟串口列表中，会多出一对串口 COM3 和 COM4，如图 6-3 所示。可以关闭此软件，这两个端口将会一直存在于你的计算机中，下次直接使用就可以了。

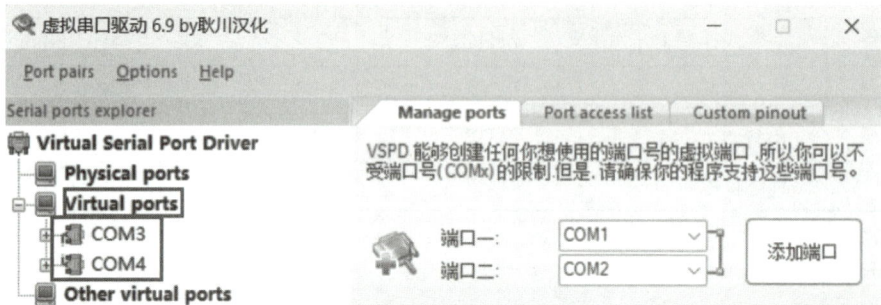

图 6-3　虚拟串行口浏览

（4）Proteus 中串行口设置。

仿真电气原理图请打开本例的仿真文件，下面对串行口进行设置和绑定。

在 Proteus 仿真电路中找到串行口元件，如图 6-4 所示，然后打开属性对话框，按图 6-5 所示设置参数。

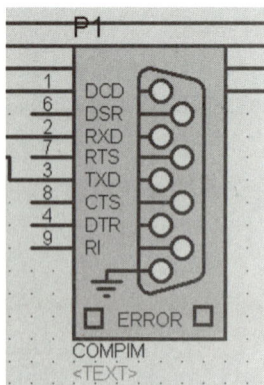

图 6-4　仿真串行口

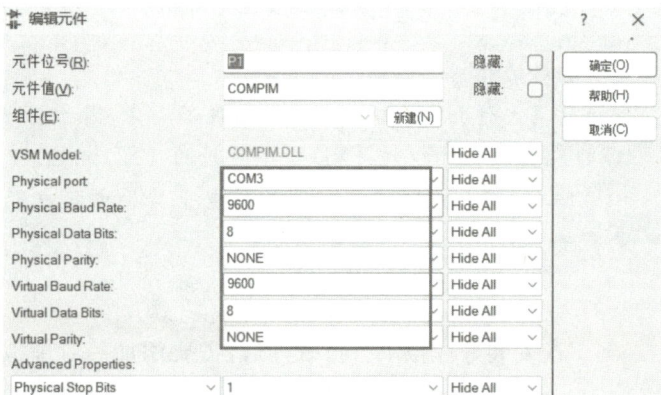

图 6-5　仿真串行口设置

（5）计算机中串行口设置。

下面对串行口调试工具进行设置。因本例 Proteus 用了 COM3,那么串行口调试工具就要绑定为 COM4 了,并且设置为十六进制发送和显示,如图 6-6 所示。

单击 Proteus 的播放键,切换到串行口调试工具,就能接收数据了。然后用计算机串行口调试助手发送一些数据给单片机。

同样的,Proteus 的虚拟串行口也可以接收到上位机发来的信息。

图 6-6　计算机串行口配置

2. 源程序设计

任务功能:开机后,液晶屏第 1 行显示"Serial test!",第 2 行显示计算机串行口发来的字符串。当单片机接收到上位机发送的字符串后,立即把接收到的字符串回发给上位机,上位机显示单片机发送回来的数据。

（1）串行口驱动源文件设计。

```c
#include "Serial.h"
#include "Timer.h"
sbit LED8=P3^7;
//Flag_RecieveEnd——接收结束标志;RecieveNum——接收字符个数
bit Flag2Ms,Flag300Ms,Flag1s,Flag_RecieveEnd=0;
unsigned int RecieveTime=0,RecieveNum=0;  //时间间隔
unsigned char Serial_TempBuf[16]= {0,0,0,0,0,0,0,0,0,0,0,0,0,0,0,0};
/* 函数功能:UART1 初始化函数
说    明:设置串行口波特率,串行口 1 工作在方式 1,使能串行口中断*/
void UART1_Init(unsigned int baud)
{
    SCON=0x50;                  //设置串行口 1 工作在方式 1
    PCON=0x00;                  //波特率不加倍
    if(T1ASBAUD==1)             //当设置定时器 T1 作为波特率发生器时
        T1isBaud_Init(baud);
    else if(T2ASBAUD==1)        //当设置定时器 T2 作为波特率发生器时
        T2isBaud_Init(baud);
    PS=1;                       //设定串行口的优先级为高,高于定时器优先级 0
    ES=1;
    EA=1;
}
/* 函数功能:串行口 1 中断服务函数*/
void Serial_Interrupt() interrupt 4
{
    if(RI==1)
```

```
        {
            RI=0;
            ES=0;ET0=0;                    //关闭串中断
            if(SBUF !='\r')
            {   //把接收到的数据放到接收缓存中
                    Serial_TempBuf[RecieveNum++]=SBUF;
            }else{
                    Serial_TempBuf[RecieveNum++]='\r';
                    Serial_TempBuf[RecieveNum]='\n';
                    Flag_RecieveEnd=1;
            }
            if(RecieveNum>15)          //设定最多接收 16 个字符
            {
                RecieveNum=15;
            }
            ES=1;
            ET0=1;
        }
    }
```

程序解读

外部变量与标志位:Flag_RecieveEnd 是串行口接收数据帧完成标志位,当 Flag_RecieveEnd 为 1 时,说明串行口接收到一帧数据帧;RecieveTime 表示串行口接收数据帧时,相临两个字符间隔时间;RecieveNum 表示串行口接收到的数据数量;Serial_TempBuf 表示串行口接收数据缓存,用于存放串行口接收到的数据,在此设置缓存的最大空间为 16 个字节。

串行口初始化函数 void UART1_Init(unsigned int baud):该函数无返回值,形参为波特率,对单片机的串行口进行初始化。该函数会根据宏 T1ASBAUD、T2ASBAUD 的值调用不同的函数对串行口初始化,因为串行口可以用定时器 T1 和 T2 作为波特率发生器。当程序使用串行口时,该函数要在主函数中被调用。

串行口 1 中断服务函数 void Serial_Interrupt() interrupt 4:中断服务函数实现了一个简单的协议,一个有效的数据帧结尾带\r\n,即以回车换行结尾。如果接收到的数据不是回车换行符,则存入串行口接收数据缓存 Serial_TempBuf,同时接收数据长度加 1;当单片机收到\r\n,认为数据帧结束,设置标志位 Flag_RecieveEnd 为 1,串行口一帧数据接收完毕。

串行口驱动需要用到定时器驱动:串行口驱动需要用到定时器的驱动,在串行口驱动源文件中,需要包含定时器的驱动头文件。

使用方法:当应用程序用到串行口时,在主程序中包含串行口驱动的头文件,应用程序初始化时,需要调用串行口初始化函数,在 while 循环中,不断判断串行口数据帧接收完成标志位 Flag_RecieveEnd 是否为 1,若为 1,则说明串行口数据帧接收完成,就可以对接收到的数据帧进行处理。

（2）串行口驱动头文件设计。

```
#ifndef SERIAL_H_
    #define SERIAL_H_
    #include <reg52.h>
    #include "Serial.h"
    #define BAUDRATE 9600
    #define FOSC(11059200L)
    #define T1ASBAUD 1
    #define T2ASBAUD 0
    sfr IPH=0XB7;                            //声明 IPH 寄存器
    extern bit Flag2Ms,Flag300Ms,Flag1s,Flag_RecieveEnd;
    extern unsigned int RecieveTime;    //接收两个字符的时间间隔
    extern unsigned int RecieveNum;
    extern unsigned char Serial_TempBuf[16];
    extern void UART1_Init(unsigned int baud);
#endif
```

程序解读

串行口驱动头文件主要功能如下：波特率宏定义、配置波特率发生器；对外部变量进行声明；对外部函数进行声明。

当应用程序用到串行口时，在主程序中包含串行口驱动的头文件。

（3）LCD1602 驱动程序设计。

见任务 6-1 例程。

（4）定时器驱动程序设计。

见任务 6-1 例程。

（5）应用程序 main.c 设计。

```
#include <reg52.h>
#include <stdio.h>
#include "LCD1602.h"
#include "Serial.h"
#include "Timer.h"
bit Flag_500ms=0;
//内部函数声明
void main()
{
    unsigned char temp1,i;
    UART1_Init(BAUDRATE);
    Timer0Init(2000);                    //定时器设置
    LCD1602_Enable();
    Lcd1602Set();                        //初始化液晶屏
    LcdShowStr(0,0,"Serial Test!",12);
```

```
while(1)
{
    if(Flag_RecieveEnd==1)    //当接收完毕标志为1时
    {
        LcdShowStr(0,1,"                ",16);
        Flag_RecieveEnd=0;
        temp1=RecieveNum;     //接收的字符串个数
        RecieveNum=0;
        for(i=0;i<temp1;i++)
        {
            SBUF=Serial_TempBuf[i];
            while(TI==0);
            TI=0;
        }
        LcdShowStr(0,1,Serial_TempBuf,temp1);
    }
}
```

程序解读

初始化：串行口初始化，设定波特率为9600；定时器T0初始化定时时间2毫秒；LCD1602液晶屏初始化显示。

程序逻辑：当终端接收到上位机发送来的信息后，清除串行口接收完成标志，清除接收字符数量，然后把接收到的信息原样发给上位机，并把信息送到LCD1602液晶屏显示。

在主程序里，只需要不断判断Flag_RecieveEnd标志位是否为1，如果为1，说明串行口已接收到一帧数据。

上位机与终端串行口通信设计程序流程图如图6-7所示。

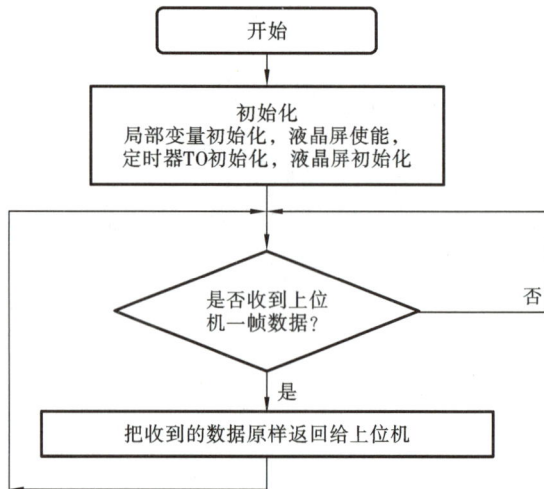

图6-7 上位机与终端串行口通信设计程序流程图

【**进阶任务**】　简易 ChatGPT 智能机器人系统设计

任务描述

进阶任务要求完成简易 ChatGPT 设计。功能要求：模拟 ChatGPT 智能机器人对话，上位机输入"中华人民共和国的生日？"时，回答"中华人民共和国的生日是 10 月 1 日。"上位机输入"中国共产党第一次代表大会什么时候召开的？"时，回答"中国共产党第一次代表大会 1929 年在上海召开。"上位机输入"乘坐中国航天飞船，走向太空第一人是谁？"时，回答"杨利伟"；还可以扩展训练其他问题。

1. 电路及元件

电路原理图和元件清单同基础任务。

2. 源程序设计

（1）源程序 main.c 设计。

```c
#include <reg52.h>
#include <stdio.h>
#include "LCD1602.h"
#include "Serial.h"
#include "Timer.h"
#include "stdio.h"
#include "string.h"
//问题与答案数组
code unsigned char question[4][50]={{"小爱同学,你好"},
        {"中华人民共和国的生日?"},
        {"中国共产党第一次代表大会什么时候召开的?"},
        {"乘坐中国航天飞船,走向太空第一人是谁?"}};
code unsigned char  answer[4][50]={{"主人,在的,你有什么需求?"},
        {"中华人民共和国的生日是 10 月 1 日。"},
        {"中国共产党第一次代表大会 1929 年在上海召开。"},{"杨利伟"}};
//主函数
void main()
{
    unsigned char tmp1,i;
    UART1_Init(BAUDRATE);              //初始化串行口 1
    Timer0Init(2000);                  //定时器设置
    LCD1602_Enable();                  //液晶屏使能
    Lcd1602Set();                      //初始化液晶屏
    LcdShowStr(0,0,"Serial Test!",12); //初始化液晶屏显示内容
    while(1)
    {
        if(Flag_RecieveEnd==1)         //当接收完毕标志位为 1 时
```

```
        {
            EA=0;                      //关总中断,防止其他中断对接收数据产生影响
            Flag_RecieveEnd=0;         //清除接收完成标志位
            tmp1=RecieveNum;           //接收的字符串个数
            RecieveNum=0;              //清除接收的字符串个数
            printf("%s%s\r\n","问:",Serial_TempBuf);  //返给上位机
            for(i=0;i<4;i++)           //遍历问题
            {
                if(strstr(Serial_TempBuf,question[i]) !=0){  //比对数据
                    printf("%s%s\r\n","答:",answer[i]);       //发上位机
                    break;
                }
            }//清除接收缓存
            memset(Serial_TempBuf,0,sizeof(Serial_TempBuf));
            EA=1;                      //开总中断
        }
    }
}
```

程序解读

包含头文件:程序中用到了 strstr() 函数,需要包含 string.h 头文件;程序中用到了 printf() 函数,需要包含 stdio.h 头文件。

strstr 函数:

函数声明:char * strstr(const char * str1, const char * str2)

头文件:#include <string.h>

返回值:返回值为 char * 类型(返回指向 str1 中第一次出现的 str2 的指针);如果 str2 不是 str1 的一部分,则返回空指针。

printf() 函数:在使用 printf() 函数之前需要注意两点,一是调用头文件 stdio.h,二是重定义 putchar() 发送单个字符函数。

```
//为了用 printf 函数,需重写 putchar 函数
char putchar(char ch)
{
    SBUF=ch;
    while(TI==0);
    TI=0;
    return ch;
}
```

在使用 C51 的 printf() 函数打印 %d/i/u/o/x/X 格式的数值时,需要指定该变量的存储格式 l/L/b/B。

如输出十进制数,规则总结如下:8 位数据,格式为 %bd;16 位数据,格式为 %hd;32 位数据,格式为 %ld。

memset 函数：

memset()函数原型是

```
extern void * memset(void * buffer, int c, intcount)
```

buffer 为指针或是数组，c 是赋给 buffer 的值，count 是 buffer 的长度。

这个函数多用于清空数组，如原型是：memset(buffer, 0, sizeof(buffer))。

函数 memset()用来对一段内存空间全部设置为某个字符，一般用在对定义的字符串进行初始化为‘ ’或‘\0’；

程序逻辑：应用程序中，定义了问题和答案两个二维数组，当串行口接收到一个数据帧时，把串行口接收缓存中的数据在问题二维数据中进行比对，当找到问题时，就把相应的答案发送给上位机，从而实现了智能应答机器人，模拟了 ChatGPT 功能。当然可以增加问题与答案数组，从而实现更多的功能。简易 ChatGPT 智能机器人设计程序流程图如图 6-8 所示。

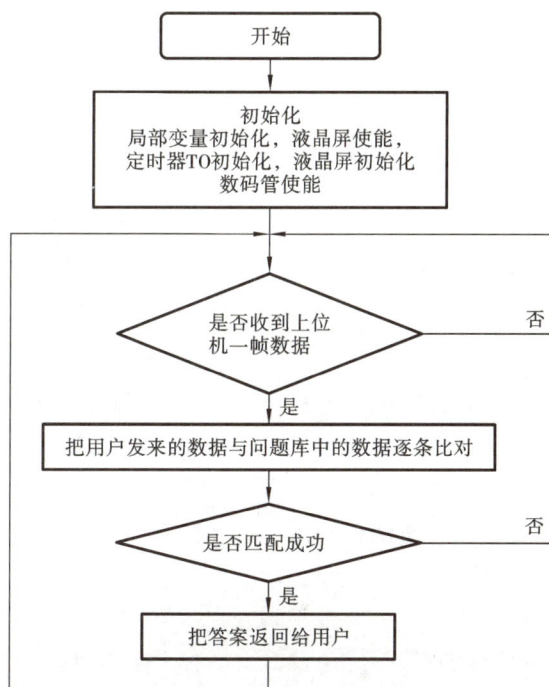

图 6-8　简易 ChatGPT 智能机器人设计程序流程图

（2）串行口驱动程序设计。

驱动程序与基础任务相同，见任务 6-1 例程。

（3）LCD1602 驱动程序设计。

驱动程序与基础任务相同，见任务 6-1 例程。

（4）定时器驱动程序设计。

驱动程序与基础任务相同，见任务 6-1 例程。

拓展思维

本节介绍了计算机与单片机串行口进行通信,计算机发送信息给单片机,单片机把接收到的信息原样返回给计算机,请同学们对接收到的信息作如下简单处理:当接收到上位机发来的数据帧时,给接收到的字符串加一个前缀"receive:",表示这是接收到的数据。请想想如何修改代码实现上述功能。

任务总结

计算机和单片机双方串行口方式通信时,单片机只连接了 3 根线,第一根用于接收,第二根用于发送,第三根为共地线,因此,单片机内部的数据向外传送时,不可能 8 位数据同时进行,在一个时刻只可能传送一位数据,8 位数据依次在一根数据线上传送,这种通信方式称为串行通信。而前面应用程序中单片机向外传送其内部的数据时,采用 8 位数据同时传送,这种通信方式称为并行通信。

通过分析程序还可以看出,通信双方都必须在通信之前设置工作方式和波特率,波特率用于定义串行口通信的数据传输速度,而工作方式用于确定串行口通信的帧格式。

知 识 链 接

6.1　通信分类

1. 并行通信和串行通信

计算机通信是将计算机技术和通信技术相结合,完成计算机与外部设备或计算机与计算机之间的信息交换。计算机通信可以分为两大类:并行通信与串行通信。

1)并行通信

并行通信通常是将数据字节的各位用多条数据线同时进行传送。并行通信时的数据各个位同时传送,可以实现字节为通信单位,但通信线占用硬件资源多,成本高。例如,设置 P1＝0x55,一次给 P1 口的 8 个管脚分别赋值,同时进行信号输出,类似于 8 个车道同时通过 8 辆车,这样的形式是并行的,一般称 P0、P1、P2、P3 为 51 单片机的 4 组并行总线。并行通信示意图如图 6-9 所示。

并行通信控制简单、传输速度快;由于传输线较多,长距离传送时,成本高且接收方的各位同时接收存在困难。

2)串行通信

串行通信是将数据字节分成一位一位的形式在一条传输线上逐个传送。串行通信,就是一个车道,一次只能通过一辆车,如果要传输 0x55 这样一个字节的数据,假如低位在前,高位在后的话,那发送方式是:0—1—0—1—0—1—0—1,一位一位地进行传输,要发送 8 次才能发送完一个字节。串行通信示意图如图 6-10 所示。

STC89C52RC 单片机有两个引脚专门用于串行口通信:一个是 P3.0(RXD);另一个是 P3.1(TXD)。它们组成的通信接口就是串行接口,简称串口,用于两个单片机或

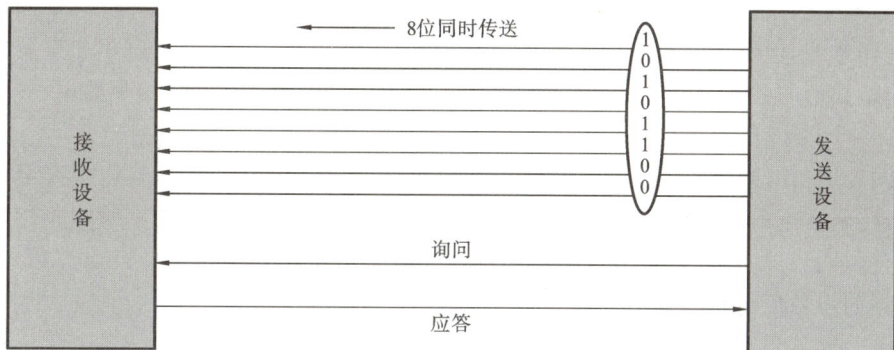

图 6-9　并行通信示意图

图 6-10　串行通信示意图

者单片机与其他外围模块进行 UART 通信。当两个单片机采用串行口通信时,接口连接方式如下:

(单片机1)RXD——TXD(单片机2);

(单片机1)TXD——RXD(单片机2);

(单片机1)GND——GND(单片机2)。

串行通信的特点:传输线少,长距离传送时成本低,并且可以利用电话网等现成的设备,但数据的传送控制比并行通信的复杂。

2. 异步通信与同步通信

1) 异步通信

异步通信是指通信的发送与接收设备使用各自的时钟控制数据的发送和接收过程。为使双方的收发协调,要求发送和接收设备的时钟尽可能一致。异步通信示意图如图 6-11 所示。

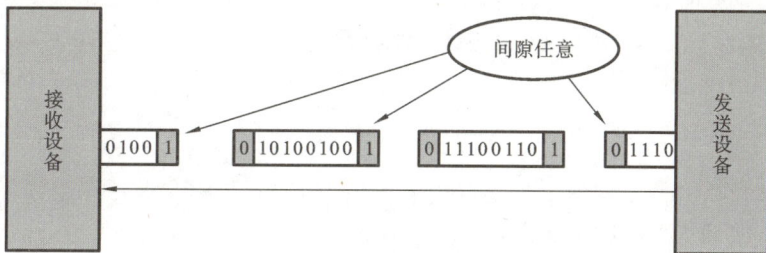

图 6-11　异步通信示意图

异步通信是以字符(构成的帧)为单位进行传输,字符与字符之间的间隙(时间间隔)是任意的,但每个字符中的各位是以固定的时间传送的,即字符之间不一定有"位间隔"的整数倍的关系,但同一字符内的各位之间的距离均为"位间隔"的整数倍。

2)同步通信

同步通信时要建立发送方时钟对接收方时钟的直接控制,使双方达到完全同步。此时,传输数据的位之间的距离均为"位间隔"的整数倍,同时传送的字符间不留间隙,即保持位同步关系,也保持字符同步关系。发送方对接收方的同步可以通过两种方法实现。同步通信示意图如图6-12所示。

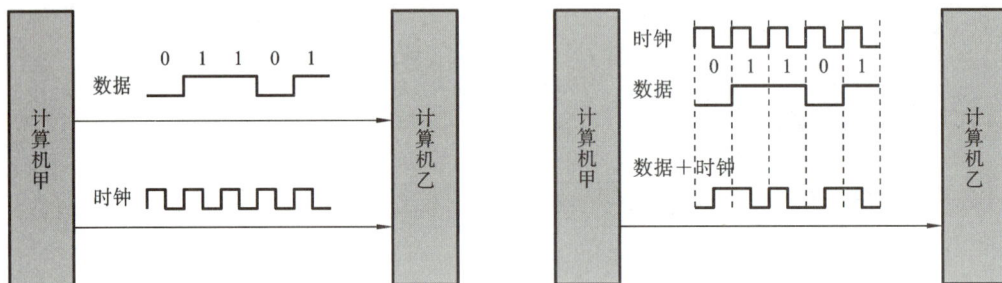

图6-12 同步通信示意图

3.串行通信的传输方向

1)单工

单工是指数据传输仅能沿一个方向传输,不能实现反向传输。

2)半双工

半双工是指数据传输可以沿两个方向传输,但需要分时进行。

3)全双工

全双工是指数据可以同时进行双向传输。

通信方式示意图如图6-13所示。

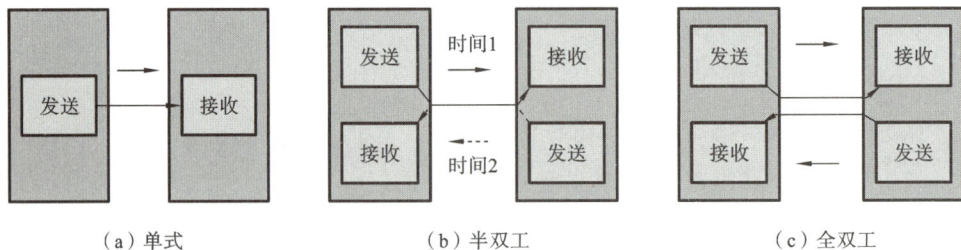

(a)单式   (b)半双工   (c)全双工

图6-13 通信方式示意图

6.2 异步串行通信的数据格式和过程

1.异步通信的数据格式

异步通信的特点:不要求收发双方时钟的严格一致,实现容易,设备开销较小,但每个字符要附加 1 位起始位和 1 位停止位,各帧之间还有间隔,因此传输效率不高。异步通信的数据格式如图 6-14 所示。

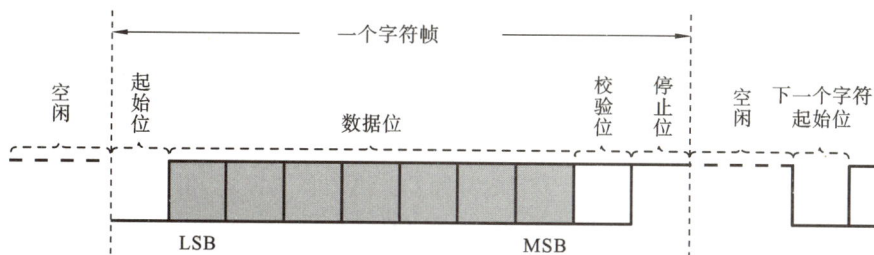

图 6-14　异步通信的数据格式

2. 异步通信的过程

在通信之前,发送方和接收方首先都要明确约定好它们之间的通信波特率,必须保持一致,收发双方才能正常通信。

约定好速度之后,还要考虑数据什么时候是起始,什么时候是结束。提前和延迟结束都会导致接收错误。

1）数据的发送过程

在 UART 通信的时候,一个字节是 8 位,规定当没有通信信号发生时,通信线路保持高电平,当数据发送前,先发一位 0 表示起始位,然后发送 8 位数据位,数据位是先低再高,数据位发送完毕后再发送一位 1 表示停止位,这样发送的 8 位数据实际上需发送 10 位,多出的两位其中一个是起始位,另一个是停止位。

2）数据的接收过程

而接收方一直保持高电平,一旦检测到一位低电平,就准备开始接收数据,接收 8 位数据后,检测停止位,再准备接收下一个数据。

6.3　串行口的结构和工作原理

STC89C52RC 单片机只有一个串行口,如图 6-15 所示。缓冲寄存器 SBUF 字节地址为 0x99,该寄存器的实质是两个缓冲寄存器,即发送寄存器和接收寄存器,但是共用一个字节地址,以便能以全双工方式进行通信。

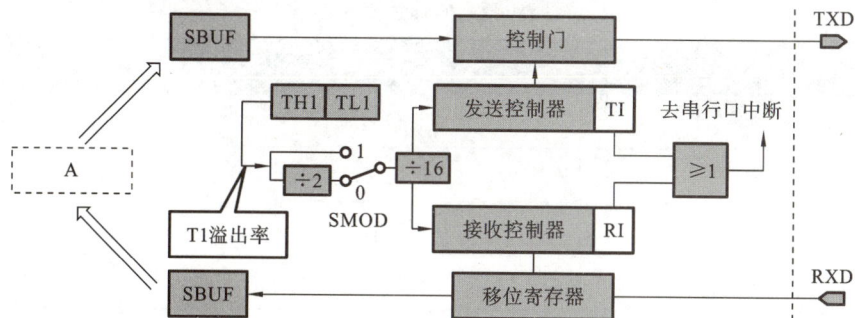

图 6-15　串行口 1 的结构

在逻辑上,SBUF 只有一个,它既表示发送寄存器,又表示接收寄存器,具有同一个单元地址 99H。但在物理结构上,则有两个完全独立的 SBUF,一个是发送缓冲寄存器 SBUF,另一个是接收缓冲寄存器 SBUF。如果 CPU 写 SBUF,则数据就会被送入发送寄存器准备发送;如果 CPU 读 SBUF,则读入的数据来自接收缓冲器。单片机的 CPU 通过对识别 SBUF 的读/写方向,来分别控制访问上述两个不同的寄存器。

波特率发生器的时钟源为定时器 T1 的溢出率,T1 的溢出信号送到二分频选择开关,当 SMOD 为 1 时,开关打到上面,不分频;当 SMOD 为 0 时,开关打到下面,2 分频,然后把这个信号再送到 16 分频电路,就得到串行口通信的时钟信号,用于控制串行口异步的数据发送与接收。

串行口要发送数据时,向 SBUF 写入数据,串行口就在波特率发生器的作用下,一位一位地把数据通过发送控制器从 TXD 端口发送出去,当发送完停止位,TI 置 1,表示发送完成,同时如果使能串行口中断,将产生串行口中断请求。

串行口接收数据时,串行口就在波特率发生器的作用下,通过接收控制器从 RXD 端口一位一位地接收数据,当接收完一帧数据的最后一位停止位时,RI 置 1,表示接收完成,用户就可以从 SBUF 中读取接收到的数据,同时如果使能串行口中断,将产生串行口中断请求。

6.4　串行口相关的寄存器

1. 串行口 1 控制寄存器 SCON

串行口 1 控制寄存器 SCON,用于设置串行口的工作方式、监视串行口的工作状态、控制发送与接收的状态等。该寄存器也是特殊功能寄存器,字节地址是 0x98,复位值为 0x00,该寄存器即可字节寻址又可位寻址,其格式如表 6-2 所示。

表 6-2　串行口 1 控制寄存器 SCON

SFR name	Address	bit	B7	B6	B5	B4	B3	B2	B1	B0
SCON	98H	name	SM0/FE	SM1	SM2	REN	TB8	RB8	TI	RI

(1) SM0 和 SM1 为工作方式选择位,可选择四种工作方式,如表 6-3 所示。

表 6-3　四种工作方式

SM0	SM1	工作方式	说明	波特率
0	0	0	移位寄存器	$f_{osc}/12$
0	1	1	10 位异步收发器(8 位数据)	可变
1	0	2	11 位异步收发器(9 位数据)	$f_{osc}/64$ 或 $f_{osc}/32$
1	1	3	11 位异步收发器(9 位数据)	可变

(2) SM2 为多机通信控制位,主要用于工作方式 2 和工作方式 3。

当接收机的 SM2＝1 时,可以利用收到的 RB8 来控制是否激活 RI,RB8＝0 时不激活 RI,收到的信息丢弃;RB8=1 时收到的数据进入 SBUF,并激活 RI,进而在中断服务中将数据从 SBUF 读走。

当 SM2=0 时,不论收到的 RB8 为 0 或 1,均可以使收到的数据进入 SBUF,并激活 RI,即此时 RB8 不具有控制 RI 激活的功能。

通过控制 SM2,可以实现多机通信。如发送方设置 TB8=1,SM2=1,表示设置为多机通信,首先发送寻址码。接收机初始设置 SM2=1,这样所有的接收机都可以接收到寻址指令,而不能接收数据帧,接收机把收到的地址与自己的地址比较,只有地址相同的接收机设置 SM2=0,其他接收机都设置 SM2=1。这样只有得到寻址的接收机才能接收到后面主机发送的数据,其他地址不符的接收机都将接收到的数据丢弃,从而实现了多机通信。

在工作方式 0 中,SM2 必须是 0。在工作方式 1 时,若 SM2=1,则只有接收到有效停止位时,RI 才置 1。

(3)REN,允许串行接收位。

若软件置 REN=1,则启动串行口接收数据;若软件置 REN=0,则禁止接收。

(4)TB8,在工作方式 2 或工作方式 3 多机通信中,发送的数据是第 9 位,可以用软件规定其作用。例如,TB8 可以用作数据的奇偶校验位,或在多机通信中,作为地址帧/数据帧的标志位。在工作方式 0 和工作方式 1 中,该位未用。

在多机通信中,通常 TB8=1,表示地址帧,TB8=0,表示数据帧。

(5)RB8,在工作方式 2 或工作方式 3 中,接收到的是数据的第 9 位,作为奇偶校验位或地址帧/数据帧的标志位。

在工作方式 1 中,若 SM2=0,则 RB8 接收到的是停止位。

在多机通信中,通常 RB8=1,表示地址帧,RB8=0,表示数据帧。

(6)TI,发送中断标志位。

在工作方式 0 中,当串行发送第 8 位数据结束时,或在其他方式,串行发送停止位的开始时,由内部硬件使 TI 置 1,向 CPU 发中断申请。在中断服务程序中,必须用软件将其清零,取消此中断申请。

(7)RI,接收中断标志位。

在工作方式 0 中,当串行接收第 8 位数据结束时,或在其他工作方式,串行接收停止位的中间时,由内部硬件使 RI 置 1,向 CPU 发中断申请。在中断服务程序中,也必须用软件将其清零,取消此中断申请。

串行通信的中断请求:当一帧发送完成,内部硬件自动置位 TI,即 TI=1,请求中断处理;当接收完一帧信息时,内部硬件自动置位 RI,即 RI=1,请求中断处理。

由于 TI 和 RI 以或逻辑关系向主机请求中断,所以主机响应中断时事先并不知道是 TI 还是 RI 请求的中断,必须在中断服务程序中查询 TI 和 RI 进行判别,然后分别处理。因此,两个中断请求标志位均不能由硬件自动置位,必须通过软件清零,否则将出现一次请求多次响应的错误。

2. 电源控制寄存器 PCON

PCON 寄存器也是特殊功能寄存器,字节地址是 0x87,不能位寻址,复位值为 0x30,各个位名称如表 6-4 所示。

表 6-4 电源控制寄存器

Bit	D7	D6	D5	D4	D3	D2	D1	D0
Name	SMOD	SMOD0	LVDF	POF	GF1	GF0	PD	IDL

该寄存器不仅与串行口有关,还与中断有关,这里介绍与串行口有关的位定义描述。

SMOD:波特率倍频选择位。

当该位为 1 时,使串行通信工作方式 1、2 和 3 的波特率加倍;当该位为 0 时,则使各工作方式的波特率不加倍。

3. 中断允许寄存器 IE

字节地址是 A8H,该地址可位寻址,即可对该寄存器的每一位进行单独操作,IE 复位值为 0x00,各个位定义如表 6-5 所示。

表 6-5 中断允许寄存器 IE (可位寻址)

DB7	DB6	DB5	DB4	DB3	DB2	DB1	DB0
EA	—	ET2	ES	ET1	EX1	ET0	EX0

(1) EA:CPU 的总中断允许控制位。

当 EA=1 时,CPU 开放总中断;当 EA=0 时,CPU 屏蔽所有中断申请。

(2) ES:串行口中断允许位。

当 ES=1 时,允许串行口中断;当 ES=0 时,禁止串行口中断。

4. 中断优先级控制寄存器 IP

中断优先级控制寄存器 IP 如表 6-6 所示。

表 6-6 中断优先级控制寄存器 IP(可位寻址)

DB7	DB6	DB5	DB4	DB3	DB2	DB1	DB0
—	—	PT2	PS	PT1	PX1	PT0	PX0

如果几个同一优先级的中断源同时向 CPU 申请中断,CPU 通过内部顺序查询逻辑电路,按自然优先级顺序确定该响应哪个中断请求。

6.5 UART 通信波特率

1. 波特率概念

波特率就是传送二进制数据位的速率,习惯上用 baud 表示。在通信之前,串行通信的双方首先都要约定好它们之间的通信波特率,必须保持一致,收发双方才能正常实现通信。

UART 串口波特率常用的值是 1200、2400、4800、9600、14400、19200、28800、38400、57600、115200 等。例如,9600 就表示每秒钟传送 9600 个二进制数据位,一个有效的数据帧有 10 位,即 1 位起始位、1 位停止位和 8 个数据位。因此,串口波特率为 9600,表示每秒钟传送 960 个字符。

2. 设置 UART 波特率

在 UART 通信中,收发双方对发送或接收数据的速率要有约定。通过软件可对单片机串行口编程为四种工作方式,其中工作方式 0 和工作方式 2 的波特率是固定的,而工作方式 1 和工作方式 3 的波特率是可变的,由定时器 T1 的溢出率来决定。

当单片机工作在 12T 模式时,定时器 1 的溢出率=fosc/12/(256−TH1)。

串行口的四种工作方式对应波特率:由于输入的移位时钟的来源不同,所以各种工作方式的波特率计算公式也不相同,以下是四种工作方式波特率的计算公式。

$$工作方式 0 的波特率=fosc/12$$
$$工作方式 1 的波特率=T1 溢出率 * 2^{SMOD}/32$$
$$工作方式 2 的波特率=fosc * 2^{SMOD}/64$$
$$工作方式 3 的波特率=T1 溢出率 * 2^{SMOD}/32$$

式中:fosc 为系统晶振频率,通常为 12 MHz 或 11.0592 MHz;SMOD 是 PCON 寄存器的最高位;T1 溢出率即定时器 T1 溢出的频率。

UART 通信中常用工作方式 1,因此我们仅以单片机的串口工作方式 1 为例来说明如何设置 UART 的波特率。

工作方式 1 下的波特率发生器必须使用定时器 T1 的模式 2,也就是自动重装载模式,当 SMOD=1 时,定时器的重载值计算公式为

$$TH1=TL1=256−fosc/12/2/16/波特率$$

当 SMOD=0 时,定时器的重载值计算公式为

$$TH1=TL1=256−fosc/12/16/波特率$$

公式中数字的含义:256 是 8 位定时器的溢出值,也就是 TL1 的溢出值,fosc 在我们的开发板上就是 11059200;12 是指 1 个机器周期等于 12 个时钟周期,值得关注的是这个 16,我们来重点说明。在 I/O 口模拟串行口通信接收数据时,采集的是这一位数据的中间位置,而实际上串口模块比我们模拟的要复杂和精确一些。其采取的方式是把一位信号采集 16 次,其中第 7、8、9 次取出来,这三次中其中两次如果是高电平,那么就认定这一位数据是 1,如果两次是低电平,那么就认定这一位是 0,这样一旦受到意外干扰读错一次数据,也依然可以保证最终数据的正确性。下面是常用的波特率与定时器 T1 初值的对应关系。常用的波特率及配置方法如表 6-7 所示。

表 6-7　串行口常用波特率及配置方法

串行口工作方式 1,3 的波特率/(b/s)	fosc/MHz	SMOD	定时器		
			C/T	工作方式	初值
62.5 K	12	1	0	2	FFH

续表

串行口工作方式 1、3的波特率/(b/s)	fosc/MHz	SMOD	定时器		
			C/T	工作方式	初值
19.2 K	11.0592	1	0	2	FDH
9600	11.0592	0	0	2	FDH
4800	11.0592	0	0	2	FAH
2400	11.0592	0	0	2	F4H
1200	11.0592	0	0	2	E8H

3. 软件设置 UART 波特率

在 STC-ISP 软件中，选择"波特率计算器"选项页，输入系统频率、定时器时钟、波特率发生器、波特率、UART 选择、UART 数据位，然后单击"生成 C 代码"按钮，软件会自动生成 UART 对应的初始化函数，里面有定时器 T1 的初值和串口工作模式，如图 6-16 所示。

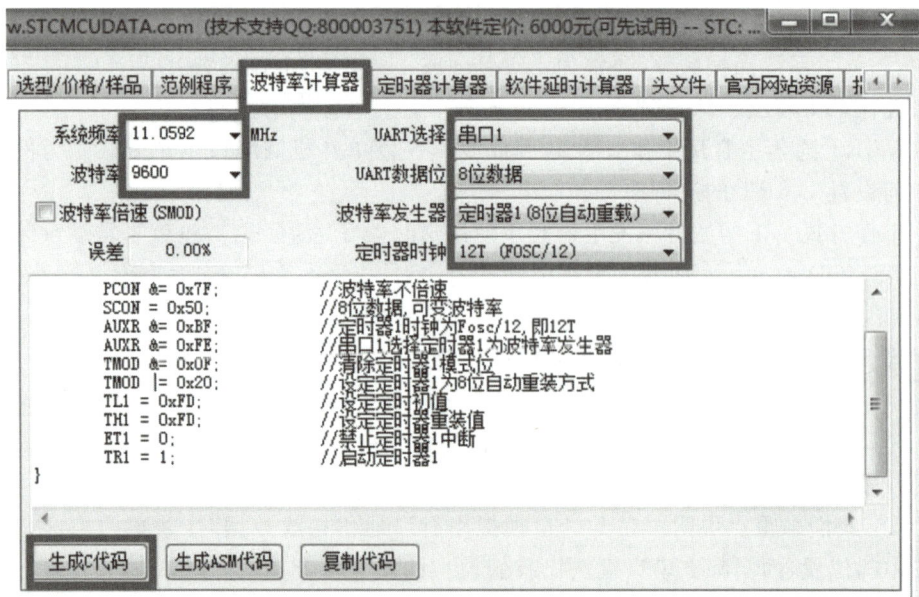

图 6-16　STC-ISP 软件定时器计算器

6.6　串口初始化

串口工作之前，应对其进行初始化，主要是设置产生波特率的定时器串口控制和中断控制。具体操作步骤如下：

（1）配置串口为模式 1。

（2）串口在中断方式工作时，要进行中断设置（编程 IE、IP 寄存器）。

（3）配置定时器 T1 为模式 2，即自动重装模式。

（4）根据波特率计算 TH1 和 TL1 的初值，如果有需要可以使用 PCON 进行波特率加倍。

（5）打开定时器控制寄存器 TR1，让定时器跑起来。

这里还要特别注意一下，就是在使用 T1 做波特率发生器的时候，千万不要再使能 T1 的中断了。

任务 6-2　上位机控制终端数码管显示设计

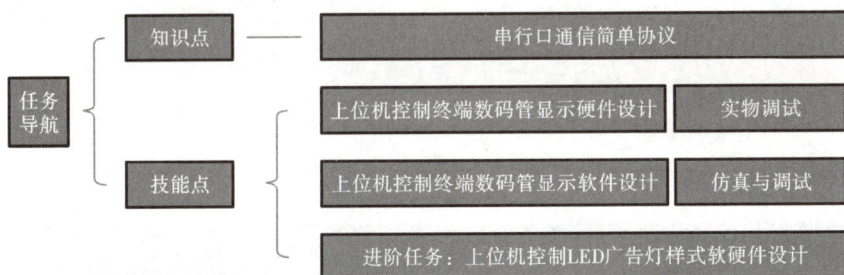

任务目标	知识目标	掌握简单的串口通信协议
	能力目标	会用 Keil_C51 软件设计并调试上位机控制终端数码管显示系统程序； 能进行仿真调试、实物联调，实现上位机控制终端数码管显示系统功能
	素质目标	通过任务分组学习，培养团队协作精神和自主学习能力

任 务 实 施

【基础任务】　上位机控制终端数码管显示设计

任务描述

本任务完成上位机控制终端数码管显示设计。掌握上位机与终端建立通信协议的方法，会编写上位机控制终端数码管显示程序。基础任务：协议要求上位机发出的控制指令中，前四个字符为"disp"，后面跟着要求数码管显示的内容。终端接收到上位机发来的指令进行解析，当指令合法时，终端会在数码管上显示出内容。例如，当上位机发出指令："disp22-10-28"字符串时，终端数码管显示 22-10-28。

能用 Proteus 仿真软件完成硬件电路图，能熟练使用 Keil_C51 软件编写程序，并能仿真和实物调试。

1. 电路及元件

上位机控制终端数码管显示电路图 6-17 所示。元件清单如表 6-8 所示。

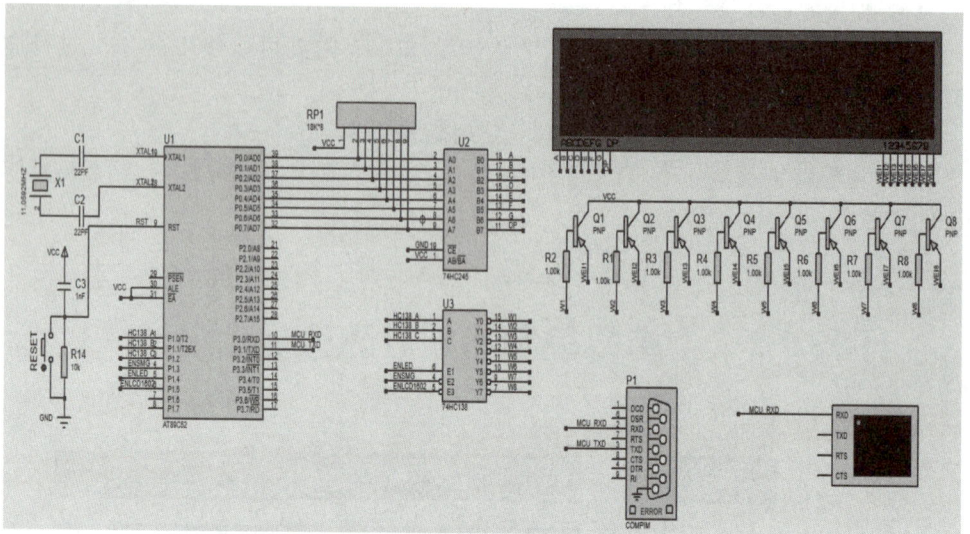

图 6-17　上位机控制终端数码管显示电路图

表 6-8　元件清单

序号	元件名称	参数	数量	Proteus 中的名称
1	单片机	DIP40 封装	1	AT89C52
2	晶振	11.0592 MHz	1	CRYSTAL
3	电容	22 pF	2	CAP
4	电容	0.1 μF	1	CAP
5	电阻	10 kΩ	1	RES
6	电阻	1 kΩ	8	RES
7	按键开关	按键	1	BUTTON
8	排阻	10 kΩ	1	RESPACK-8
9	三极管	NPN 三极管	1	NPN
9	双向缓冲器	74HC245D	1	74HC245
10	三八译码器	74HC138	1	74HC138
11	数码管	八位共阳数码管	1	7SEG-MPX8-CC-BLUE
12	串行口 COM 口	DB9	1	COMPIM
13	虚拟串口	虚拟串口	1	VIRTUAL TERMINAL

电路解读

本电路是在八位数码管动态显示电路的基础上,增加了 COM 口和虚拟串口。上位机通过串口发送控制命令,控制数码管显示。

2. 源程序设计

(1) 应用程序 main.c 设计。

```c
#include <reg52.h>
#include <stdio.h>
#include "Serial.h"
#include "Timer.h"
#include "SMG.h"
bit Flag_500ms= 0;
//主函数
void main()
{
    unsigned char i;
    SMG_Enable();                       //数码管使能
    UART1_Init(BAUDRATE);               //串口初始化
    Timer0Init(2000);                   //定时器设置
    while(1)
    {
        if(Flag_RecieveEnd==1)          //接收完成标志
        {       //接收的数据头为"disp:"
            if((Serial_TempBuf[0]=='d')&
              (Serial_TempBuf[1]=='i')&
              (Serial_TempBuf[2]=='s')&
              (Serial_TempBuf[3]=='p')&
              (Serial_TempBuf[4]==':'))
            {
                for(i=0;i<8;i++)        //显示接收到的数据
                {
                    if((Serial_TempBuf[5+i]>='0')&
                      (Serial_TempBuf[5+i]<='9')){   //当收到数字时
                        SMG_BUF[i]=Serial_TempBuf[5+i]-'0';
                    }else if(Serial_TempBuf[5+i]=='-'){   //当收到'-'时
                        SMG_BUF[i]=17;
                    } else {
                        SMG_BUF[i]=16;//其他字符不显示
                    }
                }
            }
            Flag_RecieveEnd=0;          //处理完成后,清除接收完成标志位
            RecieveNum=0;               //接收数据个数清零
        }
    }
}
```

程序解读

初始化:数码管使能,串口初始化并设置波特率,定时器 T0 初始化,定时时间为 2 ms。

程序逻辑:当串口接收到上位机发送的数据帧,首先判断前 5 个字符是否是 "disp:",如果是,则解析后面的 8 个字符,并且后面的字符只能包含数据 0～9 和字符 "-",其他字符都不显示。然后送到数码管显示缓存,数码管显示。

如果接收到的前 5 个字符不是"disp:",则认为是非法命令,直接丢弃。上位机控制终端数码管显示系统程序流程图如图 6-18 所示。

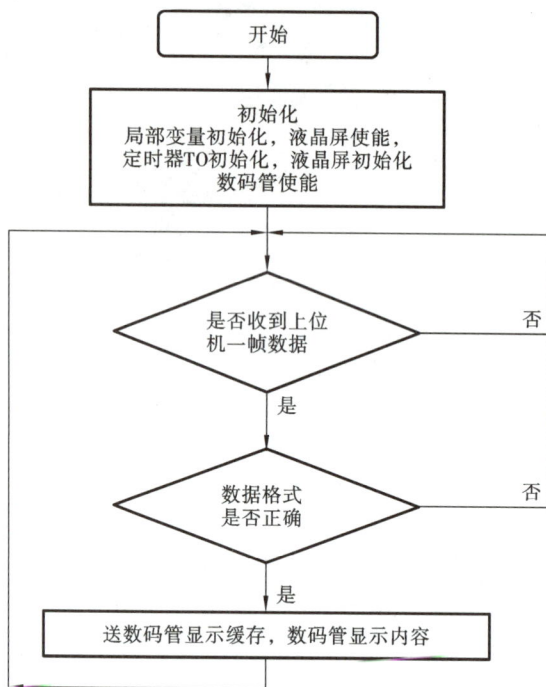

图 6-18　上位机控制终端数码管显示系统程序流程图

(2) 串行口驱动程序设计。

驱动程序与任务 6-1 相同,见任务 6-2 例程。

(3) 定时器驱动程序设计。

驱动程序与任务 6-1 相同,见任务 6-2 例程。

(4) 数码管驱动程序设计。

驱动程序与任务 6-1 相同,见任务 6-2 例程。

【进阶任务】　上位机控制终端广告灯设计

任务描述

【进阶任务】　要求完成上位机控制 LED 广告灯的样式设计。功能要求:协议要求上位机发出的控制指令中,前四个字符为"style",后面跟着样式数字。终端接收到上位机发来的指令进行解析,当指令合法时,终端会控制广告灯按指定的样式运行。例如,

当上位机发出指令:"style1"字符串时,终端广告灯按样式 1 运行;共有 9 种样式,style
后面的数字 n 有效取值范围为 0~9。

1. 电路与元件

上位机控制终端广告灯电路如图 6-19 所示。元件清单如表 6-9 所示。

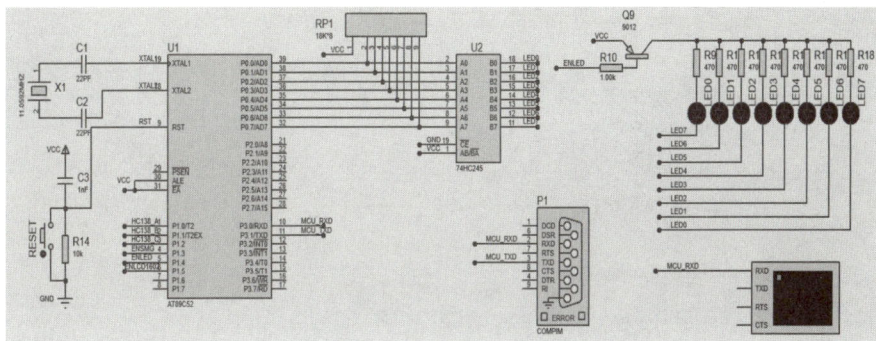

图 6-19　上位机控制终端广告灯电路

表 6-9　元器件清单

序号	元件名称	参数	数量	Proteus 中的名称
1	单片机	DIP40 封装	1	AT89C52
2	晶振	11.0592 MHz	1	CRYSTAL
3	电容	22 pF	2	CAP
4	电容	0.1 μF	1	CAP
5	电阻	10 kΩ,1 kΩ,470 Ω	3	RES
6	按键开关	按键	1	BUTTON
7	排阻	10 kΩ	8	RESPACK-8
8	三极管	PNP 型	1	PNP
9	发光二极管	LED 灯	8	LED-YELLOW
10	串行口 COM 口	DB9	1	COMPIM
11	虚拟串口	虚拟串口	1	VIRTUAL TERMINAL

电路解读

本电路是在任务 2-4 简易广告灯电路的基础上,增加了 COM 口和虚拟串口。上位
机通过串口发送控制命令,控制简易广告灯的样式。

2. 源程序设计

(1) LED 灯驱动程序源文件设计。

```
#include "LED.h"
#include "SMG.h"
bit Flag200ms;
unsigned char code HuaYang[]= {省去部分见任务 2-4 简易广告灯 };
//LED 灯使能函数
void LED_Enable(void)
{
        ENLED=0;                //只有 LED 灯有效
        ENSMG=1;
        ENLCD=0;
        LEDDATA=0XFF;
}
//广告灯花式控制函数
void Style_LED_Ctrl(unsigned char mode)
{
    static unsigned char n;
    static unsigned char mode_back=0;
    if((mode<1)||(mode>9))
        mode=0;
    if(mode !=mode_back){
        n=0;
        LEDDATA=0xff;
        mode_back=mode;
    }
    switch(mode)
    {
        case 1:{        //1.从左到右逐个流水
                if(Flag200ms==1){
                        Flag200ms=0;
                        LEDDATA=HuaYang[n];
                        if(n++>7)
                            n=0;
                }
                break;
        }
        case 2:{        //2.从右到左逐个流水
                if(Flag200ms==1){
                        Flag200ms=0;
                        LEDDATA=HuaYang[8+n];
                        if(n++>7)
                                n=0;
                }
```

```
            break;
        }
    case 3:{        //3.从两头向中间逐个流水
            if(Flag200ms==1){
                Flag200ms=0;
                LEDDATA=HuaYang[16+n];
                if(n++>3)
                    n=0;
                }
                break;
        }
    case 4:{        //4.从中间向两头逐个流水
            if(Flag200ms==1){
                Flag200ms=0;
                LEDDATA=HuaYang[20+n];
                if(n++>3)
                    n=0;
            }
            break;
        }
    case 5:{        //5.爆闪灯
            if(Flag200ms==1){
                Flag200ms=0;
                LEDDATA=HuaYang[24+n];
                if(n++>5)
                    n=0;
            }
            break;
        }
    case 6:{        //6.从左到右连续点亮
            if(Flag200ms==1){
                Flag200ms=0;
                LEDDATA=HuaYang[29+ n];
                if(n++>8)
                    n=0;
            }
            break;
        }
    case 7:{        //7.从右到左连续点亮
            if(Flag200ms==1){
                Flag200ms=0;
                LEDDATA=HuaYang[38+n];
```

```
                    if(n++>8)
                        n=0;
                }
                break;
            }
            case 8:{        //8.从两头向中间连续流水
                if(Flag200ms==1){
                    Flag200ms=0;
                    LEDDATA=HuaYang[47+n];
                    if(n++>8)
                        n=0;
                }
                break;
            }
            case 9:{        //9.从中间向两头连续流水
                if(Flag200ms==1){
                Flag200ms=0;
                LEDDATA=HuaYang[52+n];
                if(n++>4)
                    n=0;
                }
                break;
            }
            default :break;
        }
    }
```

程序解读

LED 灯使能函数 void LED_Enable(void)：为了程序的扩展，前面我们讲过，单片机的 P0 口被三个功能单元共用，它们是 LED 灯、数码管和液晶屏。当端口复用时，每次只能有一个功能单元有效，否则程序工作就不正常。

为了后面组合更加复杂的程序，虽然本程序中只用到了 LED 灯，但我们也编写了 LED 灯使能函数，函数使能 LED 灯，关闭数码管，关闭液晶屏。

广告灯控制函数 void Style_LED_Ctrl(unsigned char mode)：该函数无返回值，形参为广告灯模式，范围是 1～9，控制广告灯的模式。

为了确保每次调用该函数时，广告灯样式都在上一次状态的基础上变化，需要设置样式序号变量的存储方式为局部静态变量：

static unsigned char n;

保证了每次调用函数时，都能按原来的顺序工作。

static unsigned char mode_back=0;

当上位机发来新命令,广告灯模式发生变化时,熄灭所有灯。

广告灯流水数据切换:采用标志位 Flag200ms,每 200 ms 切换一次广告灯流水数据。标志位 Flag200ms 在定时器 T0 中断里置 1,因广告灯的驱动需要包含定时器驱动头文件。

> 总结——广告灯驱动应用
>
> 当应用程序中用到广告灯时,首先需要包含广告灯的头文件,然后在 main() 函数中调用广告灯使能函数使能广告灯,最后在 while 循环中不断调用广告灯控制函数。
>
> 包含广告灯的头文件→调用广告灯使能函数→不断调用广告灯控制函数。

(2) LED 灯驱动程序头文件设计。

```
#ifndef __LED_H_
  #define __LED_H_
  #include "reg52.h"
  #define LEDDATA P0      //数据端口宏定义
  extern bit Flag200ms;
  extern void LED_Enable(void);
  extern void Style_LED_Ctrl(unsigned char mode);
#endif
```

程序解读

宏定义:

```
#define LEDDATA P0
```

宏定义广告灯的数据端口为 P0 口。

外部变量声明:

```
extern bit Flag200ms;
```

广告灯驱动中,定义了外部位变量 Flag200ms,该变量在定时器中断里被定时置 1。在广告灯驱动的 Style_LED_Ctrl() 函数中被清零。

外部函数声明:广告灯驱动头文件中声明了两个函数,即 LED_Enable()、Style_LED_Ctrl() 函数。

(3) 串行口驱动程序设计。

驱动程序与任务 6-1 中的驱动程序相同,这里不再赘述。

(4) 定时器驱动程序设计。

驱动程序与任务 6-1 中的驱动程序相同,这里不再赘述。

(5) 数码管驱动程序设计。

驱动程序与任务 6-1 中的驱动程序相同,这里不再赘述。

(6) 应用程序 main.c 设计。

```c
#include <reg52.h>
#include "stdio.h"
#include "string.h"
#include "Serial.h"
#include "Timer.h"
#include "LED.h"
//主函数
void main()
{
    unsigned char i,tmp1,style;
    LED_Enable();                   //数码管使能
    UART1_Init(BAUDRATE);           //串口初始化
    Timer0Init(2000);               //定时器设置
    while(1)
    {
        if(Flag_RecieveEnd==1)      //接收完成标志
        {
            EA=0;                           //关总中断,防止其他中断对接收数据影响
            Flag_RecieveEnd=0;              //清除接收完成标志
            tmp1=RecieveNum;                //接收的字符串个数
            RecieveNum=0;                   // 清除接收的字符串个数
            printf("% s\r\n",Serial_TempBuf);   //内容原样发给上位机
            if(strstr(Serial_TempBuf,"style") !=0){//字符串首 style
                style=Serial_TempBuf[5]-'0';   //获取数字
            }else{
                style=0;
            }//清除串口接收缓存的内容
            memset(Serial_TempBuf,0,sizeof(Serial_TempBuf));
            EA=1;
        }
        Style_LED_Ctrl(style);      //控制广告灯花式
    }
}
//使用 printf 函数,需重写 putchar 函数
char putchar(char ch)
{
    SBUF=ch;
    while(TI= = 0);
    TI=0;
    return ch;
}
```

程序解读

调用 Keil_C51 软件的库函数,提高代码效率。

本程序与前面上位机控制数码管显示程序逻辑一样,但本程序调用了 Keil_C51 软件的库函数有 printf()、memset()、strstr()函数,极大地提高了代码效率。

调用 printf()函数向上位机发送接收到的字符串,实现回显示功能;

调用 strstr()函数比较上位机发来的控制命令中是否包含"style"字符串;

调用 memset()函数清除串口接收缓存中的内容。

可以看出,适当地调用 Keil_C51 软件的库函数,能提高代码的效率。

程序逻辑

当串口接收到上位机发送的数据包时,首先判断前 5 个字符是否是"style",如果是,则解析第 6 个字符,并且后面的字符只能包含数据 1~9,得到广告灯的样式。然后调用广告灯控制函数,设置广告灯的样式。

如果接收到的前 5 个字符不是"style",则认为是非法命令,直接丢弃。

任务总结

本节介绍了上位机通过串口发送控制指令,单片机解析控制指令,然后执行控制指令。模拟了物联网远程控制过程,希望同学们熟练掌握。

知 识 链 接

6.7　串行口通信的简单协议设计

如果只是实现串行口数据的发送与接收功能,实现起来还是比较容易的,但要考虑到串口的实用性,就要考虑到数据包的问题。我们把串口发送或接收到的一串完整的数据称为一个数据包。数据包有长有短,但考虑到 STC89C52RC 单片机的内存资源有限,我们常设置数据包长度小于 16 个字节。如果设定波特率为 9600,每秒钟传送 960 个字节,那么一个最长的 16 个字节的数据包需要时间为:$16/960$ s$=0.017$ s,约为 17 ms,再考虑到传输的延时及最低波特率,一般情况下,一个数据包传输的时间不应该超过 300 ms。

我们就可以用时间间隔来判断单片机串口接收到的数据是否为一个包。具体算法如下:

(1)当串口接收到一个字符时,在串口中断里面把接收到的字符存入串口缓存数组中,并且把一个时间间隔变量 RecieveTime 清零。

(2)在定时器中断里,只要串口接收到的数据不等于 0,每 2 ms 时间间隔变量 RecieveTime 加 1。

(3)当时间间隔变量 RecieveTime 加到 150,即时间间隔大于 300 ms 时,置串口接收完成标志位,就表示串口接收到了一个完整的数据包。再接收到的数据就作为另一个新的数据包对待。

任务 6-3　终端温度上传系统设计

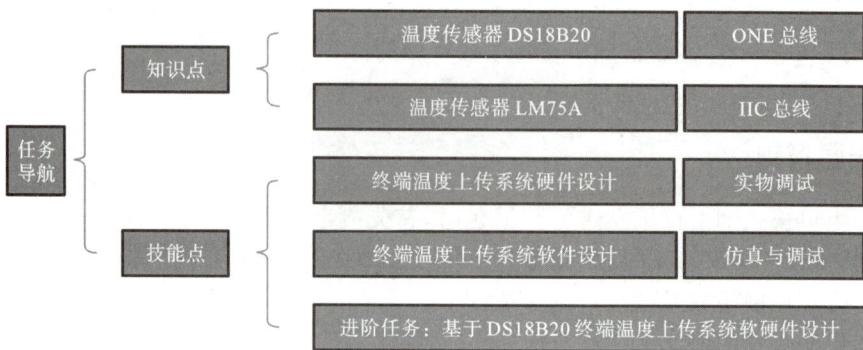

		温度传感器 DS18B20 / ONE 总线
任务导航	知识点	温度传感器 LM75A / IIC 总线
		终端温度上传系统硬件设计 / 实物调试
	技能点	终端温度上传系统软件设计 / 仿真与调试
		进阶任务：基于 DS18B20 终端温度上传系统软硬件设计

任务目标	知识目标	了解 IIC 总线协议； 了解单总线协议； 掌握数字温度传感器 LM75 用法； 掌握数字温度传感器 DS18B20 用法
	能力目标	会用 Proteus 仿真软件绘制终端温度上传系统电路； 会用 Keil_C51 软件设计并调试终端温度上传系统程序； 能进行仿真调试、实物联调，实现终端温度上传系统功能
	素质目标	通过任务分组学习，培养团队协作精神和自主学习能力； 通过实施任务，培养学生认真细致、精益求精的工匠精神和劳动精神； 通过编写程序，培养学生程序调试能力和科学思维与分析能力

任 务 实 施

【基础任务】　终端温度上传系统设计

任务描述

本任务完成终端温度上传系统设计。掌握温度传感器 LM75A 功能；掌握温度传感器 LM75A 用法，掌握上位机与终端建立通信协议的方法，会编写终端温度上传系统设计程序。

任务要求：终端实时采集温度数据，数据格式为 Temp：xx. x℃，如终端发来的数据为：Temp：28.5℃，表示当前温度为 28.5 ℃，终端液晶屏上显示当前温度，同时定时向上位机报送温度数据，上位机收到数据后，会直接显示在计算机串行调试助手。终端每

1 秒更新一次温度数据。

　　用 Proteus 仿真软件完成硬件电路图连接，使用 Keil_C51 软件编写程序，并仿真调试和实物联调。

1. 电路及元件

　　终端温度上传系统电路如图 6-20 所示。元件清单如表 6-10 所示。

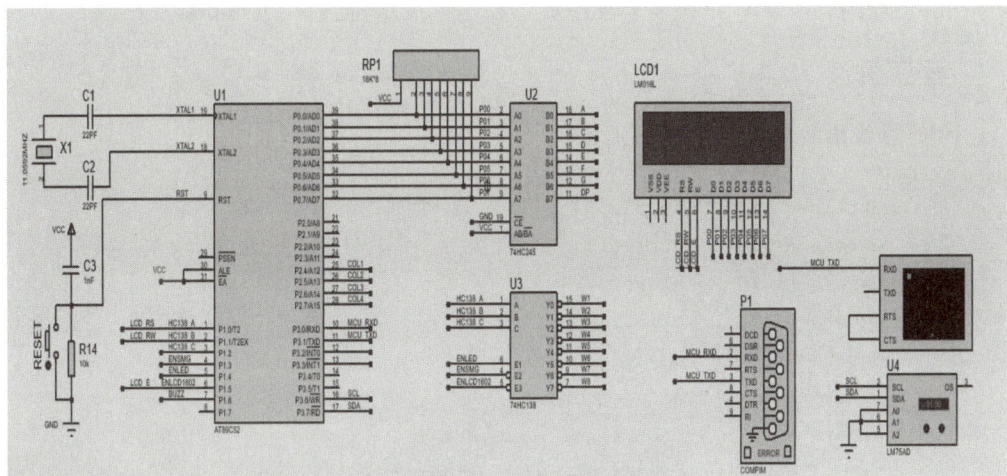

图 6-20　终端温度上传系统电路图

表 6-10　元件清单

序号	元件名称	参数	数量	Proteus 中的名称
1	单片机	DIP40 封装	1	AT89C52
2	晶振	11.0592 MHz	1	CRYSTAL
3	电容	22 pF	2	CAP
4	电容	0.1 μF	1	CAP
5	电阻	10 kΩ	1	RES
6	按键开关	按键	1	BUTTON
7	排阻	10 kΩ	1	RESPACK-8
8	双向缓冲器	74HC245D	1	74HC245
9	三八译码器	74HC138	1	74HC138
10	液晶屏	LCD1602	1	LM016L
11	串行口 COM 口	DB9	1	COMPIM
12	虚拟串口	虚拟串口	1	VIRTUAL TERMINAL
13	数字温度传感器	LM75A	1	LM75AD

电路解读

电路原理同任务 6-2,在此不再赘述。

2. 源程序设计

(1) IIC 总线驱动程序。

由于篇幅有限,IIC 总线驱动程序就不在这里展示,会应用就可以了。

程序解读

IIC 总线给我们提供了以下函数:

```
extern void IIC_Start(void);
extern void IIC_Stop(void);
extern void IIC_Ack(void);
extern u8 IIC_RdAck(void);
extern void IIC_Nack(void);
extern u8 OutputOneByte(void);
extern void InputOneByte(u8 uByteVal);
extern u8 IIC_WrDevAddAndDatAdd(u8 uDevAdd,u8 uDatAdd);
extern void IIC_WrDatToAdd(u8 uDevID, u8 uStaAddVal, u8 * p, u8 ucLenVal);
extern void IIC_RdDatFromAdd(u8 uDevID, u8 uStaAddVal, u8 * p, u8 uiLenVal);
```

使用方法:

作为工程技术人员,只需要会使用 IIC 总线的驱动就可以了。

当一个器件总线采用 IIC 总线时,器件的驱动就需要包含 IIC 总线驱动的头文件,最关键的两个函数就是:

```
void IIC_WrDatToAdd(u8 uDevID, u8 uStaAddVal, u8 * p, u8 ucLenVal);
```

函数功能:通过 IIC 总线向器件指定地址连续写入 n 个字节数据。

该函数无返回值,有四个形参:u8 uDevID 为器件地址;u8 uStaAddVal 为内部起始地址;u8 * p 为写入数组;u8 ucLenVal 为写入数据长度。

```
void IIC_RdDatFromAdd(u8 uDevID, u8 uStaAddVal, u8 * p, u8 uiLenVal);
```

函数功能:通过 IIC 总线从器件指定地址连续读出 n 个字节数据。

该函数无返回值,有四个形参:u8 uDevID 为器件地址;u8 uStaAddVal 为内部起始地址;u8 * p 为读出到数组,u8 ucLenVal 为读出数据长度。

只要会使用上面两个函数,就可以方便地从器件中读取数据或者向器件中写入数据。

(2) LM75A 数字温度传感器驱动程序。

由于篇幅有限,LM75A 数字温度传感器驱动程序就不在这里展示,作为一个数字温度传感器,会用就可以了。

程序解读

读取 LM75A 温度数据函数:float　RD_LM75A(void)。

函数返回一个单精度的温度值,无形参。该函数内部调用 IIC_RdDatFromAdd() 函数,读取两个字节的温度数据,两个字节数据格式如下:

第 0 个字节 MSB(高字节)

D10	D9	D8	D7	D6	D5	D4	D3

第 1 个字节 LSB(低字节)

D2	D1	D0	X	X	X	X	X

可以看出,这两个字节的温度数据中,第 1 个字节是温度的低 8 位,该字节的低 5 位是无效数据。

因此,需要对这两个字节进行处理,才能得到正确的数据。

首先把第 0 个字节 MSB(高字节)向左移动 8 位,成为高字节位,然后再与第 1 个字节 LSB(低字节)合成一个字,最后再向右移动 5 位,得到 11 位有效数据,格式如下:

MSB(高字节)

0	0	0	0	0	D10	D9	D8

LSB(低字节)

D7	D6	D5	D4	D3	D2	D1	D0

另外,D10=1 表示温度为负,D10=0 表示温度为正,因此真正的温度数据只有 10 位。

由于 LM75A 的精度为 0.125,读取的数据还需要做以下转换:

当温度为正时,温度=(MSB(高字节) LSB(低字节))×0.125;

当温度为负时,先把温度变成正数,再按上面公式计算温度。

该函数返回的温度是一个单精度温度。

读取温度并显示函数 void Disp_LM75A(unsigned char * tempbuf):

函数无返回值,有形参 unsigned char * tempbuf,形参是一个数组,用于存入从 LM75A 读取的温度字符串。字符串格式为:"xxx. xC\r\n",其中,xxx 是温度的整数位,x 是小数位,C 表示摄氏度单位,\r\n 是回车换行符。

在程序中,当需要获取温度数据并显示时,调用该函数即可。

驱动程序使用方法:当应用程序中用到数字温度传感器 LM75A 时,需要包含它的头文件,在应用程序中,在需要读取温度数据时,调用函数 RD_LM75A()即可,函数返回一个单精度的温度数据。

如果应用程序使用 LCD1602 液晶屏显示温度数据,则可以直接调用函数 Disp_LM75A()。

（3）应用程序 main.c 设计。

```c
#include <reg52.h>
#include <stdio.h>
#include "Serial.h"
#include "Timer.h"
#include "LCD1602.h"
#include "LM75A_Driver.h"
bit Flag_500ms=0;
unsigned char str[]="Temp:";
//主函数
void main(void)
{
    unsigned char i;
    unsigned char tempbuf[10];
    LCD1602_Enable();                          //液晶屏使能
    UART1_Init(BAUDRATE);                      //串口初始化
    Timer0Init(2000);                          //定时器 T0 初始化
    Lcd1602Set();                              //液晶屏设置
    LcdShowStr(0,0," MCU to computer",16);
    LcdShowStr(0,1,"Temp:           ",16);
    while(1)
    {
        if(Flag1s==1)                          //每秒采集温度
        {
            Flag1s=0;
            Disp_LM75A(tempbuf);               //读取温度,LCD1602 显示
            for(i=0;i<sizeof(str);i++)         //发送字符串"Temp:"
            {
                SBUF=str[i];
                while(TI==0);
                TI=0;
            }
            for(i=0;i<9;i++)                   //串口发送温度数据
            {
                SBUF=tempbuf[i];
                while(TI==0);
                TI=0;
            }
        }
    }
}
```

程序解读

初始化：程序中首先对液晶屏、定时器、串口进行初始化。

程序逻辑：本程序逻辑很简单，每秒调用显示温度函数 Disp_LM75A()，在 Disp_LM75A()函数内部进行读取数字温度传感器温度数据，转换成字符串，送到 LCD1602 液晶屏显示。接着把温度数据上传给上位机。

注意事项：数字温度传感器 LM75A 在进行温度转换时，需要一定的时间，一般读取温度的间隔应大于 500 ms。终端温度上传系统程序流程图如图 6-21 所示。

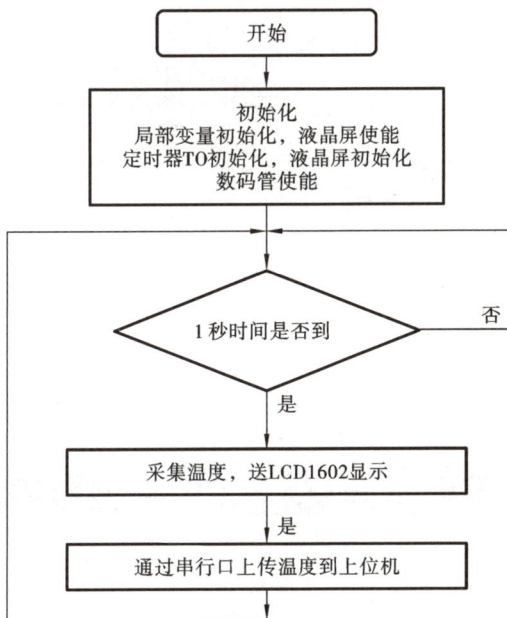

图 6-21　终端温度上传系统程序流程图

（4）串口驱动程序。

见任务 6-3 例程。

（5）定时器驱动程序。

见任务 6-3 例程。

（5）LCD1602 液晶屏驱动程序。

见任务 6-3 例程。

【进阶任务】　DS18B20 温度上传系统设计

任务描述

本任务完成基于 DS18B20 温度传感器的终端温度上传系统设计。掌握温度传感器 DS18B20 功能、温度传感器 DS18B20 用法以及上位机与终端建立通信协议的方法，会编写终端温度上传系统设计程序。

要求完成终端温度上传系统设计。功能：协议要求终端发出的温度数据格式为

Temp：xx. x℃，如终端发来的数据为：Temp：28. 5℃，表示当前温度为 28.5，上位机收到数据后，会直接显示在计算机串行调试助手。终端每 1 秒发送一次温度数据。

能用 Proteus 仿真软件完成硬件电路图，能熟练使用 Keil_C51 软件编写程序，并能仿真和实物调试。

1. 电路及元件

DS18B20 温度上传系统电路如图 6-22 所示。元件清单如表 6-11 所示。

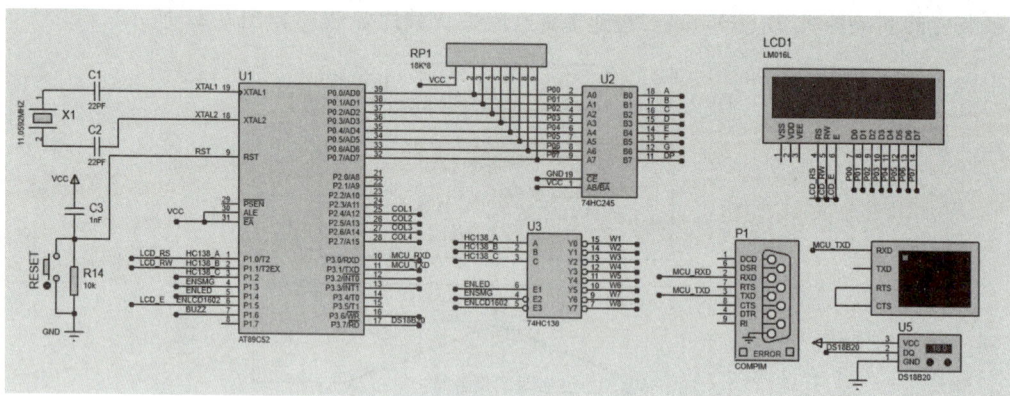

图 6-22　DS18B20 温度上传系统电路

表 6-11　元件清单

序号	元件名称	参数	数量	Proteus 中的名称
1	单片机	DIP40 封装	1	AT89C52
2	晶振	11.0592 MHz	1	CRYSTAL
3	电容	22 pF	2	CAP
4	电容	0.1 μF	1	CAP
5	电阻	10 kΩ	1	RES
6	按键开关	按键	1	BUTTON
7	排阻	10 kΩ	1	RESPACK-8
8	双向缓冲器	74HC245D	1	74HC245
9	三八译码器	74HC138	1	74HC138
10	液晶屏	LCD1602	1	LM016L
11	串行口 COM 口	DB9	1	COMPIM
12	虚拟串口	虚拟串口	1	VIRTUAL TERMINAL
13	数字温度传感器	DS18B20	1	DS18B20

电路解读

该电路与任务 6-1 电路基本相同，这里不再赘述。

2. 源程序设计

（1）DS18B20 数字温度传感器驱动程序。

由于篇幅有限，DS18B20 数字温度传感器驱动程序就不在这里展示，作为一个数字温度传感器，会用就可以了。

程序解读

数据引脚：在本驱动程序中，声明引脚端口为 P3.7 口，sbit IO_18B20＝P3^7；当你的硬件连接在单片机的其他引脚时，需要修改引脚。

启动温度转换函数 bit Start18B20(void)：函数返回一个位，当返回 1 时，表示操作成功；当返回 0 时，表示操作失败。

函数无形参，当需要获取温度数据时，需要先启动温度转换才行。

获取温度函数 bit Get18B20Temp(int ＊temp)：函数返回一个位，当返回 1 时，表示操作成功；当返回 0 时，表示操作失败。

函数有一个形参 int ＊temp，该变量用于存放从 DS18B20 读取到的温度结果。

经验之谈——DS18B20 应用

DS18B20 是一个单总线数字温度传感器，精度高。当应用程序中用到它时，首先包含它的头文件，由于第一次读取温度时，输出的温度是 85 ℃，这是一个错误值，因此在应用程序初始化时，一般都先调用驱动中的启动转换和获取温度函数。

当温度精度选择 12 位时，DS18B20 一次温度转换需要 750 ms 以上，一般情况下间隔 1 s 获取一次温度数据。

DS18B20 需要先启动转换后，才能获取温度，并且启动转换后 750 ms 才能输出温度数据。所以一般都在成功获取温度数据后，再启动一次温度转换，为下一次获取温度数据做好准备。

（2）应用程序 main.c 设计。

```c
#include <reg52.h>
#include <stdio.h>
#include "Serial.h"
#include "Timer.h"
#include "LCD1602.h"
#include "DS18B20.h"
//内部函数声明
void Disp_temp(unsigned char * str);
//主函数
void main(void)
{
    unsigned char i;
```

```c
    int temp;
    unsigned char tempbuf[10],str1[12];
    LCD1602_Enable();                          //数码管使能
    Start18B20();                              //启动转换
    Get18B20Temp(&temp);                       //第1次读出来的温度数据是85℃
    UART1_Init(BAUDRATE);                      //串口初始化
    Timer0Init(2000);                          //定时器设置
    Lcd1602Set();                              //液晶屏设置
    LcdShowStr(0,0," MCU to computer",16);     //液晶屏初始显示
    LcdShowStr(0,1,"Temp:         ",16);
    while(1)
    {
        if(Flag1s==1)                          //每秒采集温度
        {
            Flag1s=0;
            Disp_temp(tempbuf);                //读取温度,LCD1602显示
            sprintf(str1,"Temp:% s\r\n",tempbuf);     //组合字符串
            for(i=0;i<sizeof(str1);i++)        //向上位机上传温度数据
            {
                SBUF=str1[i];
                while(TI==0);
                TI=0;
            }
        }
    }
}
//LCD1602显示温度函数
void Disp_temp(unsigned char * str)
{
    int tmp;
    static int tempback;
    Get18B20Temp(&tmp);                        //读取DS18B20温度数据
    tmp=(int)(tmp*0.625);                      //转换成实际温度
    str[0]=tmp/100% 10+'0';                    //分离出整数与小数位
    str[1]=tmp/10% 10+'0';
    str[2]='.';
    str[3]=tmp% 10+'0';
    str[4]='\0';
    EA= 0;
    if(tmp !=tempback)                         //温度有变化,更新液晶显示
    {
        LcdShowStr(5,1,str,4);
```

```
            tempback=tmp;
        }
    EA=1;
    Start18B20();            //启动温度转换
    }
```

程序解读

程序初始化：LCD1602 使能，先启动 DS18B20 温度转换并读取温度数据，因为第 1 次读到的温度都是 85 ℃，是一个错误的数据。

串口初始化，定时器 T0 初始化，LCD1602 设置，显示初始信息。

液晶屏显示温度函数：该函数调用 Get18B20Temp() 函数读取温度数据，并把温度转换成字符串，送到液晶屏上显示。

需要注意的是，为了减少对液晶屏的显示更新，只有当温度发生变化时，才更新液晶屏显示。因为液晶屏是一个慢显示器件，频繁的更新显示会导致不正常。

另外，液晶屏显示时，最好关闭中断，中断也会导致液晶屏显示不正常。

最后启动温度转换。

程序逻辑

在主程序中每秒调用一次液晶屏显示温度函数 Get18B20Temp()，进行温度转换并显示温度数据，然后通过串口把温度数据上传到上位机。

（3）串行口驱动程序。

见任务 6-3 例程。

（4）定时器驱动程序。

见任务 6-3 例程。

（5）LCD1602 液晶屏驱动程序。

见任务 6-3 例程。

（6）软件延时驱动程序。

见任务 6-3 例程。

思维拓展

本节介绍了上位机通过串口实时采集单片机温度数据，如何实现上位机实时采集单片机的按键信息呢？那么怎样编写程序，实现上面的功能呢？

任务总结

通过终端温度上传系统训练，学习了 LM75A 和 DS18B20 两种数字温度传感器的使用方法，掌握了通过串口上传数据到上位机的方法，为后续物联网应用程序开发打下坚实的基础。

知 识 链 接

6.8 IIC 串行总线

1. IIC 串行总线概述

IIC 总线是 Phlips 公司推出的一种串行总线,是具备多主机系统所需的包括总线裁决和高低速器件同步功能的高性能串行总线。IIC 总线只有两根双向信号线:一根是数据线 SDA;另一根是时钟线 SCL。具有 IIC 总线的器件都可以通过两根信号线挂在总线上,每个 IIC 总线器件都有唯一的地址,总线就是通过这个地址来区分它们。IIC 总线与设备的连接如图 6-23 所示。

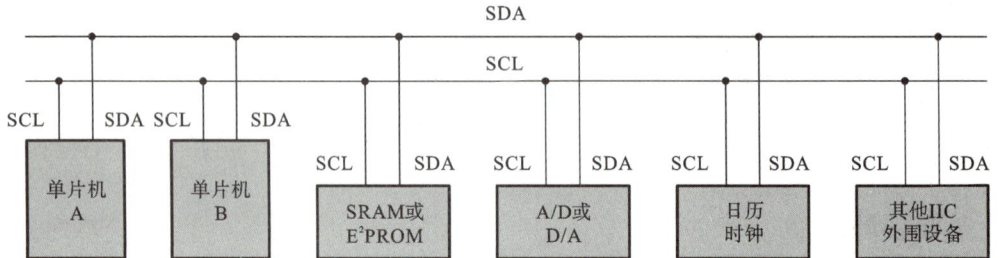

图 6-23　IIC 总线与设备的连接图

由于 IIC 总线内部是开漏输出,所以 IIC 总线必须通过上拉电阻接正电源。当总线空闲时,两根线均为高电平。各器件的 SDA 及 SCL 都是线"与"关系(见图 6-24),连到总线上的任一器件输出的低电平,都将使总线的信号变低。

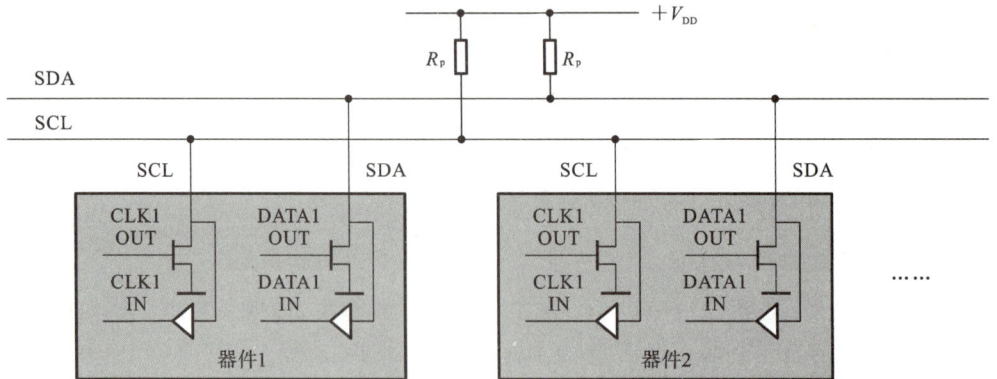

图 6-24　IIC 总线中设备的连接的线"与"关系图

每个接到 IIC 总线上的器件都有唯一的地址。主机与其他器件间的数据传送可以由主机发送数据到其他器件,这时主机即为发送器。由总线上接收数据的器件则为接收器。

在单片机应用系统的串行总线扩展中,经常遇到的是以单片机为主机,其他 IIC 总线的功能器件为从机的单主机情况。

2. 数据位的有效性规定

IIC 总线进行数据传送时,时钟信号为高电平期间,数据线上的数据必须保持稳定,只有在时钟线上的信号为低电平期间,数据线上的高电平或低电平状态才允许变化,如图 6-25 所示。

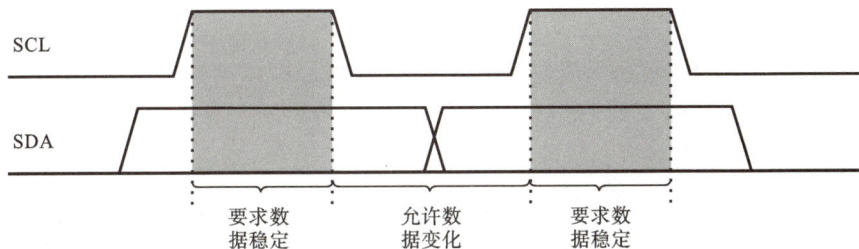

图 6-25　IIC 总线数据有效性

3. 起始和终止信号

SCL 线为高电平期间,SDA 线由高电平向低电平的变化表示起始信号;SCL 线为高电平期间,SDA 线由低电平向高电平的变化表示终止信号,如图 6-26 所示。

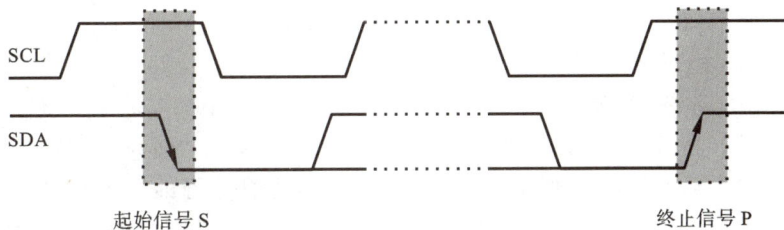

图 6-26　IIC 总线的起始和终止信号时序

起始和终止信号都是由主机发出的,在起始信号产生后,总线就处于被占用的状态;在终止信号产生后,总线就处于空闲状态。连接到 IIC 总线上的器件,若具有 IIC 总线的硬件接口,则很容易检测到起始和终止信号。

4. 地址数据帧格式

从机的地址共有 7 位,与方向位共同组成一个字节。第 0 位是数据的传送方向位,用"0"表示主机发送数据,"1"表示主机接收数据。

7 位器件地址		方向位
D7～D4 固定部分	D3～D1 可编程部分	D0

D7～D1 位组成从机的地址。D0 位是数据传送方向位,为"0"时表示主机向从机写数据,为"1"时表示主机由从机读数据。

从机的地址由固定部分和可编程部分组成。7 位寻址位有 4 位是固定位,3 位是可编程位,这样可以有 8 个同样的器件接入该 IIC 总线系统中。

主机发送地址时,总线上的每个从机都将这 7 位地址码与自己的地址进行比较,如果相同,则认为自己正被主机寻址,根据方向位将自己确定为发送器或接收器。

6.9　IIC 总线协议的数据时序

1. IIC 总线数据帧格式与应答信号

1)数据帧格式

每一个字节必须保证是 8 位长度。数据传送时,最高位(MSB)在前,最低位(LSB)在后,IIC 总线数据帧格式如图 6-27 所示,每一个被传送的字节后面都必须跟随一位应答位,即一帧共有 9 位。

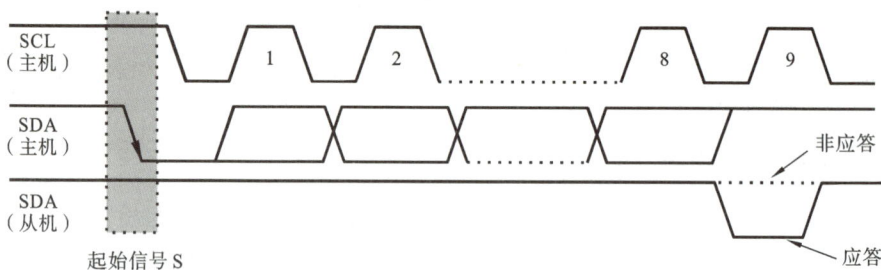

图 6-27　IIC 总线中的应答位

2)从机应答信号

正常情况下,主机每发送完一个字节后,都会检查从机的应答信号,即第 9 位数据总线上的电平。当 SDA 为低电平时,表示从机应答,意思是告诉发送方,它已经成功接收到数据了;当 SDA 为高电平时,表示从机未应答,意思是告诉发送方,它没有接收到数据或者是不想再接收数据了。这种应答机制是为了保证数据传输的可靠性。

3)主机应答信号

同样,当主机读取从机的数据时,每接收完一个字节后,也应该发送一个应答信号。当设置 SDA 为低电平时,表示应答,意思是告诉从机,主机已经成功地接收到数据了;当设置 SDA 为高电平时,表示不应答,意思是告诉从机,主机不想再接收数据了。

由此可见,应答信号是由数据的接收方产生的,这种应答机制保证了数据传输的可靠性。接收方产生了应答信号表示已经接收到了数据,否则就说明接收方未接收到数据,也有可能是接收方器件异常,还可能是接收方想停止接收数据。不管是哪一方,当未收到应答信号时,都应该发出停止总线信号,中止数据传输。

2. IIC 总线协议的读数据时序解析

S	从机地址	1	A		数据	A	数据	$\overline{A}$	P

A 表示应答,$\overline{A}$ 表示非应答(高电平)。S 表示起始信号,P 表示终止信号。

主机首先发出 IIC 总线启动信号,接着发送 8 位从机地址并设置方向位为读,第 9 位读取从机的应答信号,如果从机应答,接着从从机读取 N 个数据,每读取一个数据后,主机都要发出应答信号,读完最后一个数据后,主机应发出非应答。最后,主机发出 IIC 总线停止信号,终止数据传输。

3. IIC 总线协议的写数据时序解析

S	从机地址	0	A	数据	A	数据	A/$\overline{A}$	P

主机首先发出 IIC 总线启动信号,接着发送 8 位从机地址并设置方向位为写,第 9 位读取从机的应答信号,如果从机应答,就发送 N 个数据,每发送一个数据,都读取从机的应答信号,发送最后一个数据后,不管从机应答还是非应答,都发出 IIC 总线停止信号,终止数据传输。

4. IIC 总线协议的先写后读数据时序解析

S	从机地址	0	A	数据	A/$\overline{A}$	S	从机地址	1	A	数据	$\overline{A}$	P

主机首先发出 IIC 总线启动信号,发送 8 位从机地址并设置方向位为写,第 9 位读取从机的应答信号,如果从机应答,就向从机发送数据,读取从机的应答信号。然后重新发出 IIC 总线启动信号,发送 8 位从机地址并设置方向位为读,第 9 位读取从机的应答信号,如果从机应答,接着从从机读取数据,读取一个数据后,主机发出非应答。最后主机发出 IIC 总线停止信号,终止数据传输。

可以看出,当主机与从机的通信方向发生变化时,都要重新发送启动信号,然后发送寻址信号并设置通信的方向,才能进行数据的传输。

6.10　单片机模拟 IIC 总线

当主机内部没有硬件 IIC 总线接口时,可以利用软件模拟,实现 IIC 总线的数据传送,即软件与硬件结合的信号模拟。

1. 典型信号模拟

为了保证数据传送的可靠性,标准的 IIC 总线的数据传送有严格的时序要求。IIC 总线的起始信号、终止信号、发送"0"及发送"1"的模拟时序如图 6-28 所示。

2. 典型信号模拟子程序

(1) IIC 总线起始信号。

```
/*产生总线起始信号*/
void I2CStart()
{
    I2C_SDA=1;          //首先确保 SDA、SCL 都是高电平
    I2C_SCL=1;
    I2CDelay();
    I2C_SDA=0;          //先拉低 SDA
    I2CDelay();
    I2C_SCL=0;          //再拉低 SCL
}
```

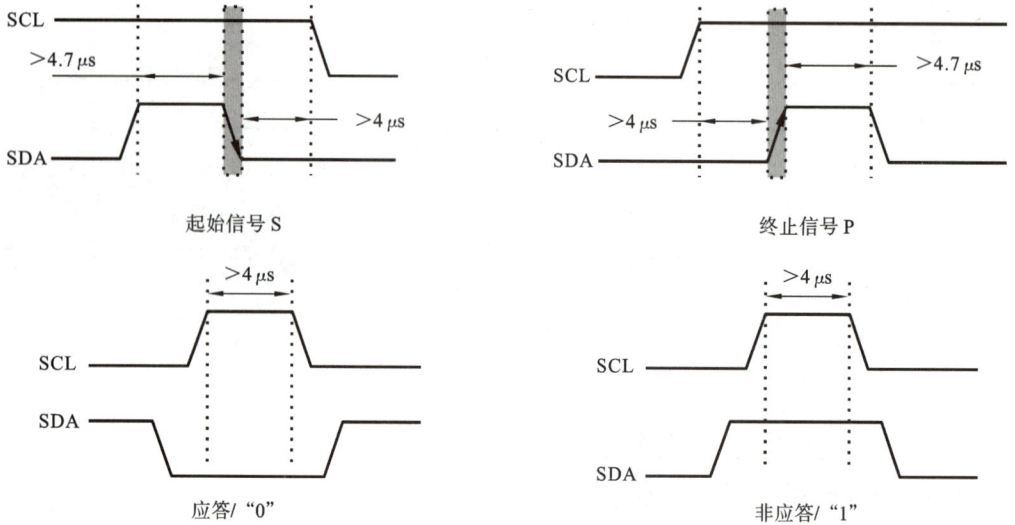

起始信号 S   终止信号 P

应答/ "0"   非应答/ "1"

图 6-28   IIC 总线的几种时序图

（2）IIC 总线停止信号。

```
/*产生总线停止信号*/
void IIC_Stop(void)
{
SDA=0;
Delay5US();
SCL=1;
Delay5US();
SDA=1;
}
```

（3）IIC 总线写数据并读取应答信号。

```
/*IIC 总线写操作,dat——待写入字节,返回值——从机应答位的值*/
bit I2CWrite(unsigned char dat)
{
    bit ack;                //用于暂存应答位的值
    unsigned char mask;     //用于探测字节内某一位值的掩码变量
    for (mask=0x80; mask!=0; mask>>=1) { //从高位到低位依次进行
        if ((mask&dat)==0)  //该位的值输出到 SDA 上
            I2C_SDA=0;
        else
            I2C_SDA=1;
        I2CDelay();
        I2C_SCL=1;          //拉高 SCL
        I2CDelay();
        I2C_SCL=0;          //再拉低 SCL,完成一个位周期
    }
```

```
    I2C_SDA=1;             //8位数据发送完后,主机释放SDA,以检测从机应答
    I2CDelay();
    I2C_SCL=1;             //拉高SCL
    ack=I2C_SDA;           //读取此时的SDA值,即为从机的应答值
    I2CDelay();
    I2C_SCL=0;             //再拉低SCL完成应答位,并保持住总线
    return (~ack);         //应答值取反以符合通常的逻辑
                           //0=不存在或忙或写入失败,1=存在且空闲或写入成功
}
```

（4）IIC总线读数据并应答。

```
/*IIC总线读操作,并发送应答信号,返回值——读到的字节*/
unsigned char I2CReadACK()
{
    unsigned char mask;
    unsigned char dat;
    I2C_SDA=1;                      //首先确保主机释放SDA
    for (mask=0x80; mask!=0; mask>>=1) { //从高位到低位依次进行
        I2CDelay();
        I2C_SCL=1;                  //拉高SCL
        if(I2C_SDA==0)              //读取SDA的值
            dat &=~mask;            //为0时,dat中对应位清零
        else
            dat |=mask;             //为1时,dat中对应位置1
        I2CDelay();
        I2C_SCL=0;                  //再拉低SCL,以使从机发送出下一位
    }
    I2C_SDA=0;                      //8位数据发送完后,拉低SDA,发送应答信号
    I2CDelay();
    I2C_SCL=1;                      //拉高SCL
    I2CDelay();
    I2C_SCL=0;                      //再拉低SCL完成应答位,并保持住总线
    return dat;
}
```

（5）IIC总线读数据并且非应答。

```
/*IIC总线读操作,并发送非应答信号,返回值——读到的字节*/
unsigned char I2CReadNAK()
{
    unsigned char mask;
    unsigned char dat;
    I2C_SDA=1;                      //首先确保主机释放SDA
    for (mask=0x80; mask!=0; mask>>=1) { //从高位到低位依次进行
```

```
        I2CDelay();
        I2C_SCL=1;                      //拉高 SCL
        if(I2C_SDA==0)                  //读取 SDA 的值
            dat &=~mask;                //为 0 时,dat 中对应位清零
        else
            dat |=mask;                 //为 1 时,dat 中对应位置 1
        I2CDelay();
        I2C_SCL=0;                      //再拉低 SCL,以使从机发送出下一位
    }
    I2C_SDA=1;                          //8 位数据发送完后,拉高 SDA,发送非应答信号
    I2CDelay();
    I2C_SCL=1;                          //拉高 SCL
    I2CDelay();
    I2C_SCL=0;                          //再拉低 SCL 完成非应答位,并保持住总线
    return dat;
}
```

6.11　数字温度传感器 LM75A

1. 温度传感器 LM75A 的特点

LM75A 是一款内置带隙温度传感器和模数转换功能的数字温度传感器,它也是温度检测器,可提供温度输出功能。器件通过两线的串行 IIC 总线接口与控制器通信。LM75A 有三个可选的逻辑地址管脚 A2、A1、A0,使得同一总线上可同时连接八个器件而不发生地址冲突。

LM75A 可配置成不同的工作模式。它可以设置成在正常工作模式下周期性地进行环境温度监控,或进入关断模式将器件功耗降到最低。输出有两种可选的工作模式,即比较器模式和中断模式。输出可选择高电平和低电平有效。错误队列和设定点可编程,可以激活输出。

温度寄存器通常存放着一个 11 位的二进制的补码,用来实现 0.125 ℃的精度。

在正常工作模式下,当器件上电时,工作在比较模式,温度阈值为 80 ℃,滞后 75 ℃,这时 LM75A 就可以作为独立的温度控制器,预定义温度设定点。

器件可以完全取代工业标准的 LM75A,并提供良好的温度精度(0.125 ℃);电源电压范围为 2.8～5.5 V,具有 IIC 总线接口;环境温度范围为 −55 ℃～＋125 ℃,提供 0.125 ℃的 11 位 ADC;为了降低功耗,关断模式下的电流仅 3.5 μA。

2. 温度传感器 LM75A 的引脚功能与电路原理图

(1) LM75A 温度传感器的封装如图 6-29 所示。

(2) LM75A 温度传感器的引脚功能如下:

1 脚 SDA:IIC 总线串行数据线;2 脚 SCL:IIC 总线串行时钟线;

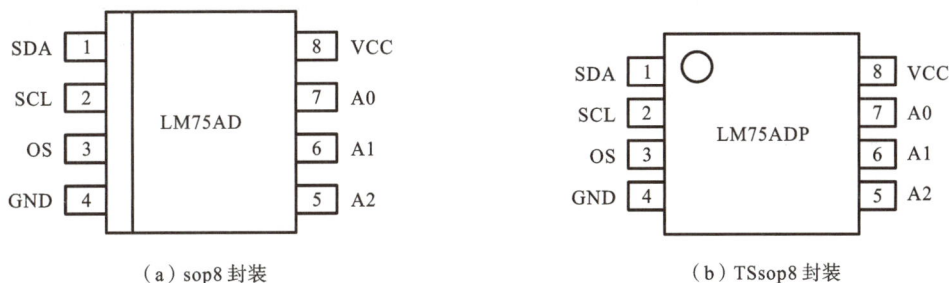

（a）sop8 封装　　　　　　　　　　　　　（b）TSsop8 封装

图 6-29　LM75A 温度传感器的封装

3 脚 OS：超温度关断输出端；4 脚 GND：地；

5、6、7 脚：A2、A1、A0 器件从地址设置位；8 脚 VCC：电源。

（3）LM75A 温度传感器的电路原理图如图 6-30 所示。

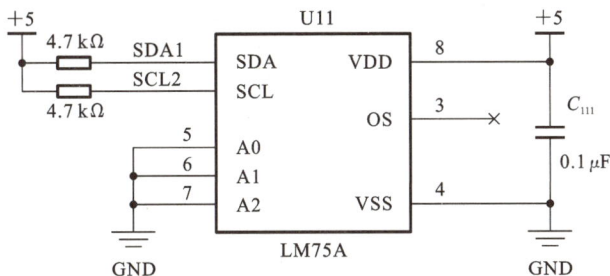

图 6-30　LM75A 电路原理图

1、2 脚分别为 IIC 总线数据端和时钟端，接 4.7 kΩ 上拉电阻；3 脚为 OS 端，输出控制信号，未使用，故悬空；5、6、7 脚为 IIC 总线器件从地址设置端，这里都接地。

3. LM75A 寄存器

1）LM75A 内部寄存器结构

除了指针寄存器外，LM75A 还包括四个数据寄存器，如表 6-12 所示。表中给出了寄存器的指针值、读写方向和上电的默认值。

表 6-12　LM75A 内部寄存器

寄存器名称	地址	读写	默认值	描述
Temp	00H	只读	N/A	温度寄存器
Conf	01H	R/W	00H	配置寄存器
Thyst	02H	R/W	4B00H	滞后寄存器
Tos	03H	R/W	5000H	过热关断阈值寄存器

地址 0 为温度寄存器，包含 2 个 8 位的数据字节。

地址 1 为配置寄存器，包含 1 个 8 位的数据字节，用来设置器件的工作条件，默认值为 0。

地址 2 为滞后寄存器,包含 2 个 8 位的数据字节,用来保存滞后 Thyst 限制值,默认值为 75 ℃。

地址 3 为过热关断阈值寄存器,包含 2 个 8 位的数据字节,用来保存过热关断 Tos 限制值,默认值为 80 ℃。

2）指针寄存器

指针寄存器如表 6-13 所示。

表 6-13　指针寄存器

bit7	bit 6	bit 5	bit 4	bit 3	bit 2	bit1 bit0
0	0	0	0	0	0	指针值

指针寄存器包含一个 8 位的数据字节,低 2 位是其他 4 个寄存器的指针值。高 6 位等于 0。指针寄存器对于用户来说是不可访问的。但是通过将指针数据字节包括到总线命令,可选择进行读/写操作的数据寄存器。

上电时,指针值等于 0,选择 Temp 寄存器,这时,用户无需指定字节就可以读取 Temp 数据。

3）配置寄存器（Conf）

配置寄存器是一个读/写寄存器,包括一个 8 位的补码数据字节,用来配置器件不同的工作条件。配置寄存器给出了寄存器的位分配,如表 6-14 所示。

表 6-14　配置寄存器

位	名称	读写	值	描述
DB5～DB7	保留	R/W	00	保留给各制作商使用
DB4～DB3	OS 故障队列	R/W	00	用来编程 OS 故障队列,默认值为 0
DB2	OS 极性	R/W	0	用来选择 OS 极性 DB2＝1 高电平有效,DB2＝0 低电平有效（默认）
DB1	OS 比较器/中断	R/W	0	用来选择 OS 工作模式 OS＝1 中断,OS＝0 比较器（默认）
DB0	关断	R/W	0	用来选择器件工作模式 DB0＝1 关断,DB0＝0 正常工作模式（模式）

LM75A 的工作模式:LM75A 可设置成两种工作模式,即正常工作模式和关断模式。

在正常工作模式中,每隔 100 ms 执行一次温度数字的转换,Temp 寄存器的内容在每次转换后更新。

在关断模式中器件变成空闲状态,数据转换禁止,Temp 寄存器保存着最后一次更新的结果;但是,在该模式下,器件的 IIC 接口仍然有效,寄存器的读/写操作继续执行。

器件的工作模式通过配置寄存器的可编程位 DB0 来设定。当器件上电或从关断模式进入正常模式时启动温度转换。

OS 控制:在正常模式下的每次转换结束时,温度寄存器中的温度数据会自动与 Tos 寄存器中的过热关断阈值数据以及 Thyst 寄存器中存放的滞后数据相比较。Tos 和 Thyst 寄存器都是可读/写的,为了与 9 位的数据操作相匹配,Temp 寄存器值使用 11 位数据中的高 9 位进行比较。

在 OS 比较器模式中,OS 输出操作类似一个温度控制器。当 Temp 超过 Tos 时 OS 输出有效;当 Temp 降至低于 Thyst 时,OS 输出复位。读器件的寄存器或使器件进入关断模式都不会改变 OS 输出的状态,这时 OS 输出可用来控制冷却风扇或温控开关。

上电时,器件进入正常工作模式,Tos 设为 80 ℃,Thyst 设为 75 ℃,OS 有效状态为低电平,故障队列等于 1。从 Temp 读出的数据不可用,直至第一次转换结束。

4) 温度寄存器(Temp)

Temp 寄存器存放着 A/D 转换结果,是一个只读寄存器,包含高数据字节(MSB)和一个低数据字节(LSB)。其中高 11 位存放转换后温度数据的补码,分辨率为 0.125 ℃。数据格式如表 6-15 所示。

表 6-15　Temp 寄存器

Temp　高字节								Temp　低字节							
B7	B6	B5	B4	B3	B2	B1	B0	B7	B6	B5	B4	B3	B2	B1	B0
Temp 数据(11 位)								未使用							
D10	D9	D8	D7	D6	D5	D4	D3	D2	D1	D0	X	X	X	X	X

当读 Temp 寄存器时,要连续读取两个字节的温度数据,虽然只有高 11 位被使用,LSB 字节的低 5 位应当被忽略。Temp 值与温度值的换算方法如下。

(1) 如果 Temp 数据的 MSB 位 D10=0,则温度是一个正数温度值(摄氏度),数值为 +(Temp 数据)×0.125 摄氏度。

(2) 如果 Temp 数据的 MSB 位 D10=1,则温度是一个负数温度值(摄氏度),数值为 -(Temp 数据的二进制补码)×0.125 摄氏度。

Temp 温度与数值对照表如表 6-16 所示。

表 6-16　Temp 温度与数值对照表

Temp 数值			温度值
11 位二进制	十六进制	十进制值	
01111111000	3F8h	1016	+127.000 ℃
01111110111	3F7h	1015	+126.875 ℃
01111110001	3F1h	1009	+126.000 ℃
01111101000	3E8h	1000	+125.000 ℃
00011001000	OC8h	200	+25.000 ℃
00011001000	001h	1	+0.125 ℃

Temp 数值			温度值
11 位二进制	十六进制	十进制值	
00000000000	000h	0	0.000 ℃
11111111111	7FFh	−1	−0.125 ℃
11100111000	738h	−200	−25.000 ℃
11001001001	649h	−439	−54.875 ℃
11001001000	648h	−440	−55.000 ℃

5) 迟滞寄存器(Thyst)

滞后寄存器是读/写寄存器,也称为设定点寄存器,提供了温度控制范围下的下限温度。每次转换结束后,Temp 数据(取其高 9 位)将会与存放在该寄存器中的数据相比较,当环境温度低于此温度时,LM75A 将根据当前模式(比较、中断)控制 OS 引脚作出相应的反应。

该寄存器包含 2 个 8 位的数据字节,但两个字节中,只有 9 位用来存储设定点数据(分辨率为 0.5 ℃的二进制补码)。其数据格式如表 6-17 所示,默认值位 75 ℃。

表 6-17   高/低报警温度寄存器数据格式

D15	D14～D8							D7	D6～D0
T8	T7	T6	T5	T4	T3	T2	T1	T0	xxxxxxx

6) 过热关断阈值寄存器(Tos)

过热关断阈值寄存器提供了温度控制范围的上限温度。每次转换结束后,Temp 数据(取其高 9 位)将会与存放在该寄存器中的数据进行比较,当环境温度高于此温度时,LM75A 将根据当前模式(比较、中断)控制 OS 引脚作出相应的反应。

OS 输出是一个开漏输出,其状态是器件监控器工作得到的结果。为了观察到这个输出的状态,需要一个外部上拉电阻。电阻的阻值应当足够大(高达 200 kΩ),目的是减少温度读取误差,该误差是由 OS 吸入电流产生的内部热量造成的。

通过编程配置寄存器的位 B2,OS 输出有效状态可选择高或低有效:当 B2 为 1 时,OS 高有效;当 B2 为 0 时,OS 低有效。上电时,B2 位为 0,OS 低有效。

4. LM75A 读/写操作

1) LM75A 的器件地址与从地址

LM75A 在 IIC 总线的从地址是由器件地址管脚 A2、A1 和 A0 的逻辑来定义。这 3 个地址管脚连接到 GND(逻辑 0)或 VCC(逻辑 1)。它们代表了器件 7 位地址中的低 3 位。地址的高 4 位由 LM75A 内部的硬连线预先设置为"1001"。

通过 LM75A 从地址表(见表 6-18)可以看出,它有 3 位硬件可编程地址,因此同一总线上可连接 8 个器件而不会产生地址冲突。由于输入 A2～A0 内部无偏置,因此在任何应用中它们都不能悬空。

表 6-18　LM75A 从地址表

MSB							LSB
1	0	0	1	A2	A1	A0	W/R

由于开发板中,A2～A0 接地,故 LM75A 的器件地址为 0x48;最低位是读/写方向位;当写操作时,写入地址码 0x90,当读操作时,写入地址码 0x91。

2) LM75A 读/写时序

主机和 LM75A 之间的通信必须严格遵守 IIC 总线管理定义的规则。LM75A 读取当前温度的时序图如图 6-31 所示。

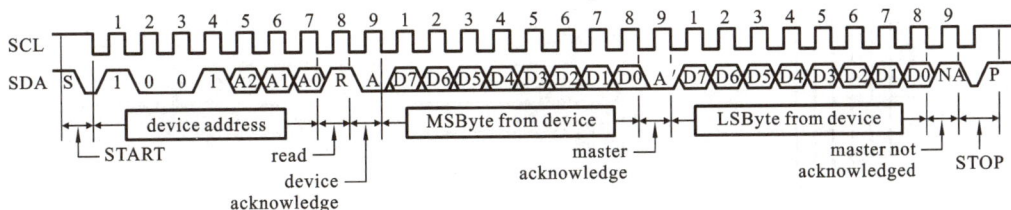

图 6-31　LM75A 读取温度的时序图

LM75A 读取当前温度的步骤如下。

第 1 步:启动 IIC 总线;

第 2 步:发送主器件地址和从地址,并且设置方向为读;

第 3 步:连续读取两个字节的温度数据,先读取温度的高字节,再读取温度的低字节;

第 4 步:停止 IIC 总线。

需要说明的是,每次对 IIC 总线写操作时,都要读取 LM75A 的应答位;每次对 IIC 总线读操作时,都要给 LM75A 发送应答位。

还有其他时序,如读/写配置寄存器、读写温度上限下限寄存器的时序,这里就不再介绍了,有兴趣的话可以看 LM75A 器件手册第 11 页。

6.12　数字温度传感器 DS18B20

1. DS18B20 简介

温度传感器的种类众多,在应用于高精度、高可靠性的场合时 DALLAS(达拉斯)公司生产的 DS18B20 温度传感器当仁不让。超小的体积、超低的硬件开销、抗干扰能力强、精度高、附加功能强,使得 DS18B20 更受欢迎。DS18B20 的优势更是学习单片机技术和开发温度相关的小产品的不二选择。了解其工作原理和应用可以拓宽对单片机开发的思路。

DS18B20 的主要特征如下:全数字温度转换及输出,先进的单总线数据通信,最高 12 位分辨率,精度可达 0.0625 ℃,12 位分辨率时的最大工作周期为 750 ms,可选择寄生工作方式,检测温度范围为－55 ℃～+125 ℃,内置 EEPROM,限温报警功能,64 位光刻 ROM,内置产品序列号,方便多机挂接,多样封装形式,适应不同硬件系统。

2. DS18B20 引脚功能

DS18B20 这款芯片的外观和引脚定义如图 6-32 所示,DS18B20 芯片的常见封装为 TO-92,是普通直插三极管的样子。三个引脚分别是 GND 电压地、DQ 单数据总线、VDD 电源电压。

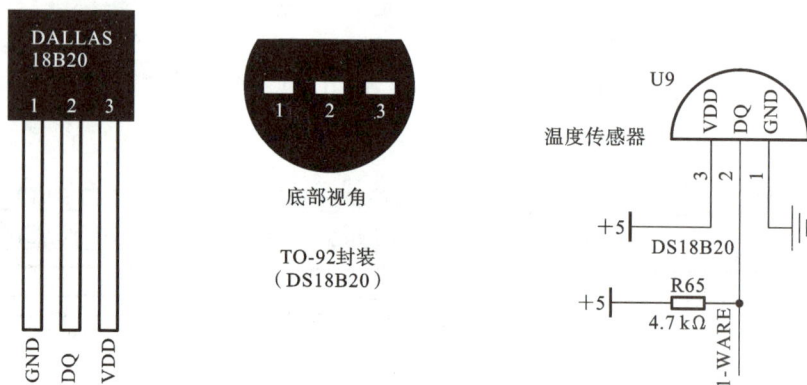

图 6-32　DS18B20 的外形与电路图

典型电路连接图:

(1) 外部供电模式下的单只 DS18B20 芯片的连接图,如图 6-33(a)所示。

(2) 外部供电模式下的多只 DS18B20 芯片的连接图,如图 6-33(b)所示。

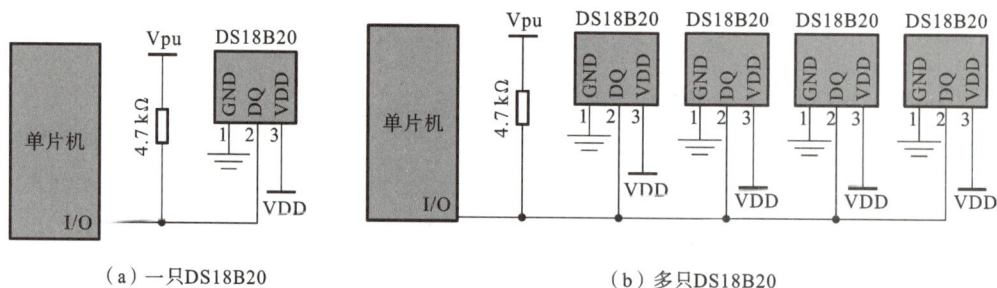

(a) 一只DS18B20　　　　　　(b) 多只DS18B20

图 6-33　DS18B20 连接电路

DS18B20 芯片通过单总线协议依靠一个单线端口通信,当全部器件经由一个三态端口或者漏极开路端口与总线连接时,控制线需要连接一个弱上拉电阻。在多只 DS18B20 连接时,每个 DS18B20 都拥有一个全球唯一的 64 位序列号,在这个总线系统中,单片机依靠每个器件独有的 64 位片序列号辨认总线上的器件和记录总线上的器件地址,允许多只 DS18B20 同时连接在一条单线总线上,因此,可以很轻松地利用一个单片机去读取很多分布在不同区域的 DS18B20,这一特性在环境控制、探测建筑物、仪器等温度以及过程监测和控制等方面都非常有用。

3. DS18B20 寄存器

(1) DS18B20 内部寄存器结构如图 6-34 所示。

<高速暂存器>

byte 0　温度数据低位 LSB（50H）
byte 1　温度数据低位 LSB（05H）
byte 2　TH 用户字节1（高温触发值）　←→　TH 用户字节1（高温触发值）
byte 3　TL 用户字节2（低温触发值）　←→　TL 用户字节2（低温触发值）
byte 4　配置寄存器（设置温度精度）　←→　配置寄存器（设置温度精度）
byte 5　保留位（FFH）
byte 6　保留位（0CH）
byte 7　保留位（10H）
byte 8　CRC校验位寄存器

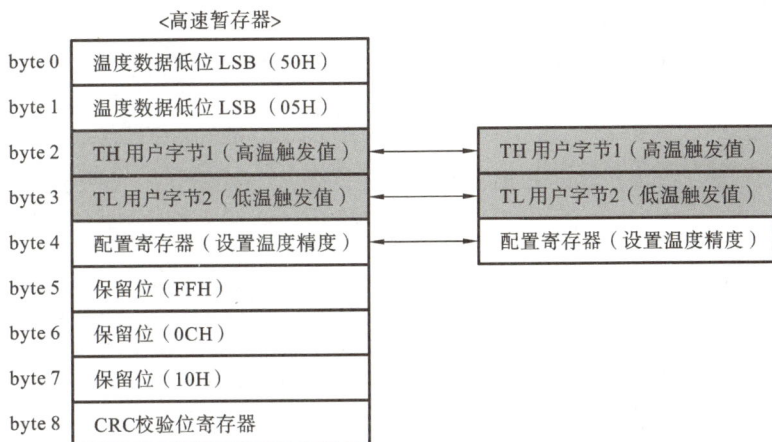

图 6-34　DS18B20 寄存器

（2）DS18B20 主要寄存器数据格式如图 6-35 所示。

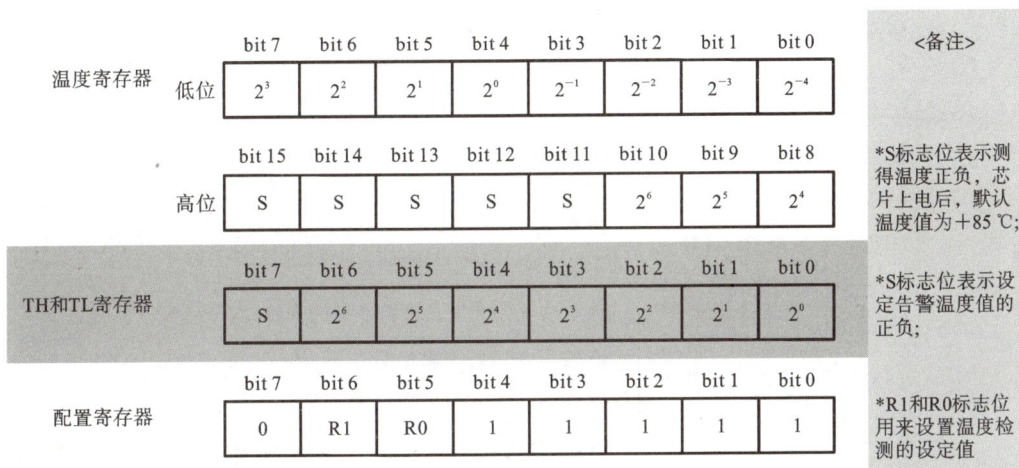

	bit 7	bit 6	bit 5	bit 4	bit 3	bit 2	bit 1	bit 0
温度寄存器 低位	2^3	2^2	2^1	2^0	2^{-1}	2^{-2}	2^{-3}	2^{-4}

	bit 15	bit 14	bit 13	bit 12	bit 11	bit 10	bit 9	bit 8
高位	S	S	S	S	S	2^6	2^5	2^4

	bit 7	bit 6	bit 5	bit 4	bit 3	bit 2	bit 1	bit 0
TH和TL寄存器	S	2^6	2^5	2^4	2^3	2^2	2^1	2^0

	bit 7	bit 6	bit 5	bit 4	bit 3	bit 2	bit 1	bit 0
配置寄存器	0	R1	R0	1	1	1	1	1

<备注>

*S标志位表示测得温度正负，芯片上电后，默认温度值为+85℃；

*S标志位表示设定告警温度值的正负；

*R1和R0标志位用来设置温度检测的设定值

图 6-35　DS18B20 寄存器的数据格式

一共 2 个字节，LSB 是低字节，MSB 是高字节，其中 MSB 是字节的高位，LSB 是字节的低位。大家可以看出，二进制数字，每一位代表的温度的含义都表示出来了。其中 S 表示的是符号位，低 11 位都是 2 的幂，用来表示最终的温度。DS18B20 的温度测量范围是−55～125 ℃，而温度数据的表现形式，有正负温度，寄存器中每个数字如同卡尺的刻度一样分布。

DS18B20 温度与数值对照如表 6-19 所示。

表 6-19　DS18B20 温度与数值对照表

TEMPERATURE	DIGITAL OUTPUT(Binary)	DIGITAL OUTPUT(Her)
+125 ℃	0000 0111 1101 0000	07D0h
+25.0625 ℃	0000 0001 1001 0001	0191h
+10.125 ℃	0000 0000 1010 0010	00A2h

TEMPERATURE	DIGITAL OUTPUT(Binary)	DIGITAL OUTPUT(Her)
+0.5 ℃	0000 0000 0000 0000	0008h
0 ℃	0000 0000 0000 0000	0000h
−0.5 ℃	1111 1111 1111 1000	FFF8h
−10.125 ℃	1111 1111 0101 1110	FF5Eh
−25.0625 ℃	1111 1110 0110 1111	FF6Fh
−55 ℃	1111 1100 1001 0000	FC90h

（3）DS18B20 指令如表 6-20 所示。

表 6-20　DS18B20 指令

指令类型	指令	功能	详细描述
ROM 指令	[F0H]	搜索 ROM 指令	当系统初始化时,总线控制器通过此指令多次循环搜索 ROM 编码,以确认所有从机器件
	[33H]	读取 ROM 指令	当系统初始化时,总线控制器通过此指令多次循环搜索 ROM 编码,以确认所有从机器件
	[55H]	匹配 ROM 指令	匹配 ROM 指令,使总线控制器在多点总线上定位一只特定的 DS18B20
	[CCH]	忽略 ROM 指令	忽略 ROM 指令,此指令允许总线控制器不必提供 64 位响应 ROM 编码就使用功能指令
	[ECH]	报警搜索指令	当总线上存在满足报警条件的从机时,该从机将响应此指令
功能 指令	[44H]	温度转换指令	此条指令用来控制 DS18B20 启动一次温度转换,生成的温度数据以 2 字节的形式存储在高速暂存器中
	[4EH]	写暂存器指令	此指令向 DS18B20 的暂存器写入数据,开始位置在暂存器第 2 字节(TH 寄存器),以最低有效位开始传送
	[BEH]	读暂存器指令	此指令用来读取 DS18B20 暂存器数据,读取将从字节 0 开始,直到第 9 字节读完
	[48H]	拷贝暂存器指令	此指令将 TH、TL 和配置寄存器的数据拷贝到 EEPROM 中
	[B8H]	召回 EEPROM 指令	将 TH、TL 以及配置寄存器中的数据从 EEPROM 拷贝到暂存器
	[B4H]	读电源模式指令	总线控制器在发出此指令后启动读时隙,若为寄生电源模式,DS18B20 将拉低总线,若为外部电源模式,则将总线拉高,用以判断 DS18B20 的电源模式

（4）DS18B20 工作原理。

DS18B20 启动后将进入低功耗等待状态,当需要执行温度测量和 AD 转换时,总线控制器(多为单片机)发出[44H]指令完成温度测量和 AD 转换,DS18B20 将产生的温度数据以 2 个字节的形式存储到高速暂存器的温度寄存器中,然后,DS18B20 继续保持等待状态。当 DS18B20 芯片由外部电源供电时,总线控制器在温度转换指令之后发起"读时序",从而读出测量到的温度数据通过总线完成与单片机的数据通信(DS18B20 正在温度转换中由 DQ 引脚返回 0,转换结束则返回 1)。

另外,DS18B20 在完成一次温度转换后,会将温度值与存储在 TH(高温触发器)和 TL(低温触发器)中各一个字节的用户自定义的报警预置值进行比较,寄存器中的 S 标志位指出温度值的正负(S=0 时为正,S=1 时为负),如果测得的温度高于 TH 或者低于 TL 数值,报警条件成立,DS18B20 内部将对一个报警标志置位,此时,总线控制器通过发出报警搜索命令[ECH]检测总线上所有的 DS18B20 报警标志,然后,对报警标识置位的 DS18B20 将响应这条搜索命令。

4. DS18B20 时序

在由 DS18B20 芯片构建的温度检测系统中,采用达拉斯公司独特的单总线数据通信方式,允许在一条总线上挂载多个 DS18B20,那么,在对 DS18B20 的操作和控制中,由总线控制器发出的时隙信号就显得尤为重要。

> **经验之谈**
>
> 在系统编程时,一定要严格参照时隙图中的时间数据,做到精确地把握总线电平随时间(微秒级)的变化,才能够顺利地控制和操作 DS18B20。另外,需要注意到不同单片机的机器周期是不尽相同的,所以,程序中的延时函数并不是完全一样,要根据单片机不同的机器周期有所改动。在平常的 DS18B20 程序调试中,若发现诸如温度显示错误等故障,基本上都是由于时隙的误差较大甚至时隙错误导致的,在对 DS18B20 编程时需要格外注意。

图 6-36 分别为 DS18B20 芯片的上电初始化时隙、总线控制器从 DS18B20 读取数据时隙、总线控制器向 DS18B20 写入数据时隙的示意图。

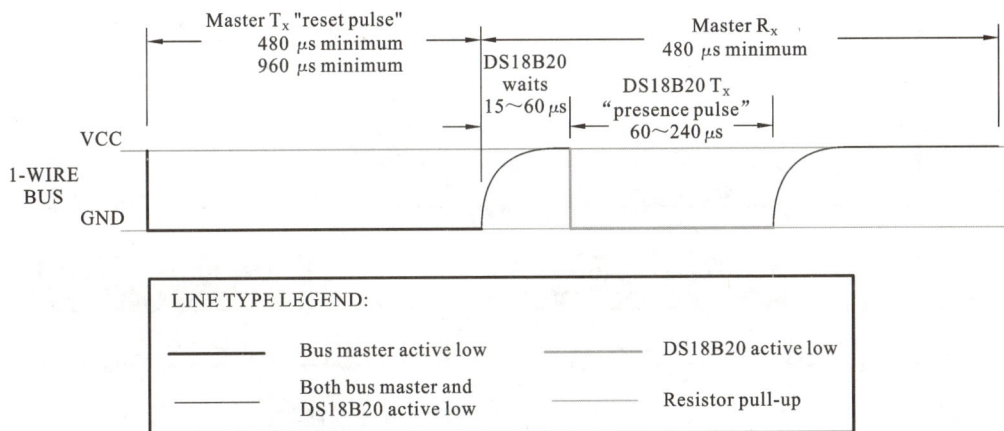

图 6-36　上电初始化时序图

大家注意看图,实粗线是单片机 I/O 口拉低这个引脚,虚粗线是 DS18B20 拉低这个引脚,细线是单片机和 DS18B20 释放总线后,依靠上拉电阻的作用把 I/O 口引脚拉上去。这个前边提到过,51 单片机释放总线就是给高电平。存在脉冲检测过程,首先单片机要拉低这个引脚,持续 480 μs 到 960 μs,我们的程序中持续了 500 μs。然后,单片机释放总线,就是给高电平,DS18B20 等待 15 μs 到 60 μs 后,会主动拉低这个引脚,是 60 μs 到 240 μs,而后 DS18B20 会主动释放总线,这样 I/O 口会被上拉电阻自动拉高。

当要读取 DS18B20 的数据时,我们的单片机首先要拉低这个引脚,并且至少保持 1 μs,然后释放引脚,释放完毕后要尽快读取。从拉低这个引脚到读取引脚状态,不能超过 15 μs,如图 6-37 所示。

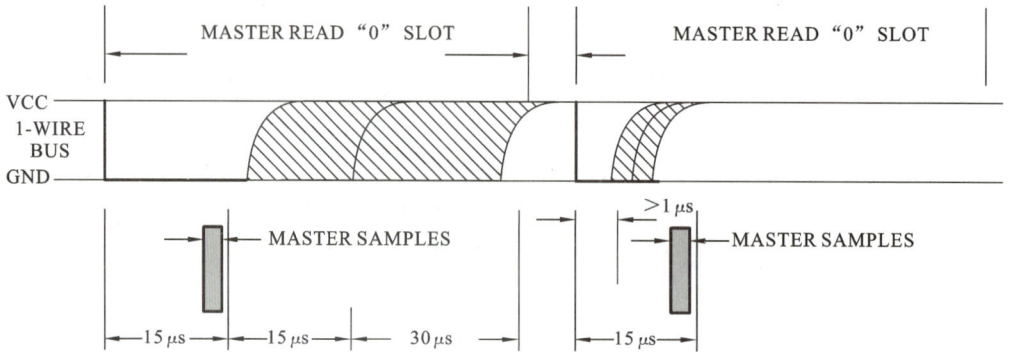

图 6-37　数据读取时通信总线的时序图

当要给 DS18B20 写入 0 时,单片机直接将引脚拉低,持续时间大于 60 μs 小于 120 μs 即可。图 6-38 所示的意思是,单片机先拉低 15 μs 之后,DS18B20 会在从 15 μs 到 60 μs 的时间来读取该位,DS18B20 最早会在 15 μs 的时刻读取,典型值是在 30 μs 的时刻读取,最多不会超过 60 μs,DS18B20 必然读取完毕,所以持续时间超过 60 μs 即可。当要给 DS18B20 写入 1 时,单片机先将这个引脚拉低,拉低时间大于 1 μs,然后马上释放总线,即拉高引脚,并且持续时间也要大于 60 μs。与写 0 类似的是,DS18B20 会从 15 μs 到 60 μs 来读取这个 1。

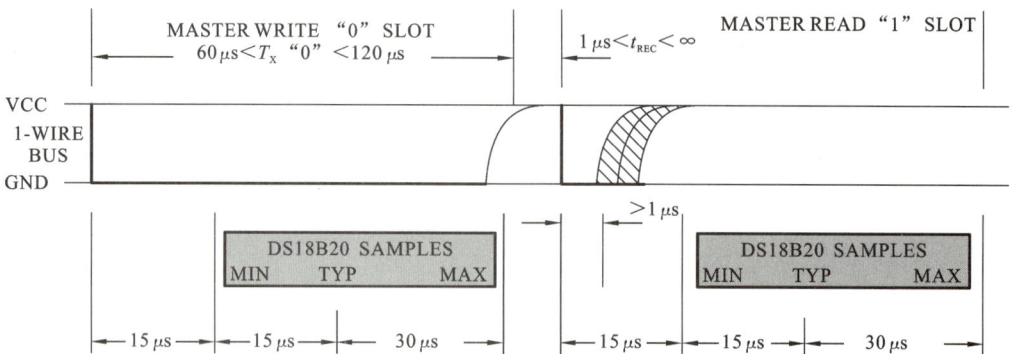

图 6-38　数据写入时通信总线的时序图

5. DS18B20 操作流程

(1) 复位:首先必须对 DS18B20 芯片进行复位,复位就是由控制器(单片机)给

DS18B20 单总线至少 480 μs 的低电平信号。当 DS18B20 接收到此复位信号后则会在 15～60 μs 后回发一个芯片的存在脉冲。

（2）读存在脉冲：在复位电平结束之后，控制器应该将数据单总线拉高，以便于在 15～60 μs 后接收存在脉冲，存在脉冲为一个 60～240 μs 的低电平信号。至此，通信双方已经达成了基本的协议，接下来将会是控制器与 DS18B20 之间的数据通信。如果复位低电平的时间不足或是单总线的电路断路都不会接收到存在脉冲，则在设计时要注意意外情况的处理。

（3）控制器发送 ROM 指令：ROM 指令共有 5 条，每一个工作周期只能发一条，ROM 指令分别是读 ROM 数据、指定匹配芯片、跳跃 ROM、芯片搜索、报警芯片搜索。ROM 指令为 8 位长度，功能是对片内的 64 位光刻 ROM 进行操作。其主要目的是分辨一条总线上挂接的多个器件并作处理。诚然，单总线上可以同时挂接多个器件，并通过每个器件上所独有的 ID 号来区别，一般只挂接单个 DS18B20 芯片时可以跳过 ROM 指令（注意：此处指的跳过 ROM 指令并非不发送 ROM 指令，而是用特有的一条"跳过指令"）。ROM 指令在下文有详细的介绍。

（4）控制器发送存储器操作指令：在 ROM 指令发送给 DS18B20 之后，紧接着（不间断）就是发送存储器操作指令了。操作指令同样为 8 位，共 6 条，存储器操作指令分别是写 RAM 数据、读 RAM 数据、将 RAM 数据复制到 EEPROM、温度转换、将 EEPROM 中的报警值复制到 RAM、工作方式切换。存储器操作指令的功能是命令 DS18B20 做什么样的工作，这是芯片控制的关键。

（5）执行数据读/写：一个存储器操作指令结束后则将进行指令执行或数据的读/写，这个操作要视存储器操作指令而定。如执行温度转换指令，控制器（单片机）必须等待 DS18B20 执行其指令，一般转换时间为 500 μs。如执行数据读/写指令，需要严格遵循 DS18B20 的读/写时序来操作。数据的读/写方法将在后面详细介绍。

若要读出当前的温度数据，则需要执行两次工作周期：第一个周期为复位、跳过 ROM 指令、执行温度转换存储器操作指令、等待 500 μs 温度转换时间；紧接着执行第二个周期为复位、跳过 ROM 指令、执行读 RAM 的存储器操作指令、读数据。其他操作流程大同小异，在此不多介绍。

思考与练习题 6

6.1 单项选择题

（1）如果一个 IIC 总线器件的从可编程地址 A2A1A0 都接地，而器件的固定地址部分为 0101，则读 IIC 总线器件时，发出的地址码为（   ）。

    A. 0x50   B. 0x40   C. 0x51   D. 0xA1

（2）IIC 总线协议的读数据时序，下面正确的是（　　　）。

A. S＋从机地址＋读方向＋读取从机应答信号＋读取一个字节数据＋发送应答信号＋读取一个字节数据＋发送非应答信号＋P

B. S＋从机地址＋写方向＋读取从机应答信号＋写一个字节数据＋读取从机应答信号＋写一个字节数据＋读取从机非应答信号＋P

C. S＋从机地址＋写方向＋读取从机应答信号＋写一个字节数据＋读取从机应答信号＋ S ＋从机地址＋读方向＋读取从机应答信号＋读取一个字节数据＋发送非应答信号＋P

D. S＋从机地址＋写方向＋读取从机应答信号＋读一个字节数据＋读取从机应答信号＋读一个字节数据＋读取从机非应答信号＋P

（3）IIC 总线协议的写数据时序，下面正确的是（　　　）。

A. S＋从机地址＋读方向＋读取从机应答信号＋读取一个字节数据＋发送应答信号＋读取一个字节数据＋发送非应答信号＋P

B. S＋从机地址＋写方向＋读取从机应答信号＋写一个字节数据＋读取从机应答信号＋写一个字节数据＋读取从机非应答信号＋P

C. S＋从机地址＋写方向＋读取从机应答信号＋写一个字节数据＋读取从机应答信号＋ S ＋从机地址＋读方向＋读取从机应答信号＋读取一个字节数据＋发送非应答信号＋P

D. S＋从机地址＋写方向＋读取从机应答信号＋读一个字节数据＋读取从机应答信号＋读一个字节数据＋读取从机非应答信号＋P

（4）在 UART 通信中，串行发送数据 0x1E，则对应的二进制数是（　　　）。

A. 01111000　　　　B. 00011110　　　　C. 10001110　　　　D. 11100001

（5）控制串口中断允许的是（　　　）。

A. ET0　　　　　　B. ES　　　　　　C. EX0　　　　　　D. ET1

（6）设置串行口工作在方式 1，允许接收，波特率不加倍的是（　　　）。

A. SCON＝0x50　　B. SCON＝0xF0　　C. SCON＝0x60　　D. SCON＝0x80

（7）工作方式 1 下的波特率设置为 9600，fosc 为系统晶振频率 11.0592 MHz，波特率不加倍时，T1 的初始值为（　　　）。

A. 0xFD　　　　　　B. 0xFF　　　　　　C. 0xFA　　　　　　D. 0xF4

（8）下面（　　　）是 LM75A 的温度寄存器。

A. Temp　　　　　　B. Conf　　　　　　C. Thyst　　　　　　D. Tos

（9）LM75A 温度寄存器通常存放着一个（　　　）位的二进制的补码。

A. 8　　　　　　　　B. 10　　　　　　C. 11　　　　　　　　D. 12

（10）对于 LM75A 来说，当转换的温度为＋25.000 ℃，Temp 的 11 位值为（　　　）。

A. 00011001000　　B. 00011001001　　C. 00011001100　　D. 01111111000

6.2　多项选择题

（1）RS-232 标准中，下面电压属于逻辑 1 的是（　　　）。

A. -10 V　　　　B. -5 V　　　　C. -15 V　　　　D. $+10$ V

（2）TTL 标准中，下面电压属于逻辑 0 的是(　　)。

A. 0.3 V　　　　B. 5 V　　　　C. 0 V　　　　D. 1.5 V

（3）TTL 标准中，下面电压属于逻辑 1 的是(　　)。

A. 3 V　　　　B. 5 V　　　　C. 0 V　　　　D. 4.5 V

（4）TTL 标准中，下面电压属于逻辑 0 的是(　　)。

A. 0.3 V　　　　B. 5 V　　　　C. 0 V　　　　D. 1.5 V

6.3　填空题

（1）IIC 总线只有两根双向信号线：一根是数据线_____；另一根是时钟线_____。

（2）具有 IIC 总线的器件都可以通过两根信号线挂在总线上，每个 IIC 总线器件都有唯一的_____，总线就是通过这个_____来区分它们。

（3）IIC 总线进行数据传送时，时钟信号为高电平期间，数据线上的数据必须_____。

（4）起始和终止信号都是由_____发出的，在起始信号产生后，总线就处于被_____的状态；在终止信号产生后，总线就处于_____状态。连接到 IIC 总线上的器件，若具有 IIC 总线的硬件接口，则很容易检测到起始信号和终止信号。

（5）在 IIC 总线时序中，A 表示_____，$\overline{A}$ 表示_____。S 表示_____信号，P 表示_____信号。

（6）当主机读取从机的数据时，每接收完_____个字节后，也应该发送一个_____位。当设置 SDA 为低电平时，表示_____，意思是告诉从机，主机已经成功地接收到数据了；当设置 SDA 为高电平时，表示_____，意思是告诉从机，主机不想再接收_____了。

（7）STC89C52RC 单片机有两个引脚是专门用来做串口通信的，一个是_____，另一个是_____，它们组成的通信接口就是串行接口，简称_____。

（8）每秒钟传送 240 个字符，而每个字符格式包含 10 位(_____个起始位、_____个停止位、_____个数据位)，这时的波特率为_____。

（9）RS-232 标准采用_____逻辑，逻辑 1 为_____；逻辑 0 为_____。

6.4　编程练习题

（1）编程实现计算机与单片机进行串口通信，当计算机向单片机发送字符串时，单片机收到计算机发来的字符串后，在计算机串行调试助手接收窗口显示接收到的内容。

（2）编程实现计算机与单片机串口通信，要求完成上位机控制 LED 广告灯的样式设计。功能要求：上位机发出的控制指令中，前四个字符为"style"，后面跟着样式数字。终端接收到上位机发来的指令进行解析，当指令合法时，终端会控制广告灯按指定的样式运行。例如，当上位机发出指令："style1"字符串时，终端广告灯按样式 1 运行。

匠 心 育 人

1. **工匠精神**:歼 20 通信系统设计师——张路明
2. **精益求精**:顾秋亮,为蛟龙保驾护航

项目7 模数/数模转换技术应用

在工业设计和实际生活中,经常需要去处理一些模拟量,如温度、压力、速度等,这些模拟量可以用传感器直接转换为数字量,再由单片机来处理。但是某些时候,传感器输出的还是一些电压、电流等模拟量,这就需要把模拟量转换成数字量。有时候又需要将数字量转换成模拟量。本项目共有三个任务:数字电压表设计、呼吸灯系统设计、简易信号发生器设计。

任务 7-1 数字电压表设计

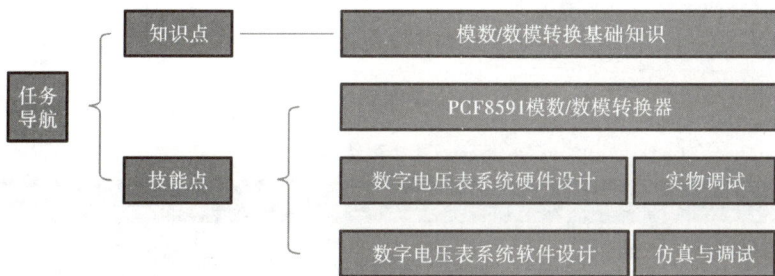

```
               ┌── 知识点 ──── 模数/数模转换基础知识
               │
任务           │          ┌── PCF8591模数/数模转换器
导航  ─────────┤          │
               │          ├── 数字电压表系统硬件设计 ── 实物调试
               └── 技能点 ─┤
                          └── 数字电压表系统软件设计 ── 仿真与调试
```

任务目标	知识目标	了解模数/数模转换基础知识; 掌握 PCF8591 ADC 功能
	能力目标	能用 Proteus 仿真软件完成数字电压表硬件电路图; 能熟练使用 Keil_C51 软件编写数字电压表程序,并能仿真和实物调试
	素质目标	通过学习王进——特高压线检修第一人视频,培养学生民族自豪感;通过学习用电安全视频,培养学生安全意识

任 务 实 施

任务描述

本任务完成数字电压表系统设计。掌握模数/数模转换基础知识、PCF8591 用法以及 IIC 总线协议。

任务要求：利用 PCF8591 的 ADC 功能，对电位器上的电压进行转换，获取转换结果并转换成电压，显示在 LCD1602 液晶屏上。

能用 Proteus 仿真软件完成数字电压表硬件电路图，能熟练使用 Keil_C51 软件编写数字电压表程序，并能仿真和实物调试。

1. 电路及元件

数字电压表系统电路如图 7-1 所示。元件清单如表 7-1 所示。

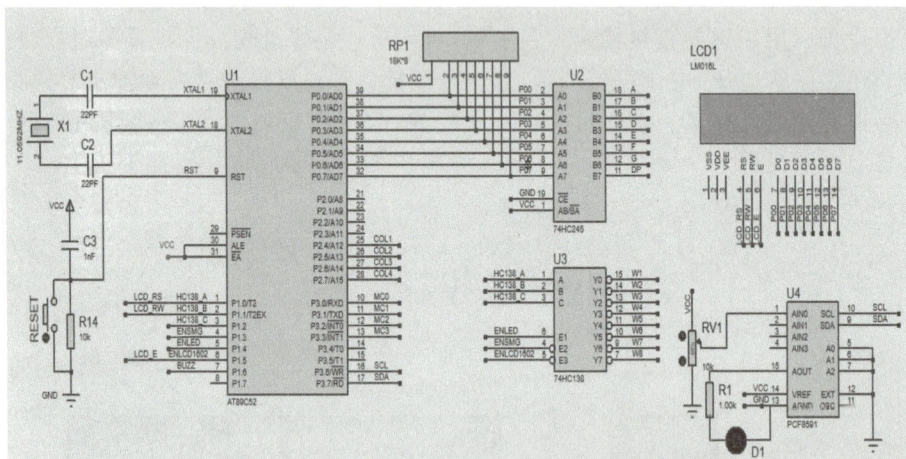

图 7-1　数字电压表系统电路

表 7-1　元件清单

序号	元件名称	参数	数量	Proteus 中的名称
1	单片机	DIP40 封装	1	AT89C52
2	晶振	11.0592 MHz	1	CRYSTAL
3	电容	22 pF	2	CAP
4	电容	0.1 μF	1	CAP
5	电阻	10 kΩ	1	RES
6	电阻	1 kΩ	1	RES
7	电位器	RV1	1	POT-HG
8	按键开关	按键	1	BUTTON
9	排阻	10 kΩ	1	RESPACK-8
10	模数/数模转换器	PCF8591	1	PCF8591
11	发光二极管	LED 灯	1	LED-YELLOW
12	液晶屏	LCD1602	1	LM016L

电路解读

模数/数模转换电路由 PCF8591 及外围电路构成,SCL 引脚接在单片机的 P3.6 口, SDA 引脚接在单片机的 P3.7 口,器件地址设置引脚 A2、A1、A0 接地,模拟电压输入通道 1 外接电位器中心抽头,可调输出电压 0~5 V,模拟电压输出端接 LED 灯电路,输出的模拟电压可控制 LED 的亮度。

> **经验之谈——PCF8591 电路功能**
>
> PCF8591 包含四路模拟信号输入和一路模拟电压输出。
>
> PCF8591 采用 IIC 总线通信,当电路中只有一个 PCF8591 时,外部地址引脚 A2、A1、A0 都接地。
>
> 当电路中还包含其他 IIC 总线器件时,PCF8591 可以和其他器件复用 IIC 总线。

2. 源程序设计

(1) PCF8591 驱动源文件设计。

```
# include "PCF8591.h"
unsigned char GetVolue_PCF8591(unsigned char chanel)
{
    unsigned char num;
    IIC_Start();
    InputOneByte(PCF8591Addr<<1);
    IIC_RdAck();
    InputOneByte(0x40|chanel);      //四路单端输入,不自动增量,通道号
    IIC_RdAck();
    IIC_Start();                    //重新启动 IIC 总线,改变读/写方向
    InputOneByte((PCF8591Addr<<1)|0x01);
    IIC_RdAck();
    OutputOneByte();
    IIC_Ack();
    num=OutputOneByte();
    IIC_Nack();
    IIC_Stop();
    return num;
}
```

程序解读

获取 PCF8591 模拟通道 ADC 转换结果函数:

```
unsigned char GetVolue_PCF8591(unsigned char chanel)
```

函数返回一个 unsigned char 型的转换结果,即结果为 0～255。

函数形参为:unsigned char chanel,应用时代入模拟通道号 0～3。

函数功能:启动 PCF8591 模拟通道 ADC 转换,并返回转换结果。

使用方法:在应用程序中,当需要进行 ADC 转换时,调用此函数,会返回一个 0～255 的转换结果。

(2) PCF8591 驱动头文件设计。

```
#ifndef PCF8591_H_
    #define PCF8591_H_
    #include "reg52.h"
    #include"IIC.h"
    #define PCF8591Addr 0x48
    extern unsigned char GetVolue_PCF8591(unsigned char chanel);
#endif
```

程序解读

PCF8591 采用 IIC 总线通信,因此要包含 IIC 总线驱动程序头文件。

#define PCF8591Addr 0x48 语句宏定义了 PCF8591 的器件地址。

extern unsigned char GetVolue_PCF8591(unsigned char chanel);语句声明了驱动程序外部函数。

当应用程序用到 PCF8591 ADC 转换器时,需要在应用程序中包含 PCF8591 驱动的头文件。

(3) 应用程序 main. c 设计。

```
#include <reg52.h>
#include <stdio.h>
#include "PCF8591.h"
#include "LCD1602.h"
#include "Timer.h"
/*宏定义*/
#define Num_THL0   2000
/*外部变量定义*/
bit Flag300ms=0;
unsigned char tabel8[4];
void ChangeNum(unsigned char temp1,unsigned char *p);
//主函数
void main()
{
    int temp1,temp1_back;
    LCD1602_Enable();
    Timer0Init(2000);              //初始化定时器工作方式 1 中断
    Lcd1602Set();                  //LCD1602 初始功能设定显示方式
```

```
        LcdShowStr(0,0,"PCF8591ADC TEST!",16);
        LcdShowStr(0,1,"AIN0:     V        ",16);
        while(1)
        {
            if(Flag300ms==1)
            {
                Flag300ms=0;
                temp1=GetVolue_PCF8591(0);
                if(temp1_back !=temp1)
                {
                    temp1_back=temp1;
                    ChangeNum(temp1,tabel8);
                    LcdShowStr(5,1,tabel8,3);
                }
            }
        }
}
//把 PCF8591 ADC 输出转换成 0～5 V 电压,输出到字符串数组
void ChangeNum(unsigned char temp1,unsigned char * p)
{
    unsigned char temp;
    temp=temp1*50/255;
    p[0]=temp/10% 10+'0';               //得到电压整数位
    p[1]='.';                           //小数点
    p[2]=temp% 10+'0';                  //得到电压小数位
    p[3]='\0';                          //加字符串结尾符
}
```

程序解读

整数转换成字符串函数:

```
    void ChangeNum(unsigned char temp1,unsigned char * p)
```

函数无返回值,有两个形参。

unsigned char temp1 表示要转换的整数;

unsigned char *p 表示转换后的字符串存放的数组。

PCF8591 ADC 转换器的分辨率是 8 位,转换的结果为 0～255,而输出的电压是 0～5 V,而本函数则把 0～255 转换成 0～50 的整数,然后分离出转换结果的百位、十位、个位,并转换成字符串,存放到数组中。

程序逻辑

初始化定时器,初始化液晶屏,每 300 ms,读取 PCF8591 模拟电压输入通道 0 的电

压,如果转换结果与前一次的值不同,则把模数转换结果转换成字符串,送到 LCD1602 指定位置显示。

（4）IIC 总线驱动程序设计。

见任务 7-1 例程。

（5）LCD1602 驱动程序设计。

见任务 7-1 例程。

（6）定时器驱动程序设计。

见任务 7-1 例程。

拓展思维

本任务只完成了一路电压的测量,如果想同时测量多路电压,该怎么办呢? 有兴趣的同学可以在课后完成。

任务总结

通过数字电压表的设计,让读者对模数转换技术在单片机应用系统中的硬件设计和软件编程有所了解,初步熟悉模拟信号采集与输出数据显示的综合应用程序设计与调试方法,为今后应用单片机处理相关问题打下了坚实的基础。

知 识 链 接

7.1 模数与数模转换

1. 模数转换

模数转换就是将模拟量转换成数字量的过程。而实现模数转换的器件称为模数转换器,模数转换器用 ADC 表示。

2. 数模转换

数模转换就是将数字量转换为模拟量的过程,使输出的模拟电量与输入的数字量成正比。而实现数模转换的器件称为数模转换器,数模转换器用 DAC 表示。

3. ADC 的分辨率与位数

一个分辨率为 n 位的 ADC,表示它能把模拟量转换成 $0 \sim 2^n - 1$ 个数字量,共有 2^n 个刻度。例如,一个 8 位的 ADC,输出数字量是从 0 到 255,一共 256 个数字量,也就是 2^8 个数据刻度。

分辨率是数字量变化一个最小刻度时对应的模拟信号的变化量,定义为满刻度量程与 2^n 的比值。分辨率总是与 ADC 转换器的位数对应的。假定 ADC 的参考电压为 5 V,用 8 位的 ADC 进行测量,那么相当于 $0 \sim 255$ 一共 256 个刻度,即把 5 V 平均分成了 256 份,那么分辨率就是 5 V/256＝0.0195 V≈20 mV。它表示数字量每变化 1,

模拟量就变化约 20 mV。同样,反过来也可以说,模数转换器输入的模拟信号每变化 20 mV,输出的数字值才变化 1。

例如,当输入的模拟信号电压为 2 V 时,ADC 转换的结果为 100;当输入电压为 2.01 V 时,ADC 转换的结果也为 100,同样 1.99 V 转换的结果也是 100。也就是说,只有模拟量的变化超过 20 mV 时,输出的数字量才会发生变化。

可以看出,模数转换器的分辨率与它的转换位数和参考电压都有关。一个 8 位的 ADC,参考电压分别为 5 V 和 2.5 V 时,它们的分辨率也是不同的。

4. ADC 的误差

转换误差表示 AD 转换器实际输出的数字量与理论上的输出数字量之间的差别,简称 INL。常用最低有效位的倍数表示,单位为 LSB。

一个基准为 5 V 的 8 位 ADC,它的分辨率就是 19.5 mV。当 ADC 转换器输出数字量是 100 时,就表示输入模拟信号的电压值是 100×19.5 mV＝1.95 V,这是理论值,实际上它是有误差的。

假定模数转换器的转换误差 INL 是 1 LSB,就表示这个电压信号真实的准确值为 1.95 V＋19.5 mV～1.95 V－19.5 mV,按理想情况对应得到的数字应该是 99～101,测量误差是一个最低有效位,即 1 LSB。

5. 转换速率

转换速率,是指 ADC 每秒能进行采样转换的最大次数,单位是 SPS(samples per second),表示 ADC 转换器转换速度的快慢。ADC 的种类比较多,其中积分型的 ADC 转换时间是毫秒级的,属于低速 ADC;逐次逼近型 ADC 转换时间是微秒级的,属于中速 ADC;并行/串行的 ADC 的转换时间可达到纳秒级,属于高速 ADC。

7.2　PCF8591 ADC/DAC

1. 概述

PCF8591 是一个单片集成、单电源供电、低功耗的 8 位 AD/DA 转换器件。PCF8591 具有 4 个模拟输入、1 个模拟输出和 1 个串行 IIC 总线接口。PCF8591 的 3 个地址引脚 A0、A1 和 A2 可用于硬件地址编程,允许在同个 IIC 总线上接入 8 个 PCF8591 器件,而无需额外的硬件。

2. PCF8591 的器件地址

IIC 总线系统中的每一片 PCF8591 通过发送有效地址到该器件来激活,该地址包括固定部分和可编程部分。可编程部分必须根据地址引脚 A0、A1 和 A2 来设置。当 PCF8591 的 A0、A1、A2 都接地时,其器件地址为 0x48。

DB7	DB6	DB5	DB4	DB3	DB2	DB1	DB0
1	0	0	1	A2	A1	A0	R/W

读器件时,向器件写入 0x91;写器件时,向器件写入 0x90;

3. PCF8591 A/D 转换器控制字

DB7*	DB6	DB5	DB4	DB3	DB2	DB1	DB0
0	X	X	X	0	X	X	X

发送到 PCF8591 的第二个字节将被存储在控制寄存器,用于控制 PCF8591 的功能。其中,第 3 位和第 7 位是固定为 0,另外 6 位各自有各自的作用。

(1)控制字节的第 6 位是 DA 使能位。

这一位置 1 表示 DA 输出引脚使能,会产生模拟电压输出功能。

(2)第 4 位和第 5 位可以实现把 PCF8591 的 4 路模拟输入配置成单端模式和差分模式。

当第 4、5 位为 00 时,PCF8591 被设置为四个单端输入模式模数转换器,AIN0~AIN3 直接连接到内部的四个模拟输入通道上。当第 4、5 位为 01 时,PCF8591 被设置为三个差分输入模式模数转换器,AIN0~AIN2 分别与 AIN3 构成三个差分输入连接到内部的三个模拟输入通道上。当第 4、5 位为 10 时,PCF8591 被设置为两个单端输入模式模数转换器和一个差分输入模式模数转换器,其中 AIN0~AIN1 是两个单端输入模式模数转换器,连接在内部通道两个通道上,而 AIN2 与 AIN3 构成一个差分输入连接到内部的输入通道 2 上。当第 4、5 位为 11 时,PCF8591 被设置为两个差分输入模式模数转换器,AIN0 与 AIN1 构成一个差分输入连接到内部的模拟输入通道 0 上,AIN2 与 AIN3 构成一个差分输入连接到内部的模拟输入通道 1 上。4 路模拟输入配置方式如图 7-2 所示。

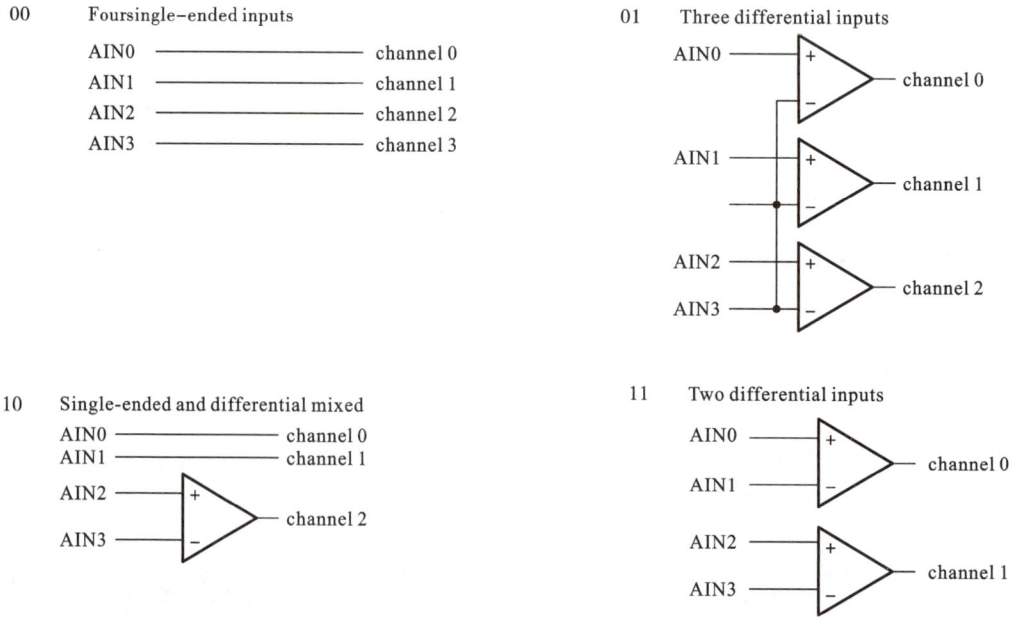

图 7-2 4 路模拟输入配置方式

（3）控制字节的第 2 位是自动增量控制位。

当四个通道全部使用时，读完了通道 0，下一次再读，会自动进入通道 1 进行读取，不需要指定下一个通道。由于 A/D 转换器每次读到的数据，都是上一次的转换结果，在使用自动增量功能的时候，要特别注意，当前读到的是上一个通道的值。

（4）控制字节的第 0 位和第 1 位是通道选择位。

00、01、10、11 代表了从 0 到 3 的一共 4 个通道选择。

选择一个不存在的输入通道将导致分配最高可用的通道号。控制寄存器的所有位在上电复位后被复位为逻辑 0。D/A 转换器和振荡器在节能时被禁止。模拟输出被切换到高阻态。

任务 7-2　呼吸灯系统设计

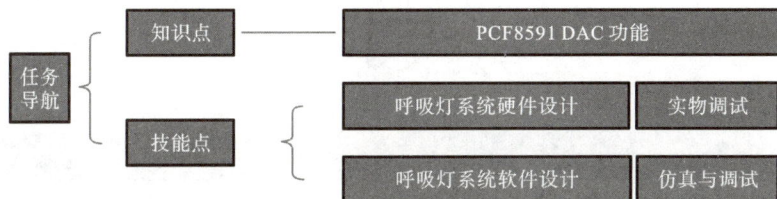

任务目标	知识目标	掌握 PCF8591 DAC 功能
	能力目标	能用 Proteus 仿真软件完成呼吸灯硬件电路图； 能熟练使用 Keil_C51 软件编写呼吸灯程序，并能仿真和实物调试
	素质目标	通过学习呼吸灯视频，培养学生珍爱生命，增强体质意识； 通过任务分组学习，培养团队协作精神和自主学习能力； 通过实施任务，培养学生认真细致、精益求精的工匠精神和劳动精神

任 务 实 施

任务描述

本任务完成呼吸灯系统设计。掌握 PCF8591 DAC 用法。任务功能：上电后，LCD1602 第 1 行显示"PCF8591 DAC Test"，PCF8591 模拟电压输出到转换通道上，接有 RC 低通滤波器，输出电压加在 LED 上，通过程序控制 PCF8591 输出 0～5 V 的电压，再输出 5～0 V 电压，这样 LED 灯就会从暗到亮，再从亮到暗，实现呼吸灯的效果。

能用 Proteus 仿真软件完成呼吸灯硬件电路图，能熟练使用 Keil_C51 软件编写呼吸灯程序，并能仿真和实物调试。

1. 电路及元件

呼吸灯系统电路如图 7-3 所示。元件清单如表 7-2 所示。

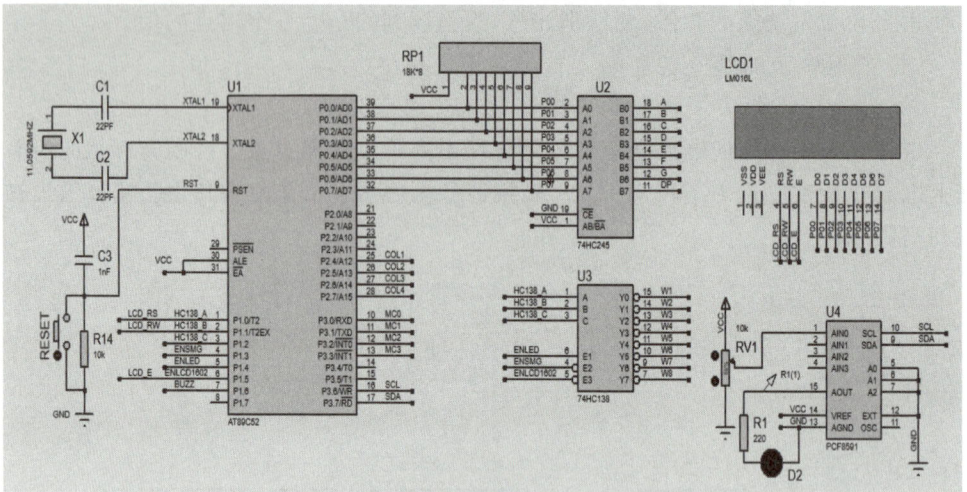

图 7-3　呼吸灯系统电路

表 7-2　元件清单

序号	元件名称	参数	数量	Proteus 中的名称
1	单片机	DIP40 封装	1	AT89C52
2	晶振	11.0592 MHz	1	CRYSTAL
3	电容	22 pF	2	CAP
4	电容	0.1 μF	1	CAP
5	电阻	10 kΩ	1	RES
6	电阻	220 Ω	1	RES
7	电位器	RV1	1	POT-HG
8	按键开关	按键	1	BUTTON
9	排阻	10 kΩ	1	RESPACK-8
10	模数/数模转换器	PCF8591	1	PCF8591
11	发光二极管	LED 灯	1	LED-YELLOW
12	液晶屏	LCD1602	1	LM016L

电路解读

电路原理与任务 7-1 的相同，在此不再赘述。

2. 源程序设计

(1) PCF8591 驱动源文件设计。

```
#include "PCF8591.h"
```

```
unsigned char GetVolue_PCF8591(unsigned char chanel)
{
    unsigned char num;
    IIC_Start();
    InputOneByte(PCF8591Addr<<1);
    IIC_RdAck();
    InputOneByte(0x40|chanel);
    IIC_RdAck();
    IIC_Start();
    InputOneByte((PCF8591Addr<<1)|0x01);
    IIC_RdAck();
    OutputOneByte();
    IIC_Ack();
    num=OutputOneByte();
    IIC_Nack();
    IIC_Stop();
    return num;
}
/*设置 DAC 输出值,val——设定值 */
void SetDACOut(unsigned char val)
{
    IIC_Start();
    InputOneByte(PCF8591Addr<<1);
    IIC_RdAck();
    InputOneByte(0x40);          //写入控制字节
    IIC_RdAck();
    InputOneByte(val);           //写入 DA 值
    IIC_RdAck();
    IIC_Stop();
}
```

程序解读

PCF8591 数模转换函数 void SetDACOut(unsigned char val):

函数无返回值,函数形参为 unsigned char val,表示需要转换的数字量。

函数功能:启动 PCF8591 数模转换,把转换后的模拟电压从 AOUT 引脚输出。

使用方法:在应用程序中,用到数模转换时,调用该函数即可,调用时代入需要转换的数字量作为实参。

(2) PCF8591 驱动头文件设计。

```
#ifndef PCF8591_H_
    #define PCF8591_H_
    #include "reg52.h"
```

```
#include "PCF8591.h"
#include"IIC.h"
#define PCF8591Addr 0x48
extern unsigned char GetVolue_PCF8591(unsigned char chanel);
extern void SetDACOut(unsigned char val);
#endif
```

程序解读

与任务 7-1 相比,多了一条对 PCF8591 数模转换函数进行声明。

外部函数声明语句 extern void SetDACOut(unsigned char val);

> 总结——PCF8591 驱动应用
>
> PCF8591 包含 4 路模拟输入的 ADC 转换和一路 DAC 转换。
>
> 当应用程序用到模数、数模转换时,需要包含 PCF8591 的头文件。
>
> 当需要用到 ADC 转换时,调用 GetVolue_PCF8591()函数可获得某个通道的转换结果。
>
> 当需要 DAC 转换时,调用 SetDACOut()函数,即可把数字信号转换成模拟电压输出。
>
> 由于 PCF8591 芯片采用 IIC 总线通信,因此,PCF8591 的驱动程序源文件要包含 IIC 总线驱动程序头文件。

(3) 应用程序 main.c 设计。

```
#include <reg52.h>
#include <stdio.h>
#include "PCF8591.h"
#include "LCD1602.h"
#include "Timer.h"
/*外部变量定义*/
bit Flag300ms= 0;
unsigned char tabel8[]={0,0,0};
void main()
{
    unsigned char temp1=0;
    LCD1602_Enable();
    Timer0Init(2000);           //初始化定时器工作方式 1 中断
    Lcd1602Set();               //LCD1602 初始功能设定
    LcdShowStr(0,0,"PCF8591DAC TEST!",16);
    while(1)
    {
        if(Flag300ms==1)
        {
```

```
        Flag300ms=0;
        temp1+=10;
        if(temp1>250)
            temp1=0;
        }
        SetDACOut(temp1);
    }
}
```

程序解读

上电后,系统进行 LCD1602 使能,定时器初始化,LCD1602 初始化。

在超级循环中,每 300 ms 增加变量的值,同时调用 DAC 转换函数进行数模转换,把转换后的输出电压加到 LED 灯电路,加在 LED 两端的电压逐渐变大,LED 灯的亮度也会逐渐变亮,当加在最大值时,变量清零。因此,LED 灯会不断重复地从暗变亮的过程。

（4）IIC 总线驱动程序设计。

见任务 7-2 例程。

（5）LCD1602 驱动程序设计。

见任务 7-2 例程。

（6）定时器驱动程序设计。

见任务 7-2 例程。

拓展思维

本任务只完成了呼吸灯从暗到亮的渐变,没有实现再从亮到暗的渐变,只有实现了暗—亮—暗—亮,不循环,并且控制"暗—亮—暗"的渐变时间为 6 s 左右,才能模拟出逼真的呼吸灯。有兴趣的同学可以在课后完成。

任务总结

通过呼吸灯系统设计训练,学习了数模转换技术及应用。数模转换技术多应用在单片机调光、调速控制系统。

任务 7-3　简易信号发生器设计

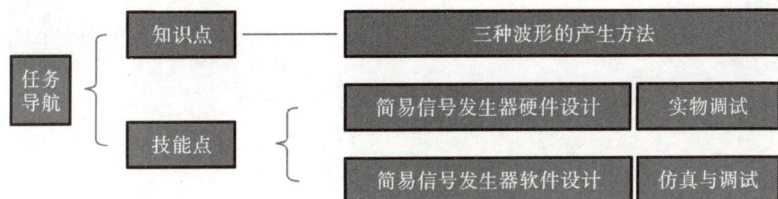

任务目标	知识目标	掌握三种波形产生的方法； 掌握 SPWM 方法
	能力目标	能用 Proteus 仿真软件完成简易信号发生器硬件电路图； 能熟练使用 Keil_C51 软件编写简易信号发生器程序，并能仿真和实物调试
	素质目标	通过任务分组学习，培养团队协作精神和自主学习能力； 通过实施任务，培养学生认真细致、精益求精的工匠精神和劳动精神； 通过编写程序，培养学生程序调试能力和科学思维与分析能力

任务实施

任务描述

本任务完成简易信号发生器设计。掌握三种波形产生的方法和 SPWM 方法。

任务要求：利用 PCF8591 的 DAC 转换功能，采用 SPWM 技术产生波形，用按键控制产生三种波形：锯齿波、三角波、正弦波。当按下 KEY1 时，产生锯齿波；当按下 KEY2 时，产生三角波；当按下 KEY3 时，产生正弦波；用示波器接到 DAC 引脚，可以观察到波形。

能用 Proteus 仿真软件完成硬件电路图，能熟练使用 Keil_C51 软件编写程序，并能仿真和实物调试。

1. 电路及元件

简易信号发生器电路如图 7-4 所示。元件清单如表 7-3 所示。

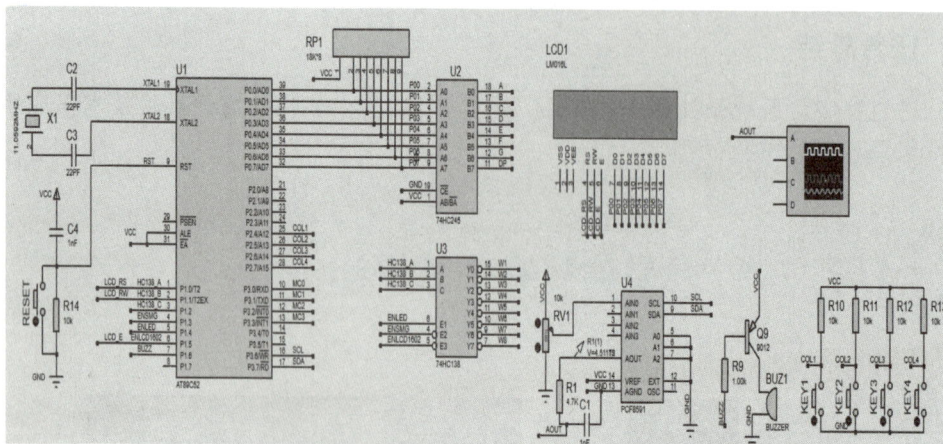

图 7-4　简易信号发生器电路图

表 7-3　元件清单

序号	元件名称	参数	数量	Proteus 中的名称
1	单片机	DIP40 封装	1	AT89C52
2	晶振	11.0592 MHz	1	CRYSTAL
3	电容	22 pF	2	CAP
4	电容	0.1 μF	2	CAP
5	电阻	10 kΩ	5	RES
6	电阻	4.7 kΩ	1	RES
7	电阻	1 kΩ	1	RES
8	电位器	RV1	1	POT-HG
9	按键开关	按键	5	BUTTON
10	三极管	NPN 型三极管	1	NPN
11	蜂鸣器	无源蜂鸣器	1	BUZZER
12	排阻	10 kΩ	1	RESPACK-8
13	模数/数模转换器	PCF8591	1	PCF8591
14	发光二极管	LED 灯	1	LED-YELLOW
15	液晶屏	LCD1602	1	LM016L
16	虚拟示波器	示波器	1	OSCILLOSCOPE

电路解读

电路在任务 7-2 的基础上进行调整,调整如下:
PCF8591 模拟电压输出端 AOUT 端外接一个 RC 滤波器,让输出的电压更加平滑;
Q9、R9、BUZ1 构成蜂鸣器驱动电路;
R10～R13、KEY1～KEY4 构成按键电路;
仿真电路中增加了一个虚拟示波器。

2. 源程序设计

(1) 应用程序 main.c 设计。

```
# include <reg52.h>
# include "PCF8591.h"
# include "LCD1602.h"
# include "Timer.h"
# include "KEY4.h"
unsigned char sin_tabel[21]={128,168,204,231,249,255,
    249,231,203,167,128,89,53,25,7,0,7,25,53,89,128};
bit Flag_200us=0;
void ZhengXuan(void);
```

```
void JuChi(void);
void SanJiao(void);
//主函数
void main()
{
    unsigned char j=0;
    LCD1602_Enable();
    Lcd1602Set();                //LCD1602初始功能设定显示方式
    LcdShowStr(0,0,"  Wave test!    ",16);
    LcdShowStr(0,1,"K1 K2 K3   SEL   ",16);
    Timer0Init(2000);            //初始化定时器工作方式1中断
    Timer1Init(1000);
    while(1)
    {
        if(Flag_200us==1)
        {
            Flag_200us=0;
            switch(keynum)
            {
                case 1: {   //KEY1按下时，产生锯齿波
                        JuChi();
                        break;
                    }
                case 2: {   //KEY2按下时，产生三角波
                        SanJiao();
                        break;
                    }
                case 3: {   //KEY3按下时，产生正弦波
                        ZhengXuan();
                        break;
                    }
                default: break;
                }
            }
        }
    }
//正弦波发生函数
void ZhengXuan(void)
{
    static unsigned char j=0;
    SetDACOut(sin_tabel[j]);
    j++;
```

```
        if(j>20)
            j=0;
    }
//锯齿波发生函数
void JuChi(void)
{
    static unsigned char j=0;
    SetDACOut(j);
    j+=1;
    if(j>=60)
        j=0;
}
//三角波发生函数
void SanJiao(void)
{
    static unsigned char j=0;
    static unsigned char mode=0;
    if(mode==0)
    {
        SetDACOut(j);
        j+=1;
        if(j>=60)
            mode=1;
    } else{
        SetDACOut(j);
        j-=1;
        if(j<=0)
            mode=0;
    }
}
```

程序解读

正弦波发生函数 void ZhengXuan(void)：

函数无返回值,无形参。

函数功能:该函数调用 PCF8591 的数模转换函数 SetDACOut( ),把正弦波特征数据进行 DAC 转换。

应用方法:在应用程序中,需要产生正弦波时,每隔相同的时间都要调用该函数,由于正弦波特征数据有 20 个,因此正弦波的周期＝20×时间间隔;我们可以通过调整这个时间间隔,来调整正弦波的频率。通过等比例地改变特征值,来调整正弦波的幅度。

锯齿波发生函数 roid JuChi(void)：

函数无返回值,无形参。

函数功能:该函数调用 PCF8591 的数模转换函数 SetDACOut(),把锯齿波特征数据进行 DAC 转换。锯齿波特征数据很简单,从 0 增加到 max。max 的范围为 0~255。

应用方法:在应用程序中,需要产生锯齿波时,每隔相同的时间都要调用该函数,由于锯齿波特征数据有 max 个,因此锯齿波的周期＝max×时间间隔;通过调整这个时间间隔,来调整锯齿波的频率;同样,通过调整 max 的值,来调节锯齿波的幅度。

三角波发生函数 void SanJiao(void):

函数无返回值,无形参。

函数功能:该函数调用 PCF8591 的数模转换函数 SetDACOut(),把三角波特征数据进行 DAC 转换。三角波特征数据很简单,从 0 增加到 max,再从 max 减小到 0。max 的范围为 0~255。

应用方法:在应用程序中,需要产生三角波时,每隔相同的时间都要调用该函数,由于三角波特征数据有 max 个,因此三角波的周期＝max×时间间隔;通过调整这个时间间隔,来调整三角波的频率;同样,通过调整 max 的值,来调节三角波的幅度。

程序逻辑:

上电后,首先 LCD1602 液晶屏使能,并进行初始化,定时器 T0 初始化,定时器 T1 初始化。

本程序固定了发生波形的频率和幅度。每 200 μs,检查按键,切换产生的波形。

若产生正弦波,则把正弦波的特征数据进行转换后输出,产生正弦波信号;

若产生锯齿波,则把锯齿波的特征数据进行转换后输出,产生锯齿波信号;

若产生三角波,则把三角波的特征数据进行转换后输出,产生三角波信号。

(2) PCF8591 驱动程序设计。

见任务 7-3 例程。

(3) IIC 总线驱动程序设计。

见任务 7-3 例程。

(4) LCD1602 驱动程序设计。

见任务 7-3 例程。

(5) 定时器驱动程序设计。

见任务 7-3 例程。

拓展思维

本任务只完成了三种波形的产生,而波形的幅值、频率都不可变。请同学们思考一下,如果改变波形的幅值和频率,程序需要做哪些改动? 有兴趣的同学可以在课后完成。

任务总结

通过简易信号发生器设计,学会了产生锯齿波、三角波、正弦波的方法,掌握了如何利用单片机和数模转换器产生波形。本任务只是产生了固定幅度和频率的波形,实际上波形的幅度和频率都是可以改变的,请读者课后思考并完成。

知 识 链 接

7.3　三种波形的产生方法

1. 三角波产生方法

当我们每隔相同的时间给 DAC 赋值,让 DAC 的值从 0 加到 255,再从 255 减到 0 时,不断地循环,这样就会产生三角波。

2. 正弦波数据生成软件的使用方法

正弦波数据生成软件 SPWM 如图 7-5 所示。

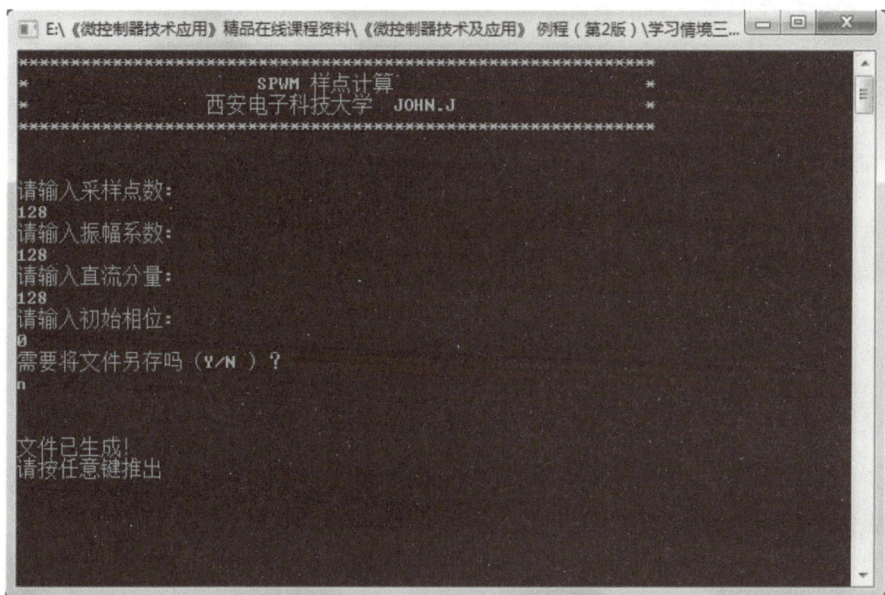

图 7-5　正弦波数据生成软件 SPWM

设置采样点为 128,振幅系数为 128,直流分量为 128,初始相位为 0,提示需要另存文件时,如果输入 n,则生成的正弦波数据存放在 :D:\ result. txt 文件中。

用记事本打开 result. txt 文件,把里面的数据复制到程序中即可。

需要说明的是采样点越多,波形越逼真,但要求采样的速度也相应提高,对于 STC89C52 单片机来说,约 100 个点就可以了。另外振幅就是产生波形的幅度,要根据 AD 转换器的位数来确定,PCF8591 是 8 位 ADC,最大可以设置为 256,但具体设置多大,还要和后面的直流分量参数配合。合理地设置直流分量可以使波形的数据都为正,如当设置振幅为 256 时,只有直流分量大于 256,输出的数据才全部是正数;如果小于 256,输出的波形数据就有负数。ADC 不能够转换负数。初始相位设置为 0,就是正弦波从 0 开始显示。

3. 锯齿波产生方法

当我们每隔相同的时间给 DAC 赋值,让 DAC 的值从 0 加到 255,再从 0 加到 255 时,不断地循环,这样就会产生锯齿波。

4. 正弦波产生方法

当我们每隔相同的时间给 DAC 赋值,把正弦波的特征值依次赋给 DAC,不断地循环,这样就会产生正弦波。

设置定时器 T0 定时时间为 1 ms,每 1 ms 把正弦波的特征值依次赋给 DAC,总共有 128 个值,那么正弦波的周期为 128 ms×1=128 ms,即频率约为 8 Hz。

思考与练习题 7

7.1 单项选择题

(1) 对于一个 8 位 ADC 来说,参考电压为 5 V,当输入的模拟信号电压为 2 V,ADC 转换的结果为( )。

A. 100 　　　　 B. 200 　　　　 C. 210 　　　　 D. 80

(2) 对于一个 8 位 ADC 来说,参考电压为 2.5 V,当输入的模拟信号电压为 2 V,ADC 转换的结果为( )。

A. 100 　　　　 B. 200 　　　　 C. 210 　　　　 D. 80

(3) 设置 PCF8591 四通道单端模式输入,关闭自动转换,转换通道为 0 时,发出的控制指令为( )。

A. 0x40 　　　　 B. 0x41 　　　　 C. 0x50 　　　　 D. 0x60

(4) 设置 PCF8591 四通道单端模式输入,关闭自动转换,转换通道为 3 时,发出的控制指令为( )。

A. 0x40 　　　　 B. 0x43 　　　　 C. 0x50 　　　　 D. 0x60

(5) 下面有关有源蜂鸣器说法正确的是( )。

A. 有源蜂鸣器没有正负极

B. 有源蜂鸣器内部没有音频发生器

C. 有源蜂鸣器实物上标注＋的那一端为正极

D. 有源蜂鸣器长引脚的那一端为负极

7.2 填空题

(1) 模数转换就是将_____量转换成_____量的过程。而实现模数转换的器件称为_____转换器,模数转换器用_____表示。

（2）数模转换就是将_____量转换为_____量的过程,使输出的模拟电量与输入的数字量成_____。而实现数模转换的器件称为_____转换器,数模转换器用_____表示。

（3）一个 8 位的 ADC,输出数字量范围是 0～_____,一共_____个数字量,也就是_____个数据刻度。

（4）模数转换的转换速率,是指 ADC 每秒能进行采样转换的最大_____,单位是_____,是英文字符 samples per second 的缩写,表示 ADC 转换器转换速度的_____。

（5）IIC 总线数据帧格式每一个字节必须保证是_____位长度。数据传送时,_____位在前,_____位在后,每一个被传送的字节后面都必须跟随一位_____位,即一帧共有 9 位。

（6）PCF8591 是一个单片集成、_____电源供电、低功耗的_____位_____转换器件。PCF8591 具有_____个模拟输入、_____个模拟输出和 1 个串行_____总线接口。

（7）PCF8591 的 3 个地址引脚 A0、A1 和 A2 可用于硬件_____编程,允许在同个 IIC 总线上接入_____个 PCF8591 器件,而无需额外的硬件。

（8）当 PCF8591 的 A0、A1、A2 都接地时,其器件地址为 0x_____。

（9）当参考电压为 5 V 时,对于 8 位数模转换器,当我们每隔相同的时间给 DAC 赋值,让 DAC 的值从_____加到_____,再从_____加到_____时,不断地循环,这样就会产生幅度为 5 V 的锯齿波。

7.3　编程练习题

（1）请编程实现 PCF8591 ADC 同时检测 4 路电压信号,并用 LCD1602 把 4 路 ADC 转换的电压显示出来。

（2）请编程实现基于 PCF8591 DAC 的呼吸灯,灯 3 秒内从暗到亮,然后在 3 秒内从亮到暗。

（3）请编程实现基于 PCF8591 DAC 的简易信号发生器,产生锯齿波、三角波、正弦波。用一个按键 KEY1 控制选择波形,按键 KEY2 控制波形幅度选择（5 V、2.5 V、1.25 V）,按键 KEY3 控制波形频率选择（1000 Hz、500 Hz、250 Hz、125 Hz）。

匠 心 育 人

1. 创新精神:王进,超特高压带电检修第一人
2. 团队精神:大雁精神

电机是一种常用的执行机构。现实生活中到处都用到电机,如电动汽车用的直流电机,智能机器人、机械臂用到的步进电机和舵机,本项目主要介绍直流电机和步进电机的应用。项目共有两个任务:车库门闸控制系统设计、电动车无极调速系统设计。

任务 8-1　车库门闸控制系统设计

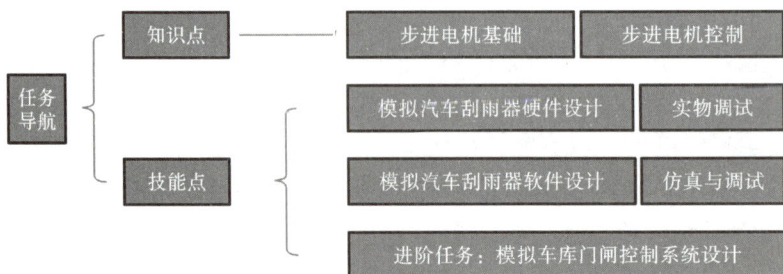

		内容	
任务导航	知识点	步进电机基础	步进电机控制
	技能点	模拟汽车刮雨器硬件设计	实物调试
		模拟汽车刮雨器软件设计	仿真与调试
		进阶任务:模拟车库门闸控制系统设计	

任务目标	知识目标	掌握步进电机的结构和工作原理; 掌握步进电机的控制方法
	能力目标	能用 Proteus 仿真软件完成步进模拟汽车刮雨器、模拟车库门闸系统硬件电路图; 能熟练使用 Keil_C51 软件编写模拟汽车刮雨器、模拟车库门闸系统程序,并能仿真和实物调试
	素质目标	通过讲解我国步进电机的发展现状,培养学生爱国主义情怀; 通过小组分工协作完成任务的形式,培养学生团队合作能力; 通过反复调试任务,培养学生认真细致、精益求精的工匠精神

步进电机是执行器件,它将脉冲电信号变换为相应的角位移或直线位移。给一个脉冲信号,步进电机就转动一个角度,步进电机的转动角度由输入脉冲数决定,而转速

由脉冲信号频率决定。电机广泛应用在各种自动化控制系统和精密机械等领域。

任 务 实 施

【基础任务】　模拟汽车刮雨器设计

任务描述

基础任务：主要完成模拟汽车刮雨器设计。掌握步进电机基础知识、步进电机的控制方法以及步进电机模拟雨刮器动作控制方法。

任务功能：用步进电机模拟雨刮器动作。当按下启动按钮时，步进电机正转 180°，然后反转 180°，模拟汽车刮雨动作，重复以上动作。按下停止按钮，步进电机停止工作。完成系统硬件和软件设计，仿真与调试，下载到实物开发板上测试。

1. 电路及器件

模拟汽车刮雨器电路如图 8-1 所示。元件清单如表 8-1 所示。

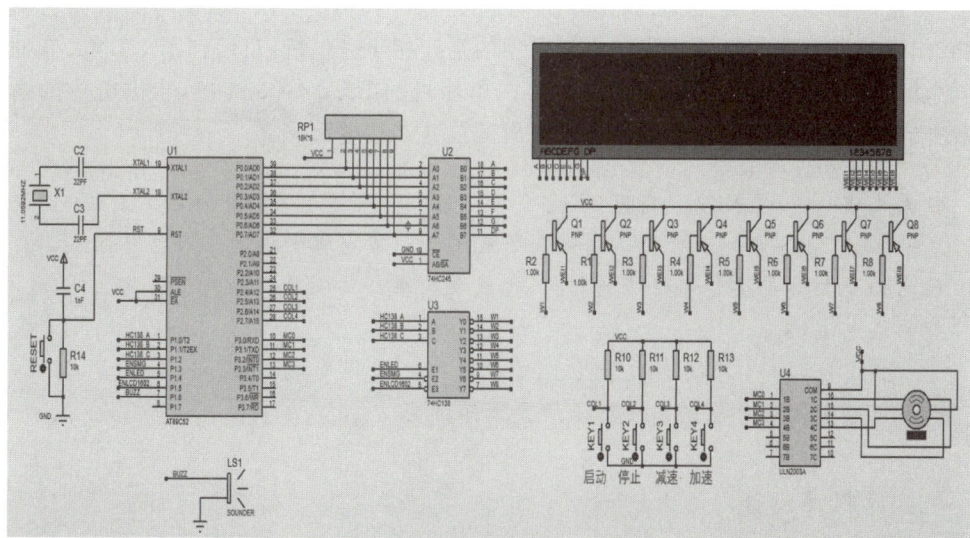

图 8-1　模拟汽车刮雨器电路

表 8-1　元件清单

序号	元件名称	参数	数量	Proteus 中的名称
1	单片机	DIP40 封装	1	AT89C52
2	晶振	11.0592 MHz	1	CRYSTAL
3	电容	22 pF	2	CAP
4	电容	0.1 μF	1	CAP
5	电阻	10 kΩ	5	RES
6	电阻	1 kΩ	8	RES

序号	元件名称	参数	数量	Proteus 中的名称
7	按键开关	按键	5	BUTTON
8	排阻	10 kΩ	1	RESPACK-8
9	三极管	PNP 型	8	PNP
10	数码管	八位共阳数码管	1	7SEG-MPX8-CC-BLUE
11	双向缓冲器	74HC245D	1	74HC245
12	三八译码器	74HC138	1	74HC138
13	ULN2003A	ULN2003A	1	ULN2003A
14	步进电机	四相步进电机	1	MOTOR-STEPPER

电路解读

本电路在独立按键电路基础上,增加了步进电机驱动电路。

步进电机驱动电路由 ULN2003 及外围元器件构成。ULN2003 内部由大功率晶闸管组成的 7 个非门电路组成。由于采用的是四相步进电机,只用到了 ULN2003 的 4 路驱动电路。驱动电路的输入控制端接在单片机的 P3.0~P3.3 口,步进电机的输入控制端接在驱动电路的输出端。步进电机的公共端接电源。

> **经验之谈——ULN2003 应用**
>
> ULN2003 内部由大功率晶闸管组成的 7 个集电极开漏的非门电路组成,因此它的公共端要接外部驱动电源上,负载要接在公共端和开路输出引脚之间,才能形成电流通路。
>
> 当 ULN2003 外接感性负载时,需要在公共端和负载间接续流二极管,防止开关电路关闭时产生的高压把晶闸管损坏。

2. 源程序设计

(1) 步进电机驱动程序源文件设计。

```
#include "SetpMotor.h"
bit Step_N2ms;
bit flag_3s;
unsigned char Step_Drection=0,Step_Speed=10;
unsigned long  beats=0;
unsigned char code BeatCode[8]=//步进电机节拍控制代码
                {0xE,0xC,0xD,0x9,0xB,0x3,0x7,0x6};
void BJDJ_Control(void)
{
    unsigned char tmp;          //定义一个临时变量
```

```
        static unsigned char index=0;          //定义节拍输出索引
        if(Step_N2ms==1)                        //2 ms 执行一拍
        {
            Step_N2ms=0;
            tmp=Motor_Port;                     //用 tmp 把 P1 口当前值暂存
            tmp=tmp & 0xF0;                     //用 & 操作清零低 4 位
            tmp=tmp | BeatCode[index];          //把节拍写到低 4 位
            Motor_Port=tmp;                     //把原值送回 P1
            if(Step_Drection==1)
            {
                index++;
            } else if(Step_Drection==2)
                index--;                        //节拍输出索引递增
            index=index & 0x07;                //用 & 操作实现到 8 归零
        }
}
/*函数功能:步进电机控制函数*/
void BJDJ_Control2()
{
    unsigned char tmp;                          //定义一个临时变量
    static unsigned char index=0;               //定义节拍输出索引
    if((Step_N2ms==1)&(beats!=0))               //2 ms 执行一拍
    {
        Step_N2ms=0;
        tmp=Motor_Port;                         //用 tmp 把 P1 口当前值暂存
        tmp=tmp & 0xF0;                         //用 & 操作清零低 4 位
        tmp=tmp | BeatCode[index];              //节拍代码写到低 4 位
        Motor_Port=tmp;                         //把原值送回 P1
        if(Step_Drection==1)
        {
            index++; beats--;
        }
        else if(Step_Drection==2)
        {
            index--; beats--;                   //节拍输出索引递增
        }
        index=index & 0x07;                    //用 & 操作实现到 8 归零
    }
}
/*设置步进电机转动的角度,angle——需转过的角度 */
void SetStepAngle(unsigned long  angle)
{
```

```
//在计算前关闭中断,以避免中断打断计算过程而造成错误
EA=0;
beats= (angle* 4076)/360;        //实测为 4076 拍转动一圈
EA=1;
}
```

程序解读

外部变量

bit Step_N2ms:步进电机控制节拍切换标志位,在定时器中置位;

bit flag_3s:3 秒标志位,用于控制门闸电机自动抬起与落下状态切换,在定时器中置位。

unsigned char Step_Drection=0,Step_Speed=10;

Step_Drection 为步进电机方向控制变量,当 Step_Drection=0 时,不转;当 Step_Drection=1 时,正转;当 Step_Drection=2 时,反转。

Step_Speed 为步进电机速度控制变量,当 Step_Speed=10 时,速度最快,当 Step_Speed=0 时,速度最慢。

unsigned long beats=0;

beats 为步进电机转动的节拍数,一个节拍就是一个步距角,它与步进电机的转动角度有关。

unsigned char code BeatCode[8];

BeatCode 为步进电机单双相八拍控制数组。

步进电机控制函数 1 void BJDJ_Control(void):

函数无返回值,无形参。

函数功能:控制步进电机转动的方向和速度。

使用方法:在应用程序中,需要控制步进电机的方向和速度时,先设置外部变量 Step_Drection 和 Step_Speed,然后在程序中不断调用该函数,该函数至少 2 ms 调用一次。该函数需要在定时器中对节拍切换标志位 Step_N2ms 进行置位。

步进电机控制函数 2 void BJDJ_Control2(void):

函数无返回值,无形参。

该函数与上面函数相比,多了一个控制步进电机转动角度的功能。通过设置外部变量 beats 的值,可以控制步进电机转动角度。

其他用法与上面函数一致。

设置步进电机转动的角度函数 void SetStepAngle(unsigned long angle):

函数无返回值,形参为需要设置步进电机转动的角度。

函数功能:设置步进电机转动角度。

使用方法:在调用步进电机控制函数 2 前,需要先调用该函数设置转动角度才行。

(2)步进电机驱动程序头文件设计。

```
#ifndef __STEPMOTOR_H_
    #define __STEPMOTOR_H_
```

```
#include "reg52.h"
#define Motor_Port   P3
#define Zheng1
#define Fan2
sbit MC0=P3^0;
sbit MC1=P3^1;
sbit MC2=P3^2;
sbit MC3=P3^3;
extern bit Step_N2ms;
extern bit flag_3s;
extern unsigned char Step_Drection,Step_Speed;
extern unsigned long   beats;
extern unsigned char code BeatCode[8];
extern void BJDJ_Control(void);
extern void BJDJ_Control2();
extern void SetStepAngle(unsigned long   angle);
#endif
```

程序解读

引脚声明：移植步进电机驱动程序时，引脚声明需要根据实际电路来修改。

外部变量和外部函数声明：头文件对步进电机驱动源文件中的外部变量和外部函数进行声明。

> **经验之谈——步进电机驱动程序应用**
>
> 当应用程序中用到步进电机时，需要包含步进电机驱动的头文件。同时步进电机驱动程序是需要定时器驱动程序支持的。
>
> 步进电机节拍切换的速度标志位，需要在定时器 T0 中断中进行置位。即步进电机的调速需要定时器驱动的支持，因此当应用程序用到步进电机驱动时，需要包含定时器驱动头文件，并且在定时器驱动中设置节拍标志位。

（3）应用程序 main.c 文件。

```
#include "reg52.h"
#include "Timer.h"
#include "SMG.h"
#include "KEY4.h"
#include "SetpMotor.h"
/* 函数功能:主函数 */
void main()
{
    bit flag_run=0;                    //雨刮运行标志
    unsigned char n_3s;                //第 n 个 3 秒
```

```
SMG_Enable();
Timer0Init(2000);
SMG_BUF[3]=Step_Drection;                    //初始化显示
SMG_BUF[6]=(10-Step_Speed)/10;
SMG_BUF[7]=(10-Step_Speed)%10;
while(1)
{
    if(keynum!=0)                             //当有按键按下时
    {
        switch(keynum)
        {
            case 1:{   //按下雨刮运行键
                    flag_run=1;
                    break;
            }
            case 2:{    //按下雨刮停止键
                    flag_run=0;
                    break;
            }
            case 3:{    //按下雨刮减速键
                    Step_Speed++;
                    if(Step_Speed>10)
                        Step_Speed=10;
                    SMG_BUF[6]=(10-Step_Speed)/10;
                    SMG_BUF[7]=(10-Step_Speed)%10;
                    break;
            }
            case 4:{    //按下雨刮加速键
                    if(Step_Speed>0)
                        Step_Speed--;
                    SMG_BUF[6]=(10-Step_Speed)/10;
                    SMG_BUF[7]=(10-Step_Speed)%10;
                    break;
            }
        }
        keynum=0;
    }
    if(flag_run==1)                           //当雨刮处于运行状态时
    {
        if(flag_3s==1)                        //每3s改变一次方向
        {
            switch(n_3s)
            {
            case 0:{    //雨刮抬起
                Step_Drection=1;
```

```
                        SMG_BUF[3]=Step_Drection;
                        break;
                    }
                    case 1:{                          //雨刮落下
                        Step_Drection=2;
                        SMG_BUF[3]=Step_Drection;
                        break;
                    }
                }
                flag_3s=0;
                if(n_3s++>1)
                    n_3s=0;
            }
        }else{                                        //当雨刮处于停止状态时
            Step_Drection=0;
        }
        BJDJ_Control();                               //电机控制函数
    }
}
```

程序解读

上电后,系统进行初始化,数码管使能,定时器 T0 初始化,数码管显示初始化。

当有按键按下时,雨刮启动键按下,设置运行标志位;雨刮停止键按下,清除运行标志位;加速键按下,设置加速;减速键按下,设置减速。

当运行标志位为 1 时,雨刮正转 3 s,反转 3 s,模拟雨刮动作;

当运行标志位为 0 时,雨刮停转。

调用步进电机控制函数,控制雨刮电机执行规定的动作。

应用程序流程图如图 8-2 所示。

(4) 数码管驱动程序设计。

见任务 8-1 例程。

(5) 定时器驱动程序设计。

见任务 8-1 例程。

(6) 按键驱动程序设计。

见任务 8-1 例程。

【进阶任务】　模拟车库门闸控制系统设计

任务描述

进阶任务:主要完成模拟车库门闸控制系统设计,用红外对管检测车辆,当检测到有车辆入库时抬杆,检测到车辆入库后落杆。同时,用二位数码管显示进入车库的车辆数量。完成系统硬件和软件设计,仿真与调试。

小制作:完成上面其中一个实验的实物制作,参考设计文档和视频课后自行练习。

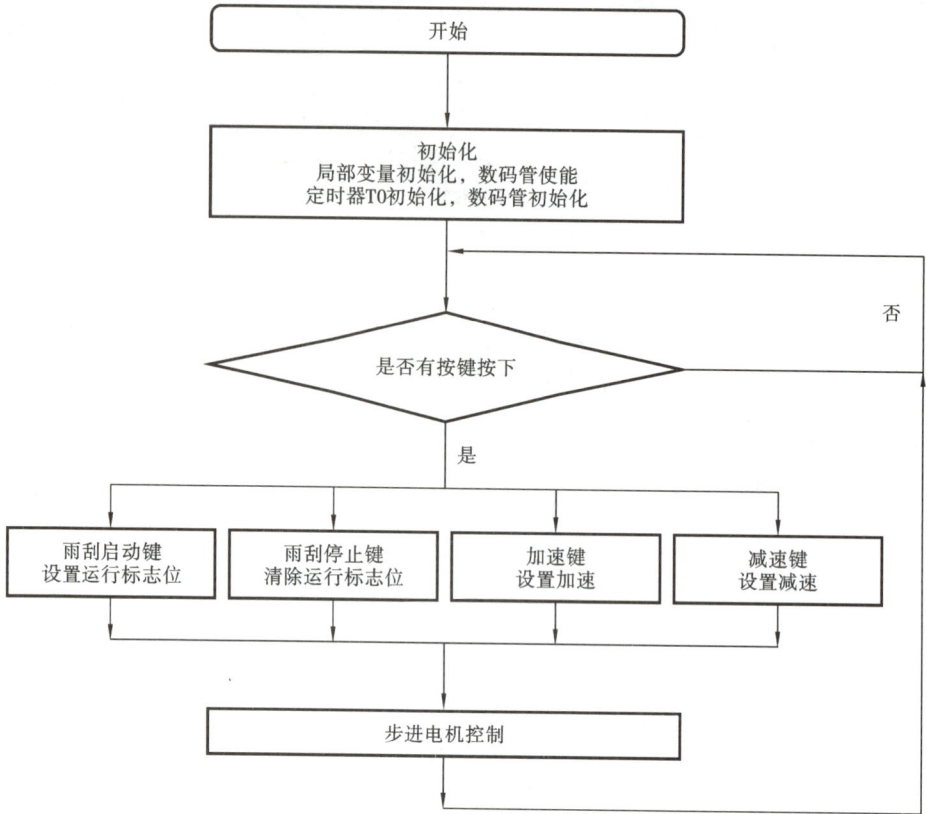

图 8-2　模拟雨刮器程序流程图

1. 电路

模拟车库门闸控制系统电路如图 8-3 所示。

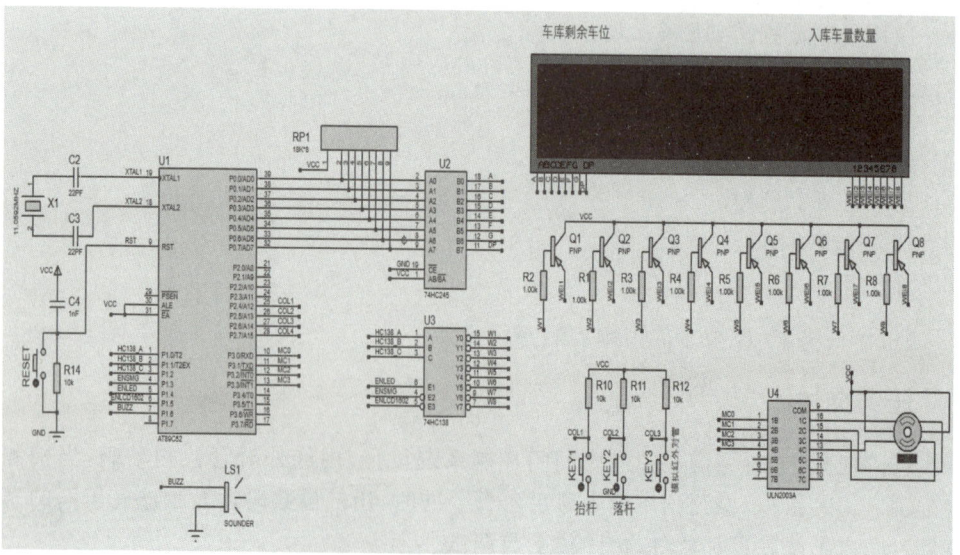

图 8-3　模拟车库门闸控制系统电路

电路解读

本电路原理同基础任务,在此不再赘述。

2. 源程序设计

(1) 应用程序 main. c 文件。

```c
#include "reg52.h"
#include "Timer.h"
#include "SMG.h"
#include "KEY4.h"
#include "SetpMotor.h"
/*函数功能:主函数*/
void main()
{
    unsigned char flag_sta=8;                //门闸工作状态标志
    unsigned int car_total=999;
    unsigned int car_num=0;
    unsigned char n_3s=0;
    SMG_Enable();
    Timer0Init(2000);
    while(1)
    {
        if(keynum !=0)    //当有按键按下时
        {
            switch(keynum)
            {
                case 1:{     //按下手动抬杆键
                        flag_sta=1;
                        Step_Drection=1;
                        SetStepAngle(90);
                        break;
                    }
                case 2:{     //按下手动落杆键
                        flag_sta=2;
                        Step_Drection=2;
                        SetStepAngle(90);
                        break;
                    }
                case 3:{//红外对管检测到有车入库
                        flag_sta=3;
                        car_num ++;
                        car_total --;
```

```
                    SMG_BUF[0]=car_total/100% 10;
                    SMG_BUF[1]=car_total/10% 10;
                    SMG_BUF[2]=car_total% 10;
                    SMG_BUF[5]=car_num/100% 10;
                    SMG_BUF[6]=car_num/10% 10;
                    SMG_BUF[7]=car_num% 10;
                    break;
            }
        }
        keynum=0;
    }
    if(flag_sta==3)
    {
        if(flag_3s==1)
        {
            switch(n_3s)
            {
                case 0:{        //抬杆
                    Step_Drection=1;
                    SetStepAngle(90);
                    break;
                }
                case 1:{        //落杆
                    Step_Drection=0;
                    break;
                }
                case 2:{        //落杆
                    Step_Drection=2;
                    SetStepAngle(90);
                    break;
                }
            }
            flag_3s=0;
            if(n_3s++>2)
            {
                n_3s=0;
                flag_sta=0;
                Step_Drection=0;
            }
        }
    }
    BJDJ_Control2();        //电机控制函数
    }
}
```

程序解读

程序流程图如图 8-4 所示，系统上电后，系统进行初始化，数码管使能，定时器 T0 初始化，数码管初始化显示。

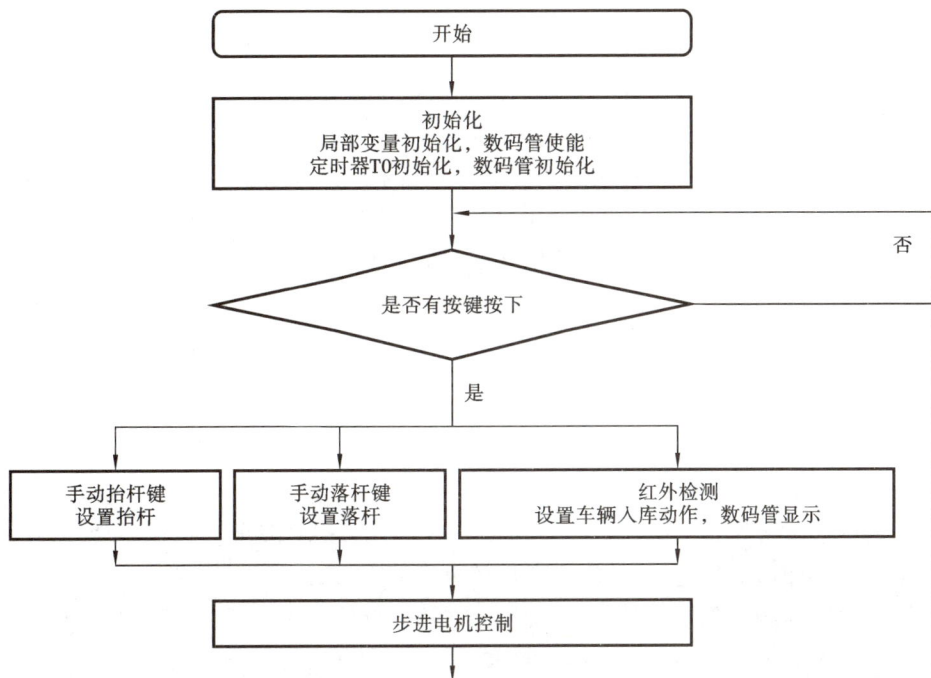

```
┌─────────────────────────────────┐
│              开始                │
└─────────────────────────────────┘
                │
┌─────────────────────────────────┐
│            初始化                │
│   局部变量初始化，数码管使能      │
│   定时器T0初始化，数码管初始化    │
└─────────────────────────────────┘
                │
        ┌───────────────┐                         否
       ╱ 是否有按键按下 ╲──────────────────────────┐
        ╲               ╱                          │
          └───────────┘                            │
                │ 是                                │
    ┌───────────┼───────────────────────┐          │
┌─────────┐ ┌─────────┐ ┌──────────────────────┐   │
│手动抬杆键│ │手动落杆键│ │      红外检测         │   │
│设置抬杆  │ │设置落杆  │ │设置车辆入库动作，数码管显示│   │
└─────────┘ └─────────┘ └──────────────────────┘   │
    └───────────┼───────────────────────┘          │
        ┌─────────────────┐                         │
        │   步进电机控制    │                         │
        └─────────────────┘                         │
                └────────────────────────────────── ┘
```

图 8-4　模拟车库门闸控制系统程序流程图

在超级循环中，不断检测是否有按键按下，若有按键按下，则根据不同的按键进行不同的操作。

当手动抬杆按键按下时，设置步进电机正转 90°；

当手动落杆按键按下时，设置步进电机反转 90°；

当检测到有车进入车库时，设置步进电机先正转 90°，模拟抬杆；再停止转动 3 s，模拟抬杆；最后反转 90°，模拟落杆。即当检测到有车辆入库时，自动打开门闸，放车辆入库，车辆入库后，再关闭门闸。

最后调用步进电机控制函数，完成前面设置的动作。

（2）步进电机驱动程序设计。

见任务 8-1 例程。

（3）数码管驱动程序设计。

见任务 8-1 例程。

（4）定时器驱动程序设计。

见任务 8-1 例程。

（5）按键驱动程序设计。

见任务 8-1 例程。

拓展思维

本节介绍了步进电机在车库门闸控制系统和汽车雨刮器中的应用，还有哪些步进电机有趣的应用呢？

任务总结

通过完成模拟雨刮器设计和车库门闸控制系统设计，读者应掌握步进电机的结构，以及步进电机的驱动和控制方法，学会了用单片机对步进电机调速和方向控制，后面就可以用学到的技术去解决单片机对步进电机控制系统的应用了。

知 识 链 接

8.1　步进电机基础

1. 步进电机的概述

步进电机是一种将电脉冲转化为角位移的执行机构。通俗一点说，当步进驱动器接收到一个脉冲信号，它就驱动步进电机按设定的方向转动一个固定的角度（步距角）。可以通过控制脉冲个数来控制角位移量，从而达到准确定位的目的；同时可以通过控制脉冲频率来控制电机转动的速度和加速度，从而达到调速的目的。

2. 步进电机的特点

（1）来一个脉冲，转一个步距角。
（2）控制脉冲频率，可控制电机转速。
（3）改变脉冲顺序，可改变转动方向。
（4）角位移量或线位移量与电脉冲数成正比。

3. 步进电机的分类

通常步进电机按励磁方式可分为以下三大类。
（1）反应式：结构简单，成本低，但是动态性能差、效率低、发热大，可靠性难以保证。
（2）永磁式：动态性能好、输出力矩较大，但误差相对来说大一些。
（3）混合式：力矩大、动态性能好、步距角小、精度高，但结构相对来说比较复杂。

8.2　步进电动机结构

1. 步进电机的结构

步进电机主要由两部分构成：定子和转子。它们均由磁性材料制成。定、转子铁芯由软磁材料或硅钢片叠成凸极结构，定、转子磁极上均有小齿。其中定子有八个磁极，定子磁极上套有星形连接的四相控制绕组,每两个相对的磁极为一相,组成一相控制绕组,转子上没有绕组。转子上相邻两齿间的夹角称为齿距角。

2. 步进电机的工作原理

下面以四相步进电机为例分析其工作原理。四相步进电机采用单极性直流电源供电,只要对步进电机的各相绕组按合适的时序通电,就能使步进电机步进转动。图 8-5 是该四相反应式步进电机工作原理示意图。

现在步进电机的初始状态为定子 B 相与转子 0、3 号齿对齐,其余三相与转子之间均处于错齿状态。

当开关 KC 闭合时,C 相绕组通电,产生磁场,转子被极化,转子的 1、4 号齿在磁场的作用下,逆时针转动,直到转子的 4、1 号齿与定子 C 相对齐,转子停止转动。这样就会使定子 C 相与转子 1、4 号齿对齐,其余三相与转子之间均处于错齿状态。

当开关 KD 闭合时,D 相绕组通电,产生磁场,转子被极化,转子的 2、5 号齿在磁场的作用下,逆时针转动,直到转子的 2、5 号齿与定子 D 相对齐,转子停止转动。这样就会使定子 D 相与转子 2、5 号齿对齐,其余三相与转子之间均处于错齿状态。

依此类推,当开关 KA 闭合时,转子又逆时针转动一个步距角;当开关 KB 闭合时,转子又逆时针转动一个步距角。

不断地按照 A、B、C、D 相的顺序轮流通电时,步进电机会连续转动起来,改变通电的顺序,步进电机的转动方向也会发生变化,改变通电的频率,步进电机的转动速度会发生变化。

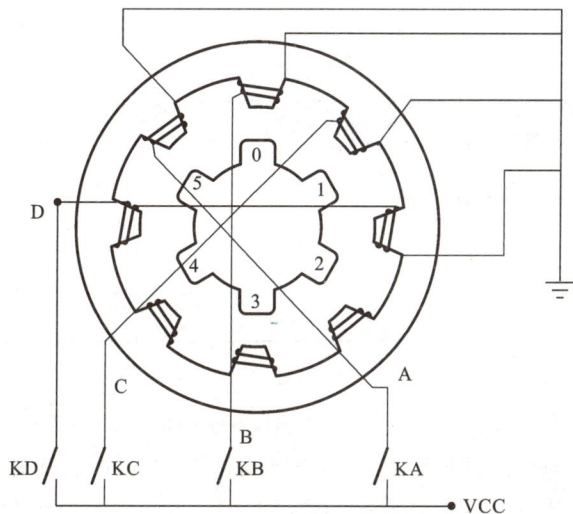

图 8-5　四相步进电机示意图

8.3　步进电机的控制

1. 步进电机的励磁方式

在四相电机中有四组线圈,若电流按顺序通过线圈,则使电机产生转动。对于四相步进电机而言,把各线圈中一端接在一起,就是步进电机的公共端。各线圈的另一端引出来,就是四根相线,称这四根相线为 A、B、C、D 励磁相。

四相步进电机按照通电顺序的不同,可分为单相四拍励磁方式、双相四拍励磁方式、单双相八拍励磁方式。单相四拍与双相四拍的步距角相等,但单相四拍的转动力矩小,双相四拍的转动力矩大。单双相八拍工作方式的步距角是单相四拍与双相四拍的一半,因此,八拍工作方式既可以保持较高的转动力矩,又可以提高控制精度。

1)单相四拍励磁方式

按 A—B—C—D 的顺序总是仅有一个励磁相有电流通过,因此,对应 1 个脉冲信号电机只会转动一步,需要 32 个脉冲,电机才能转一圈,这使电机只能产生很小的转矩并会产生振动,故很少使用。单相四拍励磁方式如表 8-2 所示。

表 8-2　单相四拍励磁方式

步数	A	B	C	D
1	1	0	0	0
2	0	1	0	0
3	0	0	1	0
4	0	0	0	1

2)双相四拍励磁方式

按 AB—BC—CD—DA 的方式总是只有 2 相励磁,通过的电流是单相励磁时通过电流的 2 倍,转矩也是单相励磁的 2 倍。此时电机的振动较小且应答频率升高,目前仍广泛使用此种方式。需要 32 个脉冲,电机才能转一圈。双相四拍励磁方式如表 8-3 所示。

表 8-3　双相四拍励磁方式

步数	A	B	C	D
1	1	1	0	0
2	0	1	1	0
3	0	0	1	1
4	1	0	0	1

3)单双相八拍励磁方式

即实验中所有的励磁方式,它按 A—AB—B—BC—C—CD—D—DA 的顺序交替进行线圈的励磁。与前述的两种线圈励磁方式相比,电机的转速是原来的 1/2,应答频率范围变为原来的 2 倍。转子以滑动的方式转动。需要 64 个脉冲,电机才能转一圈。单双相八拍励磁方式如表 8-4 所示。

表 8-4　单双相八拍励磁方式

步数	A	B	C	D
1	1	0	0	0
2	1	1	0	0

步数	A	B	C	D
3	0	1	0	0
4	0	1	1	0
5	0	0	1	0
6	0	0	1	1
7	0	0	0	1
8	1	0	0	1

8.4 28BYJ-48 步进电机

1. 28BYJ-48 步进电机参数

开发板配套使用的是 28BYJ-48 步进电机,外形如图 8-6 所示。采用四相八拍永磁步进电机,电机的直径为 28 mm,内部带有减速机构。该步进电机有 5 根线,红色的那根线是步进电机的公共端,另外四根依次为 A、B、C、D 四相线。

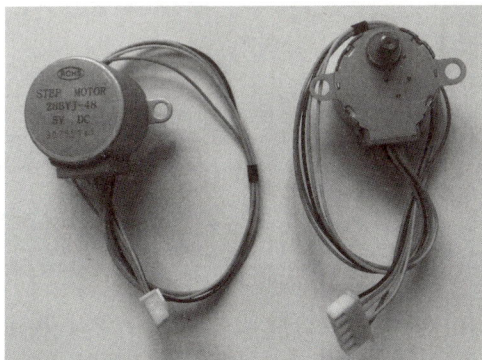

图 8-6 28BYJ-48 步进电机外形

28BYJ-48 步进电机名称的具体含义如下:

28——步进电机的有效最大外径是 28 mm;

B——表示是步进电机;

Y——表示是永磁式;

J——表示是减速型;

48——表示四相八拍。

28BYJ-48 步进电机参数如表 8-5 所示。

表 8-5 28BYJ-48 步进电机参数表

供电电压	相数	相电阻	步距角	减速比	启动频率	转矩	噪声	绝缘介电强度
5 V	4	50 Ω±10%	5.625°/64	1：64	≤550 pps	≥300 g·cm	≤35 dB	600 V(交流)

由步进电机的参数表可知,该电机的减速比为 1∶64,电机的步距角为 5.625°/64,电机的启动频率小于 550 pps,即每秒钟启动次数要小于 550 次,启动一次间隔周期要大于 1.8 ms。也就是要求步进电机的一个节拍至少要维持 1.8 ms。我们在编写程序时要注意这些。

由此可知,步进电机的减速比为 1∶64,也就是转子转 64 圈,最终输出轴才会转一圈,也就是需要 64×64=4096 个节拍输出轴才转过一圈,每一步的最短时间为 2 ms,4096 个节拍转动一圈,因转动一圈的最短时间为 2 ms×4096=8192 ms,可以看出,这种减速步进电机,最快 8 秒多才转一圈。一个节拍转动的角度即步进角度=360°/4096,与表 8-5 中的步进角度参数 5.625°/64 相等。

2. 误差及消除

参数表中减速比是 1∶64。由于机械的误差,真实准确的减速比并不是这个值,而是 1∶63.684。得出这个数据的方法也很简单,实际数一下每个齿轮的齿数,然后将各级减速比相乘,就可以得出结果,误差约为 0.5%,转 100 圈就会差出半圈。

那么按照 1∶63.684 的实际减速比,可以得出转过一圈所需要节拍数是 64×63.684≈4076。但实际上误差还是存在的,只不过更小了而已,如果只转动一圈是看不出误差的。这已经能满足我们的精度要求了。

8.5 电机驱动芯片 ULN2003

ULN2003 是大电流驱动阵列,可直接驱动继电器等负载。输入 5 V TTL 电平,输出可达 500 mA/50 V。ULN2003 是高耐压、大电流达林顿系列,由 7 个硅 NPN 达林顿管组成。

1. 该电路的特点

ULN2003 的每一对达林顿管都串联一个 2.7 kΩ 的基极电阻,在 5 V 的工作电压下它能与 TTL 和 CMOS 电路直接相连,可以直接处理原先需要标准逻辑缓冲器来处理的数据。

2. ULN2003 引脚功能

IN1~IN7 为 TTL 控制电平输入端,OUT1~OUT7 为输出端,GND 为接地端,第 9 脚为内部续流二极管的公共端,如图 8-7 所示。由于 ULN2003 是集电极开路输出,为了让这个二极管起到续流作用,必须将第 9 引脚接在负载的供电电源上,只有这样才能形成续流回路。

3. ULN2003 工作原理

ULN2003 也是一个 7 路反向器电路,即当输入端为高电平时,ULN2003 输出端为低电平;当输入端为低电平时,ULN2003 输出端为高电平。

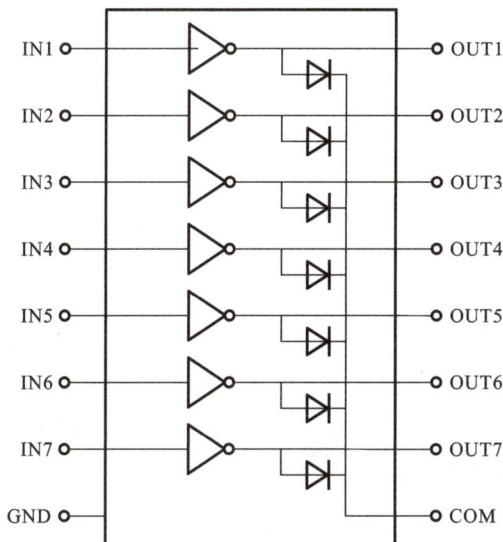

图 8-7　ULN2003 芯片引脚图

任务 8-2　电动车无极调速系统设计

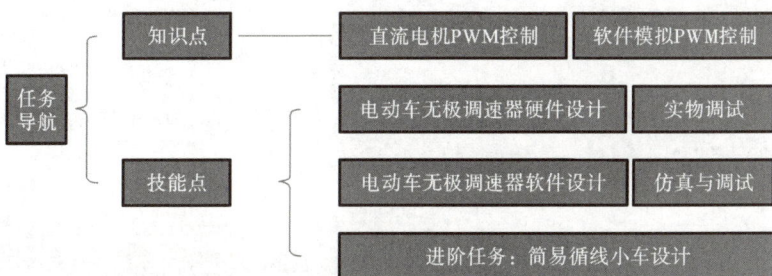

任务目标	知识目标	掌握直流电机工作原理； 掌握直流电机 H 桥驱动电路； 掌握直流电机 L298 驱动电路； 掌握 PWM 控制技术
	能力目标	能用 Proteus 仿真软件完成电动机无极调速系统硬件电路图； 能熟练使用 Keil_C51 软件编写电动机无极调速系统程序，并能仿真和实物调试
	素质目标	通过学习中国首台无人驾驶拖拉机视频，培养学生科技报国的意志和使命感； 通过反复调试任务，培养学生认真细致、精益求精的工匠精神； 通过设计多款直流电机驱动电路，并编写应用程序，反复调试直至成功，培养学生创新精神

利用单片机与直流电动机调速技术设计出一种电机车无极调速控制器,可以平滑地调节电动车的速度,还可以控制电动车前进、倒退和制动。

任 务 实 施

【基本任务】 基于 H 桥的直流电机无极调速系统设计

任务描述

本任务主要介绍直流电动机调速及驱动方法;采用分立元件 H 桥驱动的电动车无极调速器设计,通过按下加速和减速按钮控制电机的转速,按下前进与倒退按钮控制电机正转与反转,按下刹车按钮控制电机停止。完成系统硬件和软件设计,仿真与调试,下载到实物开发板上测试。

1. 电路及元件

H 桥分立元件驱动电动车无极调速系统电路如图 8-8 所示。元件清单如表 8-6 所示。

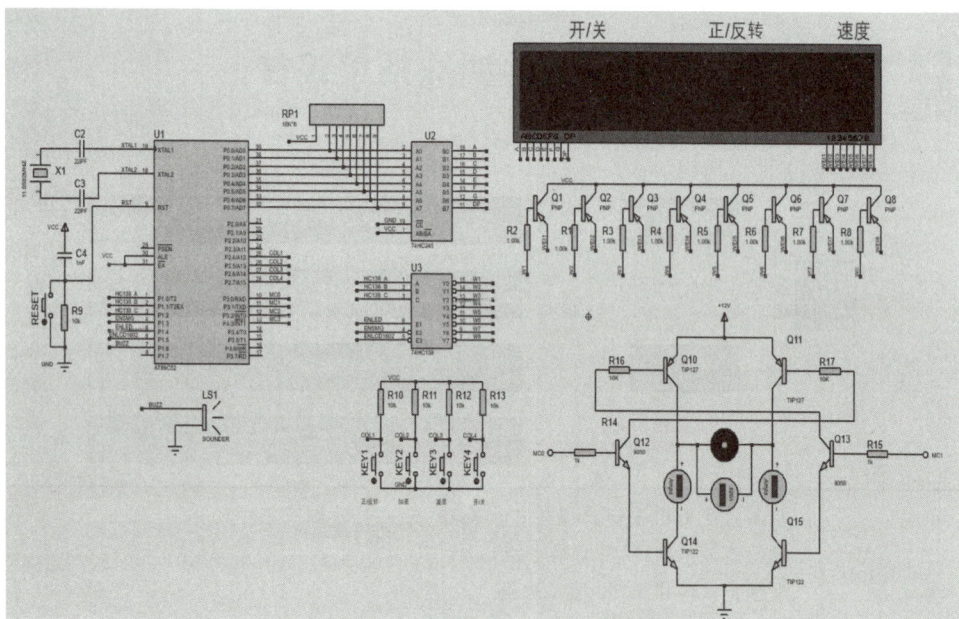

图 8-8 H 桥分立元件驱动电动车无极调速系统电路

表 8-6 元件清单

序号	元件名称	参数	数量	Proteus 中的名称
1	单片机	DIP40 封装	1	AT89C52
2	晶振	11.0592 MHz	1	CRYSTAL
3	电容	22 pF	2	CAP

序号	元件名称	参数	数量	Proteus 中的名称
4	电容	0.1 μF	1	CAP
5	电阻	10 kΩ	7	RES
6	电阻	1 kΩ	10	RES
7	按键开关	按键	5	BUTTON
8	排阻	10 kΩ	1	RESPACK-8
9	三极管	PNP 型	10	PNP
10	三极管	NPN 型	4	NPN
11	数码管	八位共阳数码管	1	7SEG-MPX8-CC-BLUE
12	双向缓冲器	74HC245D	1	74HC245
13	三八译码器	74HC138	1	74HC138
14	虚拟电压表	虚拟电压表	1	DC VOLTMETER
15	虚拟电流表	虚拟电流表	2	DC AMMETER
16	直流电机	5 V 直流电机	1	MOTOR

电路解读

本电路是在独立按键数码管显示电路的基础上,增加了 H 桥直流电机驱动电路。

H 桥直流电机驱动电路由两个 PNP 型三极管 Q10、Q11,四个 NPN 型三极管 Q12～Q15,两个 10 kΩ 电阻,两个 1 kΩ 电阻组成,直流电机一端接在 Q10 和 A14 集电极连接处,另一端接在 Q11 和 A15 集电极连接处。两个控制端接在单片机的 P3.0 和 P3.1。

H 桥直流电机驱动电路既可以控制直流电机的正反转,又可以采用 PWM 技术对直流电机进行调速。

当 MC0＝1,MC1＝0 时,Q12、Q11、Q14 饱和导通,即 H 桥的左下臂和右上臂同时导通,此时电流从电源正极流经 Q11,到直流电机右端,再到直流电机左端,然后到 Q14 的集电极、发射极到地,形成一个完整的通路,直流电机正转。同时如果在 MC0 端输入 PWM 信号,可以调节直流电机的转速。

当 MC0＝0,MC1＝1 时,Q13、Q10、Q15 饱和导通,即 H 桥的右下臂和左上臂同时导通,此时电流从电源正极流经 Q10,到直流电机左端,直流电机右端,到 Q15 的集电极、发射极到地,形成一个完整的通路,直流电机反转。同时如果在 MC1 端输入 PWM 信号,可以调节直流电机的转速。

当 MC0＝0,MC1＝0 时,所有三极管都截止,直流电机中无电流通过,直流电机停转。

当 MC0＝1,MC1＝1 时,会引起短路,禁止出现。

> **经验之谈——H桥驱动电路功能**
>
> 一个H桥电路可以对一个直流电机进行正反转及调速控制。
>
> 当 MC0＝1,MC1＝0 时,直流电机正转;当 MC0＝0,MC1＝1 时,直流电机反转;
>
> 当 MC0＝0,MC1＝0 时,直流电机停止;当 MC0＝1,MC1＝1 时,禁止出现。
>
> 电机正反转时,当控制信号的一端输入PWM信号时,可以对直流电机进行调速。

2. 源程序设计

（1）直流电机驱动程序源文件设计。

```c
#include "DDMotor.h"
unsigned char DD_Mode=0,DD_Speed=10,DD_Power=0;
bit Flag_3s=0;
```

程序解读

直流电机驱动程序源文件主要对驱动用到的外部变量进行定义,无功能函数。

（2）直流电机驱动程序头文件设计。

```c
#ifndef __STEPMOTOR_H_
#define __STEPMOTOR_H_
#include "reg52.h"
sbit DD_PWM=P3^7;
sbit MC0=P3^0;
sbit MC1=P3^1;
extern unsigned char DD_Mode,DD_Speed,DD_Power;
extern bit Flag_3s;
#endif
```

程序解读

直流电机驱动程序头文件主要对直流电机的控制引脚进行声明,对驱动用到的外部变量进行声明,无功能函数声明。

> **经验之谈——直流电机驱动程序应用**
>
> 应用程序中用到直流电机的驱动时,需要包含直流电机驱动的头文件。同时,由于直流电机驱动中的PWM信号是在定时器T0中断中产生的,因此,应用程序也要包含定时器驱动程序的头文件,并且还需要在定时器T0的中断中加入产生PWM信号的代码。

（3）应用程序 main.c 文件设计。

```c
#include "reg52.h"
#include "Timer.h"
#include "SMG.h"
#include "KEY4.h"
#include "DDMotor.h"
/*函数功能:主函数*/
void main()
{
    SMG_Enable();
    Timer0Init(2000);
    SMG_BUF[0]=0;
    SMG_BUF[1]=15;
    SMG_BUF[2]=15;
    SMG_BUF[3]=17;
    SMG_BUF[4]=DD_Mode;
    SMG_BUF[5]=17;
    SMG_BUF[6]=DD_Speed/10;
    SMG_BUF[7]=DD_Speed%10;
    while(1)
    {
        if(keynum!=0)
        {
            switch(keynum)
            {
                case 1:{
                    DD_Mode++;
                    if(DD_Mode>1)
                        DD_Mode=0;
                    SMG_BUF[4]=DD_Mode;
                    break;
                }
                case 2:{
                    keynum=2;
                    DD_Speed++;
                    if(DD_Speed>10)
                        DD_Speed=10;
                    SMG_BUF[6]=DD_Speed/10;
                    SMG_BUF[7]=DD_Speed%10;
                    break;
                }
```

```
                    case 3:{
                        keynum=3;
                        keynum=3;
                        if(DD_Speed>0)
                            DD_Speed--;
                        SMG_BUF[6]=DD_Speed/10;
                        SMG_BUF[7]=DD_Speed%10;
                        break;
                    }
                    case 4:{
                        keynum=4;
                        DD_Power++;
                        if(DD_Power>1)
                            DD_Power=0;
                        if(DD_Power==1)
                        {
                            SMG_BUF[0]=18;
                            SMG_BUF[1]=19;
                            SMG_BUF[2]=17;
                        } else{
                            SMG_BUF[0]=0;
                            SMG_BUF[1]=15;
                            SMG_BUF[2]=15;
                        }break;
                    }
                default:keynum=0; break;
                }
                keynum=0;
            }
        }
    }
```

程序解读

上电后,系统初始化,数码管使能,定时器初始化,数码管显示初始化。

在超级循环中,不断判断是否有按键按下,当有按键按下时,根据不同的按键做不同的处理。

当 KEY1 按下时,设置正反转;按下正转,再按一下反转。

当 KEY2 按下时,设置加速;速度共有 10 个挡,即 1~10 时,10 挡最大。

当 KEY3 按下时,设置减速。

当 KEY4 按下时,设置直流电机开关;按下启动,再按下停止。

电机控制及 PWM 信号产生,都在定时器 T0 中断中完成。

程序流程图如图 8-9 所示。

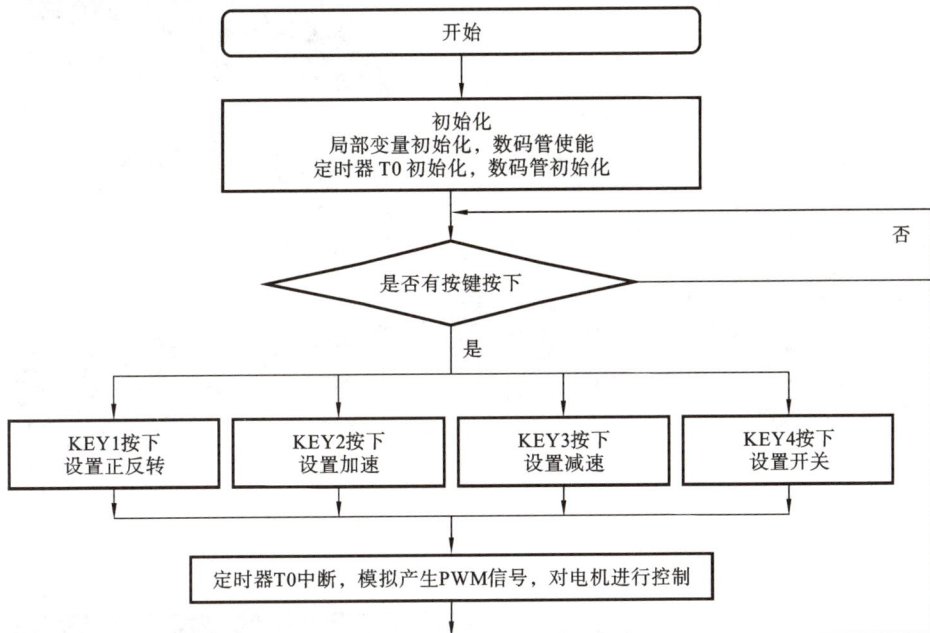

图 8-9　H 桥分立元件驱动电动车无极调速系统程序流程图

（4）数码管驱动程序设计。

见任务 8-2 例程。

（5）定时器驱动程序设计。

见任务 8-2 例程。

（6）按键驱动程序设计。

见任务 8-2 例程。

【进阶任务】　基于 L298 的直流电机无极调速系统设计

任务描述

进阶任务:主要完成 L298 集成芯片驱动的电动车无极调速器设计。

小制作:完成上面其中一个实验的实物制作,参考设计文档和视频课后自行练习。

1. 电路及元件

L298 驱动电动车无极调速系统电路如图 8-10 所示。元件清单如表 8-7 所示。

表 8-7　元件清单

序号	元件名称	参数	数量	Proteus 中的名称
1	单片机	DIP40 封装	1	AT89C52
2	晶振	11.0592 MHz	1	CRYSTAL

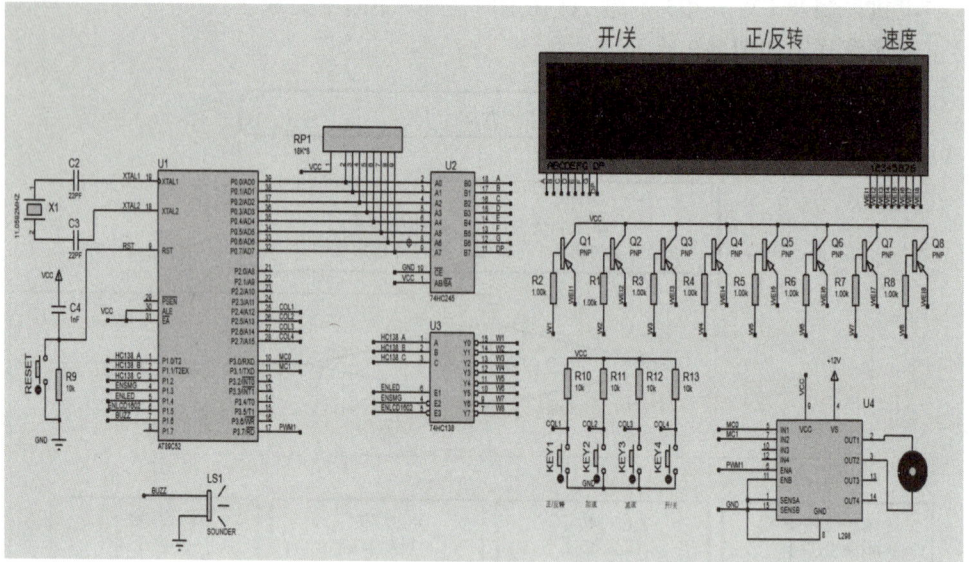

图 8-10　L298 驱动电动车无极调速系统电路

续表

序号	元件名称	参数	数量	Proteus 中的名称
3	电容	22 pF	2	CAP
4	电容	0.1 μF	1	CAP
5	电阻	10 kΩ	5	RES
6	电阻	1 kΩ	8	RES
7	按键开关	按键	5	BUTTON
8	排阻	10 kΩ	1	RESPACK-8
9	三极管	PNP 型	8	PNP
10	数码管	八位共阳数码管	1	7SEG-MPX8-CC-BLUE
11	双向缓冲器	74HC245D	1	74HC245
12	三八译码器	74HC138	1	74HC138
13	L298N	L298N	1	L298
14	直流电机	5 V 直流电机	1	MOTOR

电路解读

　　与基础任务相比,本电路应用了 L298 集成驱动电路代替了前面的 H 桥分立元件驱动电路,使电路变得更简单,性能更加稳定,同时程序设计也更加容易。

　　L298 内部包含双 H 桥驱动电路,一个直流电机只需要一路控制即可。L298 的 IN1 和 IN2 用于控制直流电机的正转、反转和停止。L298 的 IN1 和 IN2 引脚接在单片机的 P3.0 和 P3.1，L298 的 ENA 用于接外部 PWM 信号，对直流电机调速，L298 的 ENA 引脚接单片机的 P3.7。直流电机接在 L298 的输出引脚 OUT1 和 OUT2 上。

> **经验之谈——L298 驱动电路功能**
>
> 　　L298 内部包含双 H 桥驱动电路，因此可控制两路直流电机，也可控制一路四相步进电机。
>
> 　　其中，ENA、IN1、IN2、OUT1、OUT2 是一组，ENB、IN3、IN4、OUT3、OUT4 是另一组。
>
> 　　当 IN1＝1，IN2＝0 时，ENA＝1，直流电机正转，同时若 ENA 输入 PWM 信号，则可改变直流电机转速。
>
> 　　当 IN1＝0，IN2＝1 时，ENA＝1，直流电机反转，同时若 ENA 输入 PWM 信号，则可改变直流电机转速。
>
> 　　当 IN1＝0，IN2＝0 时，ENA＝1，直流电机停止。
>
> 　　当 IN1＝1，IN2＝1 时，ENA＝1，直流电机刹停。
>
> 　　当 IN1＝x，IN2＝x 时，ENA＝0，直流电机停止。
>
> 　　另外一路电机控制可参考上面方法。

2. 源程序设计

（1）应用程序 main.c 设计。

```c
#include "reg52.h"
#include "Timer.h"
#include "SMG.h"
#include "KEY4.h"
#include "DDMotor.h"
/*函数功能:主函数*/
void main()
{
    SMG_Enable();
    Timer0Init(2000);
    SMG_BUF[0]=0;
    SMG_BUF[1]=15;
    SMG_BUF[2]=15;
    SMG_BUF[3]=17;
    SMG_BUF[4]=DD_Mode;
    SMG_BUF[5]=17;
    SMG_BUF[6]=DD_Speed/10;
    SMG_BUF[7]=DD_Speed%10;
    while(1)
    {
        if(keynum != 0)
        {
```

```
switch(keynum)
{
    case 1:{
        DD_Mode++;
        if(DD_Mode>1)
            DD_Mode=0;
        SMG_BUF[4]=DD_Mode;
        break;
    }
    case 2:{
        keynum=2;
        DD_Speed++;
        if(DD_Speed>10)
            DD_Speed=10;
        SMG_BUF[6]=DD_Speed/10;
        SMG_BUF[7]=DD_Speed%10;
        break;
    }
    case 3:{
        keynum=3;
        keynum=3;
        if(DD_Speed>0)
            DD_Speed--;
        SMG_BUF[6]=DD_Speed/10;
        SMG_BUF[7]=DD_Speed%10;
        break;
    }
    case 4:{
        keynum=4;
        DD_Power++;
        if(DD_Power>1)
            DD_Power=0;
        if(DD_Power==1)
        {
            SMG_BUF[0]=18;
            SMG_BUF[1]=19;
            SMG_BUF[2]=17;
        } else{
            SMG_BUF[0]=0;
            SMG_BUF[1]=15;
            SMG_BUF[2]=15;
```

```
                }
                break;
            }
            default:keynum=0; break;
        }
        keynum=0;
    }
    if(DD_Power==1){
        if(DD_Mode==0)
        {
            MC0=1; MC1=0;
        }else{
            MC0=0; MC1=1;
        }
    }else{
        MC0=0;MC1=0;
    }
    }
}
```

程序解读

程序逻辑与前面基础任务基本相同,在此不再赘述。
(2)直流电机驱动程序设计。
见任务 8-2 例程。
(3)数码管驱动程序设计。
见任务 8-2 例程。
(4)定时器驱动程序设计。
见任务 8-2 例程。
(5)按键驱动程序设计。
见任务 8-2 例程。

拓展思维

本节介绍了直流电机 PWM 控制技术在电动车无极调速中的应用,还有哪些直流电机有趣的应用呢?

任务总结

通过完成任务车库门闸控制系统设计,掌握了直流电机 PWM 调速方法、直流电机驱动电路设计方法,学会了如何控制直流电机正转、反转和停止,同时能用单片机产生 PWM 信号控制直流电机的转速,为后续智能小车系统设计打下了坚实的基础。

知 识 链 接

8.6 直流电机 PWM 控制

直流电动机具有优良的调速特性,调速平滑、方便,调速范围广,过载能力大,能承受频繁的冲击负载,可实现频繁的无极快速启动、制动和反转;能满足生产过程自动化系统各种不同的特殊运行要求,在许多需要调速或快速正反转电力拖动系统领域中得到了广泛的应用。

直流电机的正反转控制很简单,接正向电压直流电机正转,加反向电压直流电机反转。

1. PWM 基础

PWM(pulse width modulation)控制就是对脉冲的宽度进行调制的技术,即通过对一系列脉冲的宽度进行调制,来等效地获得所需要波形(含形状和幅值)。

在采样控制理论中有一个重要的结论:冲量相等而形状不同的窄脉冲加在具有惯性的负载上时,其效果基本相同。冲量即指窄脉冲的面积。这里所说的效果基本相同,是指负载的输出响应波形基本相同。形状不同而冲量相同的几种窄脉冲如图 8-11 所示。

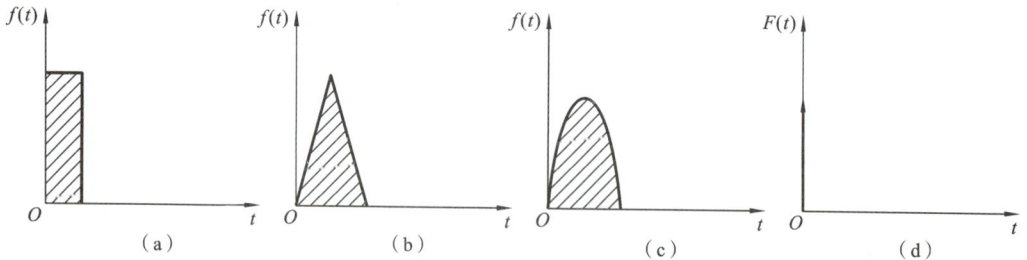

图 8-11 形状不同而冲量相同的各种窄脉冲

2. 直流电动机的转速方法

直流电动机根据励磁方式,可以分为自励和他励两种类型。不同励磁方式的直流电动机,其机械特性曲线有所不同。但是对于直流电动机的转速,有以下公式:

$$n=U/C_{\rm c}-TR_{内}/C_{\rm r}C_{\rm c}f$$

其中:U 为电压;$R_内$ 为励磁绕组本身的电阻;$C_{\rm c}$ 为电势常数;$C_{\rm r}$ 为转矩常数。

调节电枢供电的电压、减弱励磁磁通和改变电枢回路电阻,这三种调速方法,都有各自的特点,也存在一定的缺陷。例如,改变电枢回路电阻调速只能实现有极调速,减弱励磁磁通虽然能够平滑调速,但这种方法的调速范围不大,一般都是配合变压调速使用。所以在直流调速系统中,都是以变压调速为主。

在变压调速系统中,大体上又可分为可控整流式调速系统和直流 PWM 调速系统两种。直流 PWM 调速系统有下列优点：

由于 PWM 调速系统的开关频率较高，仅靠电枢电感的滤波作用就可获得平稳的直流电流，低速特性好、稳速精度高、调速范围宽。同样，由于开关频率高，快速响应特性好，动态抗干扰能力强，可以获得很宽的频带；开关器件只工作在开关状态，因此主电路损耗小、装置效率高。

3. 直流电机 PWM 调速

若 PWM 脉冲为图 8-12 所示的单周期矩形脉冲。

根据 PWM 控制的基本原理可知，一段时间内加在惯性负载两端的 PWM 脉冲与相等时间内冲量相等的直流电加在负载上的电压等效，那么如果在短时间 T 内脉冲宽度为 t_0，幅值为 U，可求得此时间内脉冲的等效直流电压为

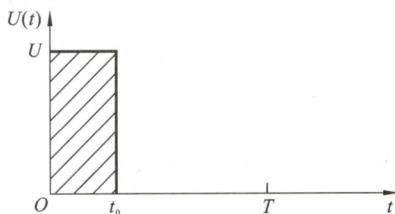

图 8-12　PWM 脉冲

$$U_0 = \frac{t_0 \times U}{T}$$

若令 $\alpha = \frac{t_0}{T}$，α 即为占空比，则上式可变为

$$U_0 = \alpha \times U \quad (U \text{ 为脉冲幅值})$$

若 PWM 脉冲为图 8-13 所示的周期性矩形脉冲，那么与此脉冲等效的直流电压的计算方法与上述相同，即

$$U_0 = \frac{n t_0 \times U}{n T} = \frac{t_0 \times U}{T} = \alpha \times U \quad (\alpha \text{ 为矩形脉冲占空比})$$

由此可知，要改变等效直流电压的大小，可以通过改变脉冲幅值 U 和占空比 α 来实现，因为在实际系统设计中脉冲幅值一般是恒定的，所以通常通过控制占空比 α 的大小实现等效直流电压在 $0 \sim U$ 任意调节，从而达到利用 PWM 控制技术实现对直流电机转速进行调节的目的。

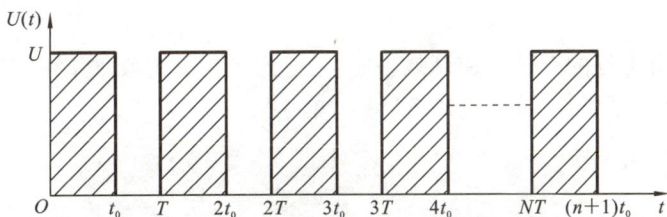

图 8-13　周期性 PWM 矩形脉冲

8.7　软件模拟 PWM 控制技术

1. 单片机模拟 PWM

由于 STC89C52RC 内部没有硬件的 PWM 模块，因此采用软件模拟 PWM 的方

法。通常模拟 PWM 信号都在定时器中断中实现。代码如下：

```
void T1_time(void) interrupt 3
{
    static unsigned charcount1;
    TH0= (65536-100)/256;            //设置定时初值
    TL0= (65536-100)% 256;           //设置定时初值
    count1++;
    if(count1 >=100) count1=0;       //计时 100 μs×100= 10 ms= 100 Hz
    if(count1 <value) pwm=1;         //占空比
    else pwm=0;
}
```

代码分析：

由于定时器的定时时间为 100 μs，count1 最大值为 100，因此产生的 PWM 信号周期为 100 Hz；改变外部变量 value 的值就可以改变 PWM 依赖的占空比，从而改变了 PWM 输出引脚的等效直流电压值。

2. 单片机模拟 PWM 的缺点

用 51 单片机模拟实现 PWM 的缺点：

一般情况下，软件产生的 PWM 信号频率应大于 5 kHz，这样控制输出的电压波形送到感线负载时，纹波才最小。当 PWM 宽度可调范围为 0～100 时，这就要求 51 单片机的定时器的溢出率为 500 kHz，即每 2 μs 就发生一次中断，而 STC89C52RC 单片机的速度太慢了，完不成这样的任务。

解决的办法是减小 PWM 的频率，让 STC89C52RC 单片机的定时器每 100 μs 发生一次中断，当 PWM 宽度可调范围为 0～100 时，PWM 的周期是 100 Hz。对于一般的应用已经足够了。

有时候做简单的实验也可以把 PWM 的周期做得更低一下，如在我们的程序中就是把 PWM 的周期设置为 50 Hz，PWM 宽度可调范围为 0～10。实际的调速效果还是可以的。

当需要获得更好的 PWM 控制效果时，最好选用内部有硬件 PWM 模块的单片机，如 STC15 系列增强型 51 单片机或 STM32 单片机。

思考与练习题 8

8.1 单项选择题

（1）步进电机单相四拍励磁方式，线圈中通电顺序为（　　）。

A. A—B—C—D   B. A—AB—B—BC—C—CD—D—DA

C. A—C—B—D　　　　　　　　D. B—A—D—C

(2) 步进电机单相四拍励磁方式,电机要转动一圈,需要(　　)个脉冲。

A. 12　　　　　B. 24　　　　　C. 32　　　　　D. 48

(3) 步进电机双相四拍励磁方式,线圈中通电顺序为(　　)。

A. A—B—C—D　　　　　　　　B. A—AB—B—BC—C—CD—D—DA

C. AB—BC—CD—DA　　　　　　D. B—A—D—C

(4) 步进电机单双相八拍励磁方式,线圈中通电顺序为(　　)。

A. A-B-C-D　　　　　　　　　B. A-AB-B-BC-C-CD-D-DA

C. AB-BC-CD-DA　　　　　　　D. B-A-D-C

(5) 步进电机单双相四拍励磁方式,电机要转动一圈,需要(　　)个脉冲。

A. 12　　　　　B. 24　　　　　C. 48　　　　　D. 64

8.2　多项选择题

(1) 步进电机的特点包括(　　)。

A. 来一个脉冲,转一个步距角　　B. 控制脉冲频率,可控制电机转速

C. 改变脉冲顺序,改变转动方向　　D. 改变脉冲顺序,不改变转动方向

(2) 步进电机的分类中,通常按励磁方式可分为(　　)三类。

A. 反应式　　　B. 永磁式　　　C. 混合式　　　D. 步进式

(3) 步进电机单相四拍励磁方式,线圈中通电顺序可为(　　)。

A. A—B—C—D　　　　　　　　B. A—AB—B—BC—C—CD—D—DA

C. A—C—B—D　　　　　　　　D. D—C—B—A

(4) 步进电机双相四拍励磁方式,线圈中通电顺序可为(　　)。

A. A—B—C—D　　　　　　　　B. A—AB—B—BC—C—CD—D—DA

C. AB—BC—CD—DA　　　　　　D. DC—CB—BA—AD

(5) 28BYJ-48 步进电机名称的具体含义:(　　)。

A. 28 表示步进电机的有效最大外径是 28 mm

B. B 表示步进电机

C. Y 表示永磁式,J 表示减速型

D. 48 表示四相八拍

8.3　填空题

(1) 步进电机的特点:来一个脉冲,转一个_____。控制脉冲频率,可控制电机_____。改变脉冲顺序,改变转动_____。角位移量或线位移量与电脉冲数成_____。

(2) 步进电机主要由两部分构成:_____和_____。

(3) 步进电机按励磁方式可分为三大类,其中_____式:转子无绕组,定转子开小齿、步距小;应用最广。_____式:转子的极数=每相定子极数,不开小齿,步距角较大,力矩较大。_____式:开小齿,力矩大,动态性能好、步距角小。

(4) 四相步进电机按照通电顺序的不同,可分为单相_____拍励磁方式、双相

_____拍励磁方式、单双相_____拍励磁方式。

（5）单相四拍与双相四拍的步距角_____，但单相四拍的转动力矩_____，双相四拍的转动力矩_____。单双相八拍工作方式的步距角是单相四拍与双相四拍的_____，因此，八拍工作方式既可以保持较高的转动力矩，又可以提高控制精度。

（6）_____是英文字符串 pulse width modulation 的缩写。

（7）直流电动机根据励磁方式，分为_____和_____两种类型。

（8）调节电枢供电的_____、减弱励磁_____和改变电枢回路_____，这三种调速方法有各自的特点，也存在一定的缺陷。例如，改变电枢回路电阻调速只能实现_____调速，减弱励磁磁通虽然能够平滑调速，但这种方法的调速范围_____，一般都是配合变压调速使用。所以在直流调速系统中，都是以_____调速为主。

（9）要改变等效直流电压的大小，可以通过改变脉冲_____和_____来实现，因为在实际系统设计中脉冲幅值一般是_____，所以通常通过控制_____的大小实现等效直流电压在 $0 \sim U$ 任意调节，从而达到利用_____技术实现对直流电机转速进行调节的目的。

8.4　编程练习题

（1）请编程实现步进电机控制，功能如下：按下 KEY1 按键，步进电机正转 $90°$，按下 KEY2 按键，步进电机反转 $90°$，按下 KEY3 电机加速，按下 KEY4 电机减速。

（2）请编程实现模拟风扇控制系统，功能如下：用直流电机控制风扇转动，KEY1 为启动/停止开关，按下 KEY1 按键，风扇按设定的模式转动，再按下 KEY1，风扇停止转动；KEY2 为风扇模式选择按键，按下 KEY2 按键，可以选择工作模式：正常风和自然风；KEY3 为风扇速度设定按键，按下 KEY3 风扇速度在 $1 \sim 10$ 挡选择。另外风扇用 L298N 作为驱动芯片，单片机用 STC89C52RC，显示用 LCD1602。

匠 心 育 人

1. 民族自豪感：国产机器人正在崛起
2. 创新精神：中国造首台无人拖拉机
3. 科学思维：透过现象看本质

项目9　单片机综合应用与拓展创新

通过前面8个项目的学习,读者已经掌握了单片机的硬件结构和程序设计方法,学会了键盘输入接口、显示输出接口、定时器、中断系统、串行口通信技术、模数/数模转换及电机控制技术等。在具备单片机基本模块的软、硬件设计能力后,就可以进行单片机综合应用系统设计与开发了。

本项目包括两个工作任务:多功能万年历系统设计与制作和蓝牙/WIFI智能小车设计与制作。通过2个综合任务的设计与开发,读者应该能掌握单片机应用系统的设计、开发和调试的思路、技巧和方法;学习蓝桥杯和职业院校技能大赛单片机设计类赛项的软硬件环境、大赛技能点、程序设计方法,理解和掌握低功耗、抗干扰等单片机实用技术。

任务 9-1　多功能万年历系统设计与制作

详细内容请扫二维码自主学习。

任务 9-2　蓝牙/WIFI 智能小车设计与制作

详细内容请扫二维码自主学习。

附录1　课程设计的步骤

　　课程设计是单片机技术与应用课程教学的一个关键环节,通过自己动手设计一个完整的单片机应用系统,可以巩固前面所学的单片机基础知识和基本技能,并对单片机应用系统设计有一个完整的认识,为今后的学习和工作打下坚实的基础。单片机应用系统设计包括硬件设计和软件设计两部分。为了保证系统能够可靠地工作,在软、硬件设计中,还要考虑系统的抗干扰设计。

　　虽然单片机的硬件选型不尽相同,软件编写也千差万别,但系统的开发步骤和方法是基本一致的,一般分为总体设计、硬件设计、软件设计、系统调试和资料整理等五个阶段。单片机应用系统的开发流程如附图1所示。

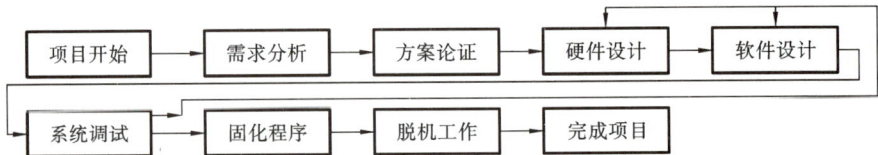

附图1　单片机应用系统开发流程图

1. 总体设计

　　总体设计阶段包括需求分析和方案论证等,是单片机应用系统设计工作的开始和基础。只有经过深入细致的需求分析和周密科学的方案论证,才能使系统设计工作顺利完成。先确立功能目标,再进行单片机选型,最后进行方案论证。

2. 硬件设计

　　根据总体设计功能特性要求,确定单片机的型号、存储器、显示接口电路、按键输入接口电路、驱动电路,可能还有 AD 和 DA 转换电路及其他模拟电路;由于单片机的I/O口驱动能力有限,另外单片机的 I/O 口数量有限,一般情况下,单片机系统都需要扩展芯片,如缓冲器、锁存器、译码器、多路选择器、反相器等。根据系统要求,设计出应用系统的电路原理图。

在系统硬件设计时,要坚持能用软件实现的功能,绝不用硬件实现。这样不仅提高系统的可靠性,同时可以降低成本,硬件功能软件化是提高系统性价比的有效方法。

3. 软件设计

首先编写系统软件框架,划分功能模块单元,进行系统资源分配,采用模块化程序设计方法,设计模块的程序结构及程序流程图,编写模块驱动程序和模块测试程序,模块程序设计完成后,就可以编写系统应用程序了。

编写系统应用程序时,要把系统功能一个个实现,先易后难。一般情况下,首先实现显示功能,再实现按键功能,然后把其他功能模块一个个添加到系统中,经过反复优化,不断完善,就完成整个应用系统的设计。

4. 系统调试

硬件和软件设计完成后,一般不能按预计的任务正常工作,需要软硬联合调试。调试时,应将硬件和软件分成几部分,逐个进行调试,然后再进行联调,并进行性能测定。

系统调试过程比较耗时,通常情况下,系统都需要经过多次调试,调试过程是软硬件设计的优化和完善过程。调试中遇到的硬件问题,需要对硬件电路设计进行修改和优化;系统调试中的软件问题,需要对软件设计功能模块进行修改和优化。

5. 资料整理

资料不仅是设计工作的结果,而且是以后使用、维修以及进一步再设计的依据。资料应包括任务描述、设计思路及设计方案论证、性能测定及软件资料(流程图、函数使用说明、程序清单)和硬件资料(电路原理图、印刷线路板图、注意事项等)。

从总体上来看,设计任务分为硬件设计和软件设计两部分,两者缺一不可。硬件设计的绝大部分工作量是在最初阶段,到后期只需做一些修改;软件设计任务贯彻始终,到中后期基本上都是软件设计任务。在应用系统的设计中,软件、硬件和抗干扰设计是紧密相关、不可分离的。设计者应根据实际情况,合理地安排软、硬件的比例,选取最佳的设计方案,使系统具有最佳的性价比。

附录 2 常用的 C51 标准库函数

下面简单介绍 Keil μVision3 编译环境提供的常用 C51 标准库函数，以便在进行程序设计时选用。

1. I/O 函数库

I/O 函数主要用于数据通过串口的输入和输出等操作，C51 的 I/O 库函数的原型声明包含在头文件 stdio.h 中 。由于这些 I/O 函数使用了 51 单片机的串行接口，因此在使用前需要先进行串口的初始化，然后才可以实现正确的数据通信。

2. 标准函数库

标准函数库提供了一些数据类型转换以及存储器分配等操作函数。标准函数的原型声明包含在头文件 stdlib.h 中 ，标准函数库的函数如附表 1 所示。

附表 1 常用标准函数

函数	功能	函数	功能
atoi	将字符串 sl 转换成整型数值并返回该值	srand	初始化随机数发生器的随机种子
atol	将字符串 sl 转换成长整型数值并返回该值	calloc	为 n 个元素的数组分配内存空间
atof	将字符串 sl 转换成浮点型数值并返回该值	free	释放前面已分配的内存空间
strtod	将字符串 s 转换成浮点型数值并返回该值	init_mempool	对前面申请的内存进行初始化
strtol	将字符串 s 转换成 long 型数值并返回该值	malloc	在内存中分配指定大小的存储空间
strtoul	将字符串 s 转换成 unsined long 型数值并返回该值	realloc	调整先前分配的存储器区域大小
rand	返回一个 0~32767 的伪随机数		

3. 字符函数库

字符函数库提供了对单个字符进行判断和转换的函数。字符函数库的原型声明包含在头文件 ctype.h 中,字符函数库的常用函数如附表 2 所示。

附表 2　常用字符处理函数

函数	功能	函数	功能
isalpha	检查形参字符是否为英文字母	isspace	检查形参字符是否为控制字符
isalnum	检查形参字符是否为英文字母或数字字符	isxdigit	检查形参字符是否为十六进制数字
iscntrl	检查形参字符是否为控制字符	toint	转换形参字符为十六进制数字
isdigit	检查形参字符是否为十进制数字	tolower	将大写字符转换为小写字符
isgraph	检查形参字符是否为可打印字符	toupper	将小写字符转换为大写字符
isprint	检查形参字符是否为可打印字符以及空格	toascii	将任何字符型参数缩小到有效的 ASCII 范围之内
ispunct	检查形参字符是否为标点、空格或格式字符		
islower	检查形参字符是否为小写英文字母		
isupper	检查形参字符是否为大写英文字母		

4. 字符串函数库

字符串函数的原型声明包含在头文件 string.h 中。在 C51 语言中,字符串应包括 2 个或多个字符,字符串的结尾以空字符来表示。字符串函数通过接收指针来对字符串进行处理。常用的字符串函数如附表 3 所示。

附表 3　常用的字符串函数

函数	功能	函数	功能
memchr	在字符串中顺序查找字符	stmcpy	将一个指定长度的字符串覆盖另一个字符串
memcmp	按照指定的长度比较两个字符串的大小	strlen	返回字符串中字符总数
memepy	复制指定长度的字符串	strstr	搜索字符串出现的位置
memccpy	复制字符串,如果遇到终止字符,则停止复制	strpos	搜索并返回字符出现的位置
memmove	复制字符串	strrchr	检查字符串中是否包含某字符
memset	按规定的字符填充字符串	strrpos	检查字符串中是否包含某字符

函数	功能	函数	功能
strcat	复制字符串到另一个字符串的尾部	strspn	查找不包含在指定字符串集中的字符
strncat	复制指定长度的字符串到另一个字符串的尾部	strcspn	查找包含在指定字符串集中的字符
strcmp	比较两个字符串的大小	strpbrk	查找第一个包含在指定字符串集中的字符
stmcmp	比较两个字符串的大小,比较到字符串结束符后便停止	strrpbrk	查找最后一个包含在指定字符串集中的字串符
strcpy	将一个字符串覆盖另一个字符串		

5. 内部函数库

内部函数库提供了循环移位和延时等操作函数。内部函数的原型声明包含在头文件 intrins. h 中,内部函数库的常用函数如附表 4 所示。

附表 4　内部函数库的常用函数

函数	功能	函数	功能
crol_	将字符型数据按照二进制循环左移 n 位	iror_	将整型数据按照二进制循环右移 n 位
irol_	将整型数据按照二进制循环左移 n 位	lror_	将长整型数据按照二进制循环右移 n 位
lrol_	将长整型数据按照二进制循环左移 n 位	nop—	使单片机程序产生延时
cror_	将字符型数据按照二进制循环右移 n 位	testbit	对字节中的一位进行测试

6. 数学函数库

数学函数库提供了多个数学计算的函数,其原型声明包含在头文件 math. h 中,数学函数库的函数如附表 5 所示。

附表 5　数学函数库的函数

函数	功能	函数	功能
abs	计算并返回输出整型数据的绝对值	sqrt	计算并返回浮点数 x 的平方根
cabs	计算并返回输出字符型数据的绝对值	cos、sin、tan、acos、as in、at an、at an 2cosh、sinh、tanh	计算三角函数的值
fabs	计算并返回输出浮点型数据的绝对值		

函数	功能	函数	功能
labs	计算并返回输出长整型数据的绝对值	ceil	计算并返回一个不小于 x 的最小正整数
exp	计算并返回输出浮点数 x 的指数	floor	计算并返回一个不大于 x 的最小正整数
log	计算并返回浮点数 x 的自然对数	mod f	将浮点型数据的整数和小数部分分开
log10	计算并返回浮点数 x 的以 10 为底的对数值	pow	进行幂指数运算

7. 绝对地址访问函数库

绝对地址访问函数库提供了一些宏定义的函数,用于对存储空间的访问。绝对地址访问函数包含在头文件 abcacc. h 中,常用函数如附表 6 所示。

附表 6　绝对地址访问函数

函数	功能	函数	功能
CBYTE	对 51 单片机的存储空间进行寻址 CODE 区	PWORD	访问 51 单片机的 PDATA 区存储器空间
DBYTE	对 51 单片机的存储空间进行寻址 IDATA 区	XWORD	访问 51 单片机的 XDATA 区存储器空间
PBYTE	对 51 单片机的存储空间进行寻址 PDATA 区	FVAR	访问 far 存储器区域
XBYTE	对 51 单片机的存储空间进行寻址 XDATA 区	FARRAY	访问 far 空间的数组类型目标
CWORD	访问 51 单片机的 CODE 区存储器空间	FCARRAY	访问 fconst far 空间的数组类型目标
DWORD	访问 51 单片机的 IDATA 区存储器空间		

参考文献

［1］王静霞.单片机应用技术C语言版［M］.北京:电子工业出版社,2019.

［2］郭天祥,新概念51单片机C语言教程［M］.北京:电子工业出版社,2018.

［3］龙芬.C51单片机应用技术项目教程［M］.武汉:华中科技大学出版社,2019.

［4］宋雪松,李冬明,崔长胜.手把手教你学51单片机C语言版［M］.北京:清华大学出版社,2020.

［5］丁向荣.单片机原理与应用项目教程［M］.北京:清华大学出版社,2022.